高等职业教育新形态一体化教材

数字印刷设备结构与维护

李春梅　主编
孔玲君　郑　亮　副主编

中国轻工业出版社

图书在版编目（CIP）数据

数字印刷设备结构与维护/李春梅主编;孔玲君，郑亮副主编. --北京:中国轻工业出版社，2024. 12.

ISBN 978-7-5184-5172-2

Ⅰ. TS803. 6

中国国家版本馆 CIP 数据核字第 2024B0F531 号

责任编辑：杜宇芳

策划编辑：杜宇芳　　责任终审：劳国强　　封面设计：锋尚设计

版式设计：致诚图文　　责任校对：朱燕春　　责任监印：张京华

出版发行：中国轻工业出版社（北京鲁谷东街 5 号，邮编：100040）

印　　刷：艺堂印刷（天津）有限公司

经　　销：各地新华书店

版　　次：2024 年 12 月第 1 版第 1 次印刷

开　　本：787×1092　1 / 16　印张：14

字　　数：350 千字

书　　号：ISBN 978-7-5184-5172-2　定价：59. 80 元

邮购电话：010-85119873

发行电话：010-85119832　010-85119912

网　　址：http://www. chlip. com. cn

Email：club@ chlip. com. cn

221345J2X101ZBW

本书编写人员

主　编　李春梅

副主编　孔玲君　郑　亮

参　编　管雯珺　石浩然

主　审　顾　萍

前言

随着数字成像技术、数字网络技术和数字传感技术在印刷工业的广泛应用，印刷工业向“绿色化、数字化、智能化、融合化”四大目标而开启新的征程，印刷数字化已经成为印刷工业技术变革、创新和可持续发展的潮流。

数字印刷是一项综合性很强的技术，涵盖了印刷、电子、电脑、网络、通信等多种技术领域。数字印刷近几年如雨后春笋般茁壮成长，不仅对传统印刷产生了巨大的冲击，更给出版业、包装业、装饰业、信息业、通信业带来了新的革命，由此产生的深远影响，已经远远超过了印刷的范畴。

本教材在调研了数字印刷相关企业需求的基础上，以数字印刷技术专业的人才培养目标和就业方向为导向，设计了相应的教学内容。在讲述数字印刷设备结构与维护必备知识的同时，根据应用技能型人才的培养目标，有机融入了党的二十大精神的核心内容，包括爱国主义教育、大国工匠精神、奉献精神、团队合作精神等，把教书和育人有机融合起来。

教材以典型的静电照相数字印刷机和喷墨数字印刷机为主要对象，从数字印刷机的工作原理出发，介绍数字印刷机的主要结构和组成部分，各部件之间的相互关系，日常维护的内容和方法，故障类型和解决方案等。教材共由七个项目组成，每个项目中又分为若干任务。每个项目首先采用问题导入的方式，提出问题，需要学生自主查找资料，思考解决问题的方法。然后把该项目分解成为若干任务，采用任务发布—知识储备—任务实施—总结提升—自评互评的步骤，激发学生自主学习的兴趣，并采用小组式学习形式，相互交流，互助提升。项目一为设备维护的基础理论和故障诊断的常用方法，以日常生活中家用电器故障为例；项目二为了解印刷机结构必须具备的机械基础知识，包括印刷机的组成、常用机构、传动装置、机械零件等，分析其对应的机械结构和工作原理；项目三为现代化的数字印刷机必备的电工基础，包括驱动技术和传感器技术在数字印刷机上的应用；项目四分析了数字印刷和传统印刷的不同之处，以及数字印刷成像技术的种类和工作原理；项目五主要介绍静电照相数字印刷的基本原理，以市场份额较大的黑白色、彩色、液态墨粉的静电照相数字印刷机为例，介绍其基本结构，按照产品使用手册分析故障的方法、注意事项、解决方案等；项目六主要介绍喷墨数字印刷的基本原理，以常规的精细图文喷墨数字印刷机和特殊的UV喷墨数字印刷机为例；项目七为开放式设计项目的综合实训，充分发挥学生的主观能动性，由各小组同学相互出题，模拟现场维护工作，设计故障问题，完成设备维护工程师日常工作流程。

本教材配有丰富的课程教学资源，包括课件、动画、授课视频、题库等，可登录智慧树App和智慧职教平台，搜索本教材对应的在线课程“数字印刷设备维护”，找到相关资源在线学习，部分动画视频亦可在本书对应章节位置，找到二维码，可以扫码观看，提升自主学习的兴趣，实现了学习方式多样化。

本教材受到上海市高水平高职学校建设经费的支持。教材的项目一、二、三、七由李春梅编写，项目四由郑亮编写，项目五的任务四由孔玲君编写，项目五和项目六的实训视频由管雯珺拍摄讲解，项目五和六的企业案例由石浩然提供，项目五、六的其他部分由李春梅根据产品手册整理编写。全书由李春梅统稿，由顾萍教授进行主审。

本教材是高职高专教材，可供数字印刷技术及相关专业使用，同时也可供数字印刷企业、快印公司、印刷、包装等行业专业人员参考。对于那些想全面了解数字印刷设备的读者，本书也是一本很好的基础读物。希望本书能得到广大读者的喜爱，同时也希望同行业人员能不吝指教，以便再版时修订。

在本教材编写过程中，得到了众多行业专家的指导和建议，特别是得到了上海出版印刷高等专科学校乔俊伟教授、薛克高级技师、方恩印副教授、程鹏飞讲师的大力支持，深圳职业技术大学何颂华教授、河南工程学院朱明教授、上海印刷（集团）有限公司副总经理张晓迁的鼎力相助，在此表示衷心的感谢！

由于编者水平有限，书中难免出现疏漏和不妥之处，恳请各位专家和读者批评指正。

李春梅
上海出版印刷高等专科学校
2024 年 6 月

目　录

项目一

设备维护与故障诊断

问题引入：大家有没有修理或者维护产品的经验？不管是家用电器、文具用品还是办公设备。请同学分享自己亲身经历的案例，从故障现象描述、查找引起故障的原因、消除故障的方法这三个方面来讲述你的维修之路，并总结经验教训。

教学目标：了解设备维护的基本理论和故障诊断的基本方法；从单个案例出发，完成发现问题、分析问题、解决问题的基本过程；提升实践能力，能够由点及面，总结同一类故障的分析方法；终极目标是能反哺所学的理论和方法。

知识目标：了解设备维护的重要性；了解设备维护理论的发展历史；掌握故障诊断和分析的基本方法；了解印刷故障的常见类型；熟悉印刷故障的解决方法。

能力目标：能够将印刷设备维护重要性的思想融入日常工作中；能够利用故障诊断和分析的方法分析常见印刷故障；能够发现并总结新故障的产生原因、分析手段和解决过程。

任务一　设备维护的基础理论

任务发布：什么是设备维护？维护和维修有什么区别？为什么设备维护很重要？

知识储备：设备维护的概念，设备维护的发展历史，设备维护的意义，设备维护的必要性和重要性。

一、设备维护的概念

设备是企业赖以生存和发展的基础，通过正常的设备管理与维护，可以保证企业获得最大的经济效益。设备维护是设备维修与保养的结合。它的定义是：为防止设备性能劣化或者降低设备失效的概率，按事先规定的计划或相应技术条件的规定进行的技术管理措施。

设备维护的任务包括：熟知设备的结构，了解设备生命周期的规律，做好设备的常规维护和保养，对设备做定期检查，及时掌握设备变化的情况，尽可能在设备出现故障前采取合适的方式进行维护和修理，以达到延长设备正常使用寿命，提高经济效益的目的。

二、设备维护的发展历史

国际上设备管理维护的发展经历了以下几个阶段：事后维护、预防维护、生产维护、全面生产维护、预测维护、基于状态的维护。

1. 事后维护

在1950年以前所进行的设备维护基本都是事后维护。事后维护的最初想法是等到设备坏了再去修理。由于事先不知道故障会在什么时候发生，缺乏维修前的准备，因而停机时间会比较长。因为修理工作是突如其来的，所以经常会打乱生产计划，并影响交货期。而且如果修理工作是突发性的话，要事前计划是不太可能的，进一步会导致人员、材料、工具的分配和安排上出现各种问题。当然，有着众多缺点的事后维护方式并没有完全被抛弃，即使在现在的环境下，如果生产设备的停止损失可以忽略，也可以采取事后维护的方案。还有，当平均无故障工作时间（MTBF：Mean Time Between Failure）不一定时，如果平均修复时间（MTTR：Mean Time To Repair）短，且定期更换零部件需要花费高昂的费用，这种情况下也可采取事后维护。所以事后维护是比较原始的维护方法，一般在小型或者不重要的设备上可能会采用这种维护方法。

2. 预防维护

1950—1960年主要是采用的是预防维护，这种方法是在设备发生故障之前进行维护。随着设备越来越大、越来越复杂，设备的停工对生产造成的影响也越来越大。为了减少设备停工维修所花费的时间，出现了对设备进行预防性维护的管理制度。

预防维护是为了防止设备的突发故障造成停机而采取的一种方法，是根据经济的时间间隔对部件或某个单元进行更换的维护方式。这就要求设备维修以预防为主，在设备发生故障之前，有计划地进行修理，可以减少设备恶性事故的发生。由于加强了日常维护保养工作，使得设备有效寿命延长了，而且由于修理的计划性，有利于做好修理前准备工作，使设备修理停歇时间大为缩短，提高了设备有效利用率。预防维护有两种方式：

（1）按计划对设备进行周期性维护　预防维护的间隔时间根据设备的规模或寿命等来确定，可以一年一次、半年一次、一月一次或一周一次，来进行定期点检或是修理。这种模式的优点是可以减少非计划停机，将潜在的故障消灭在萌芽状态；缺点是维修的经济性不够，由于计划是固定的，很少考虑设备的实际使用情况，比如使用环境、工作负荷、使用强度等，容易产生维护不足或者维护过剩的情况。

（2）通过周期性的检查和分析再制定维护计划　其优点也是可以减少非计划停机，检查后再制定的维护计划可以部分减少维护的盲目性；缺点是如果检查手段和检查人员的经验不足，会造成检查结果失误，从而导致其制定的维护计划不准确，也会造成维护不足或者维护过剩的情况。

3. 生产维护

预防维护虽然有很多优点，但经常会造成维护工作量增多，形成过度保养。因此，在

1960—1970 年又出现了生产维护方式。它以提高企业的经济效益为最终目的来组织设备维护。这是在确保提高设备生产能力的前提下最经济的维护方式。它将设备整个运行过程中本身的费用或维持设备运转的一切费用与设备的劣化损失结合起来，然后决定怎样去维护。该方法突出体现了维护策略的灵活性，最常用的有两种思路：

（1）改良维护　为使设备的维护和修理更容易，用新工艺新方法对设备的维护作业进行改进。比如，对设备局部或者部分的结构进行改造，消除设备的先天性缺陷。为了方便日常维护而进行的设备改良，最终能提高设备的可靠性，减少维修概率。

（2）维护预防　设备本身的质量对设备的使用和维护起着决定性的作用，设备如果先天不足的话，维护再多也没有效果。为从根本上降低设备的维护费用，与其只是去考虑如何维护的方法，还不如在设备的设计和制造阶段或是购入设备时就考虑到维护的问题。这种方法能最大限度的达到设备的使用和维护的经济性，这就是维护预防。

4. 全面生产维护

从 1970 年开始，就进入全公司性的全面生产维护阶段。日本电装公司在 1971 年发表了一篇名为“全员参加的生产维护（TPM：Total Productive Maintenance）”的文章，日本在美国生产维修的基础上，吸收了英国综合工程学的思想，结合生产维修的实践经验，提出“全员生产维修”的理论，创造了全面生产维护的概念。其主要内容是：以使设备的总效率最高为目标，建立包括设备整个寿命周期的生产维护系统，包括与设备有关的所有部门，如设备规划、使用和维修部门等；从最高管理部门到一线工人，全体人员要抱着热情参与到维护活动中来；加强思想教育，开展小组自主活动，推进生产维修。强调从设备的设计、制造、安装、调试、使用、维修、改造直至报废，都要有技术、经济、管理三个方面的考量，并且所有部门和人员都要参与其中。这种理念即使可能还没有成熟和完善，但是这已经是革新的 TPM 活动诞生了的标志。

5. 预测维护

预测维护是对设备的劣化状况或性能状况进行诊断，然后在此基础上开展保养、维护活动。因此，要尽量正确并且高精度地把握好设备的劣化状况。

6. 基于状态的维护

基于状态的维护是对设备的劣化状态进行观测，在真正需要维护的必要时候实施维护。随着对设备的状况进行定量的把握和设备故障诊断技术的提高，从根据时间进行点检、检查和修理过渡到以设备的状态为基准进行判断和对策上来。基于状态的维护是随着可编程逻辑控制器（PLC：Programmable Logic Controller）的出现而使用的。通过 PLC 可以连续监控设备以及各项参数，如超出误差范围，将自动发出报警信号或指令。使用 PLC 监控，虽然成本提高了，但是可以大大提高设备的使用性能。

这种预防维护的方式一般没有固定的时间间隔，维护人员根据检测数据的变化趋势来判断，然后再制定维护计划。因此，设备诊断技术在这里就显得非常重要，如果检测手段落后，不能及时准确地了解设备劣化的情况，就无法进行有效的基于状态的维护。

三、印刷设备维护的意义

企业在运作过程中最关心的问题是如何赚钱和省钱，如何控制印刷品质量并提高产量。对印前、印刷和印后整个生产过程中涉及的设备的保养、检查和全程监控是关键。印刷设备维护的意义体现在以下三个方面：

（1）是保障印刷品质量的基础　印刷品是通过印刷设备生产出来的，如果印刷设备尤其是关键设备的技术状态不良，严重失修，必然会造成质量下降甚至出现废品。

（2）是保证印刷企业长期效益的前提　加强印刷设备维护和管理是挖掘印刷企业生产潜力、提高经济效益的重要途径。因为印刷设备好坏影响印刷企业的产出（产量和质量）和印刷企业的投入（产品成本），从而影响印刷企业的经济效益。

（3）是印刷设备保值的重要环节　印刷设备的维护对于每一个印刷企业来说，都是十分重要且不可或缺的一项工作，它是印刷企业能正常生产的有力保障。它为印刷设备提供资源，并建立有效的、有计划的全面预防性维护系统，以满足生产能力和产品质量的需求。

四、印刷设备维护的必要性和重要性

随着人们对印刷品质量的要求越来越高，交货周期要求越来越短，印刷设备的维护越来越重要。而且现在印刷设备越来越昂贵，功能越来越复杂，对维护人员的要求也相应提高。以往，出于对成本的考虑，维护工作主要由印刷机组的工作人员承担，印刷设备管理的人员只负责印刷设备发生故障以后的修理和更换工作。印刷机组的人员只是做好定期加油润滑和每天的清洁整理工作。这样的设备维护根本不能适应现代印刷设备的维护要求，无法保证印刷设备在关键时刻完好无损。所以必须有专业的维护保养人员，对印刷设备进行专业维护。

1. 印刷设备维护的必要性

由于印刷机组人员缺乏印刷设备维护工作所需的机械、电气等专业知识和技能，不能及时发现印刷设备故障隐患。印刷设备发生故障需要维修，会耽误印刷时间。

印刷工人工作时间长，由于劳累对印刷设备维护工作责任心不强，加之设备损坏后也有维修人员来维修等心理因素的影响，故而对设备运转过程中的小问题视而不见，最终积少成多，造成大故障。因此，要严格执行规范化操作，分清责任，杜绝设备出现不可控的故障。

2. 印刷设备维护的重要性

现代数字印刷设备技术含量高，机构复杂，机械、电气任何一个部位出现问题都会直接影响设备的正常运转。良好的印刷设备保养，能减少因设备故障而发生停机的次数，为印刷设备的生产速度和产品质量提供强有力的保障。通过加强对印刷设备的日常维护和保养，可以降低生产和维修成本，并延长印刷设备的使用寿命和提高产品质量，使印刷企业发展和印刷设备运行处于良性循环状态。

学号：________________　姓名：________________

任务实施 1： 现在家用汽车普及率非常高，请查找不同类型、不同品牌的汽车维护保养的周期和保养项目，也可以结合自己实际使用情况，讨论使用何种维护方式是最佳的。

____

____

____

____

任务实施 2： 收集一个印刷企业因设备维护不当造成损失的案例。

____

____

____

____

总结提升： ____

____

自评互评：

序号	评价内容	自我评价	小组互评	真心话
1	学习态度			
2	分析问题能力			
3	解决问题能力			
4	创新能力			

任务二　故障诊断与分析

任务发布：如何根据故障现象找到产生故障的原因并消除故障？

知识储备：掌握故障诊断和分析的基本方法，了解印刷故障的常见类型，熟悉印刷故障的解决方法。

故障诊断就是根据状态监测所获得的信息，结合设备的工作原理、结构特点、运行参数、产品问题等，对设备可能发生的故障进行分析和预测，对已经或者正在发生的故障进行分析和判断，以确定故障位置、性质、类型、程度和趋势，以及故障产生的原因，给出解决方案，最终消除故障。

故障诊断的目的有：

（1）能及时、准确的对各种异常状态做出诊断预防和消除，对设备运行进行必要的指导，提高设备的可靠性、安全性和有效性，从而把故障损失降到最低。

（2）保证设备发挥最大的设计能力，制定合理的检测维修制度，以便在允许的条件下充分挖掘设备潜力，延长设备使用寿命，降低设备的全寿命周期费用。

（3）通过检测监控、故障分析、性能评估等为设备结构修改、优化设计、合理制造及生产过程提供数据和信息。

一、印刷故障的概念和类型

所谓印刷故障，就是在印刷生产过程中影响生产正常进行或造成印刷品质量缺陷的现象的总称。

根据印刷故障形成机理可以将印刷故障分成印刷工艺故障、印刷机械故障、印刷材料故障、印刷环境故障、电气故障及印刷综合故障等。

1. 印刷工艺故障

实现印刷的各种规范、程序和操作方法被称为印刷工艺。由于不恰当的印刷工艺所造成的印刷故障，称为印刷工艺故障。常见的印刷工艺故障如下：

（1）水墨平衡　传统印刷技术中，平版胶印的印版上图文部分亲油，空白部分亲水。印刷时，印版的图文和非图文部分既着墨又着水，水墨混合，形成油墨乳化。正常印刷中达到一个合理的乳化值，就是水墨的平衡。但这种平衡是相对的，随着环境的变化，在实际生产中，应根据油墨黏度和润版液的pH，控制乳化值，这是凭经验确定的，不糊版不脏版是基本要求。

数字印刷技术中，静电照相数字印刷机的墨粉在高温下融化，转印到承印物上，温度的高低，墨粉转移的多少都会影响印刷质量。有些特殊设备，比如惠普的电子油墨，墨粉颗粒以图像油为载体转移到承印物上，这里图像油和墨粉的混合均匀性、载墨量等也对印刷质量有影响。对于喷墨数字印刷设备，一般是用溶剂型油墨或者水性油墨，通过喷头喷到承印物上。喷嘴一次喷射的油墨量、喷射速度、油墨的干燥速度也都会影响印刷品的质量。

（2）印刷压力 印刷压力是印刷时油墨向承印物表面转移的基础，它不仅是实现印刷过程的根本保证，而且也是保证印刷质量的一个重要参数，是印刷工艺技术的基础之一。

对于传统印刷，理想的印刷压力以印品具有网点结实、图文清晰、色泽鲜艳和浓淡相宜为前提，并且越小越好。印刷压力过小，使得图文的转移不够完整，网点不实，印品发虚；印刷压力过大，会出现套印不准、网点变形、脏版糊版、重影等，并会加速印版的磨损，降低印版的耐印力，使印刷机的主要承压部件和传动部件产生较大变形，影响零部件的使用寿命，增大机器载荷。

对于静电照相数字印刷机，每次更换转印皮带时，都要调整和检测转印皮带或者压印滚筒与纸张之间的压力是否合适，才能使墨粉完全转移，保证印品质量。印刷压力是否合适，严重影响印品的质量。

（3）色序安排 印品的色彩是由不同色相的油墨叠印而成的，叠印油墨的次序称为印刷色序。

对于传统印刷，由于相互叠印、油墨本身的缺陷以及纸张质量的因素，不同的印刷色序会直接影响印刷品的质量。色序不当可能导致色偏、混色、逆套印等故障。科学合理的安排印刷色序，才能使印刷品的色彩更接近于原稿，甚至加强某种颜色的气氛，使图像层次清楚、网点清晰、套印准确，颜色真实、自然、协调，获得正确、柔和、层次丰富、色调正确的优质印刷品。

对于数字印刷，更换印刷色序，需要更换所有的与墨粉相关的部件，是一个庞大的工程，所以大部分数字印刷机的印刷色序是固定的，仅有在特殊色彩要求的时候，比如专色等，才会调整印刷色序。

确定印刷色序的一般依据：

① 根据原稿的色彩和特点确定印刷色序。以暖色调为主的印刷品，应该先印青和黑，再印品红和黄；以冷色调为主的印刷品，应该先印黄和品红，再印青和黑。

② 根据版面的图文结构特点确定印刷色序。一般先印网点覆盖面积小的，后印网点覆盖面积大的；先印平网图文，后印实地；先印图文面积大的，再印图文面积小的。

③ 根据纸张的性质确定印刷色序。对于结构粗糙、疏松、吸墨性好的纸张，先印暗色调，后印亮色调；反之，先印亮色调，后印暗色调。

④ 根据原色油墨的明度确定印刷色序。油墨明度由高到低的排列顺序为：黄、青、品红、黑。所以印刷色序一般先印明度低的，再印明度高的。

⑤ 根据原色油墨的透明度和遮盖力确定印刷色序。一般先印透明度差的油墨，后印透明度强的油墨。所以，一般四色印刷机采用的印刷色序是：黑、青、品红、黄。

⑥ 根据油墨特性确定印刷色序。先印干燥速度慢的、黏度大的、深色的油墨，后印干燥速度快的、黏度小的、浅色的油墨。

⑦ 根据成本考虑确定印刷色序。为了降低成本，一般先印价格便宜的黑和青，后印价

格较高的品红和黄。

2. 印刷机械故障

印刷设备包括印前设备、印刷机、印后加工设备和其他辅助机械设备。由于印刷设备问题而造成的故障，称为印刷机械故障。产生印刷机械故障的原因如下。

（1）印刷机整体的稳定性　比如印刷机械的传动精度、印刷传动机构的动平衡、传动速度的均匀性以及各个部件间的配合稳定性。这些问题都将直接影响到印刷品复制过程中的传递质量，都将直接对印刷品的质量构成影响。印刷设备的精度和稳定性如果时好时坏的话，就无法印刷出合格的印刷品。所以在保证产量的同时一定要重视对设备本身的保养和维护，只有稳定运转的印刷设备才能产生出质量稳定的印刷品。

（2）纸张在印刷机中传递过程的定位准确、平稳　纸张从进纸装置开始进入印刷机后，就会在各种机器定位和印刷纸路中传递，尤其在双面印刷中，还增加了纸张翻转机构，更增加了发生故障的概率。合理地调节和保证相关机构的绝对精确运行，才有可能使印刷出来的产品有更精确的套印质量。

（3）压印机构理想的工作状态　采用理想的印刷压力，在运转过程中压力平稳，没有变化。随着印数的增加，机械结构不可避免的出现磨损，因此在完成一定印数之后，一定要经常检查和监测印刷品的质量变化，从而判断印刷压力是否平稳。

（4）油墨或者墨粉能够均匀的转印到纸张上，色彩表现力好，墨粉附着牢靠。这和墨粉的加热、熔化、定影机构的稳定性息息相关。

（5）印刷设备的安装、调试的好坏会影响印刷设备将来使用的寿命和故障率。比如安装印刷机时地面不够平整，会造成印刷机磨损不均，进而造成印刷故障。

所以，印刷机械故障主要和设备的设计、制造、安装、使用、检修维护和操作人员的技术水平的有关。

3. 印刷材料故障

印刷材料故障就是由于印刷材料不符合印刷要求而造成的故障。

（1）原稿质量是影响印刷品质量的根源。只有有了合格的原稿，再加上经验丰富的图像处理水平，才能制作出上乘的印刷品。

（2）油墨或墨粉本身的结构、性质等特性，对色彩的再现产生直接影响。

（3）纸张的厚薄、干燥程度、吸墨性等会直接影响印刷品的复制质量。

（4）橡皮布、压印滚筒的质量将直接影响到油墨的转移。

印刷材料的质量是最容易也是最应该把控的一个要素，不合格或者是不合适的印刷材料无法印刷出合格的印刷品，因此必须持久有效地控制好原材料的质量。

4. 印刷环境故障

印刷环境故障主要指印刷车间温度、湿度变化。

纸张是对水分很敏感的材料，随着空气温度湿度的变化，其含水量变化较大，会导致纸张变形、套印不准，最终导致印品质量下降。某些印刷机为了保证纸张的良好状态，在开始印刷前，会让纸张在印刷机的纸路中先走一遍，然后再进行印刷。高精度的数字印刷厂房也会配置温度和湿度检测设备，严格控制环境满足印刷要求。

油墨的黏度或者流动性，墨粉的熔点也会受到环境温度和湿度的影响。比如影响墨粉的熔化和转移，造成印刷品的图文层次不分明、墨色不饱和、色彩不鲜艳等。

其他比如灰尘也会影响纸张的吸墨性和光滑度。因此，一个良好的环境对高质量的印刷品是必不可少的。很多数字印刷设备在使用说明书中就要求工作在恒温恒湿的环境中。

5. 电气故障

电气故障是指电气控制设备或线路由于各种原因造成损坏，导致电气功能丧失，电气控制系统不能工作的故障现象。产生电气故障的主要原因是电气设计和制造工艺不合理，电气材料品质不好等。电气故障产生的机理主要是电气连接失效和绝缘失效。

电气连接失效主要是由机械冲击、接触不良或者腐蚀造成的。电气接触不良是最常见的一种电气故障，常常由于电气接触部分的温度过高，导致电接触的两个导体表面发生氧化，接触电阻明显增加，发生接触不良的现象。

绝缘失效包括绝缘结构失效和绝缘材料失效。绝缘结构失效是由于机械冲击、过电压、过电流、磨损等引起的。绝缘材料失效主要是由于电气老化、机械老化、热老化、受潮等因素造成的。

在印刷机的运行过程中，对印刷机电气设备运行影响比较大的是环境条件，比如温湿度、空气污染、酸碱度等，加速了电接触材料的化学腐蚀和其他变化，造成电气故障。

6. 印刷综合故障

由两种或两种以上的因素造成的印刷故障被称为印刷综合故障。印刷综合故障不仅与客观因素有关，而且与主观因素即印刷操作人员的技术素质也有密切关系。印刷行业的人员，应该具备较高的文化素质，掌握必要的印刷理论知识，具备熟练的操作技能，在工作实践中不断提升自己的理论水平和实践能力，向着大国工匠的目标前进，才能制作出精良优美的印刷品。

总结一下，印刷机的安装不到位、印刷机精度问题、印刷材料不合适、生产环境不达标、印刷工艺流程不合理、操作人员的技术水平和能力不够等都会造成印刷故障。因此，印刷企业的管理者既要对印刷设备进行投入，也要加强操作人员的知识和技能的培训，才能发挥印刷设备的最大效能，为企业创造最大利润。

二、印刷故障产生的原因

印刷机在使用过程中，受到外部环境、使用方法、原材料、印刷工艺、人为因素的影响，发生疲劳磨损现象，从而造成最终的印刷品不合格。对印刷机发生故障的原因进行正确的判断才能采取有效措施控制故障的发生。造成印刷机故障的常见因素有以下几种。

（1）设计缺陷造成的故障　印刷机设计本身隐藏的故障主要是机械本身设计存在问题，比如设计方案不完善、强度计算不准确、检测系统不全面等。由于结构设计的不合理，可能使印刷机达不到应有的精度要求，给装配和维修带来较大的困难。比如，印刷机的印版滚筒、橡皮布滚筒、压印滚筒轴上的斜齿轮传动设计不合理，产生较大的周向力，使轴承负载增加，磨损加速，造成套印不准、重影等故障。

（2）制造过程遗留的故障　印刷机零件的制造工艺、加工质量和装配间隙都会影响印刷机的整体质量。比如输纸机构中凸轮的加工制造误差较大，会导致纸张移动误差增加，累积误差会造成最终的印刷图案偏差。还有，印刷机的结构非常复杂，零件数量上万，因而零件的装配精度也受到工人技术水平和零件加工精度的影响。目前，大部分数字印刷机已经实现模块化。在维修现场，经常看到厂家维修人员会将故障所在的模块整体进行更换，一方面是为了节约时间，不影响生产，另一方面很重要的原因是，模块的整体装配精度要求非常高，人员技术水平和现场安装环境达不到要求，需要返厂维修。

（3）安装调试形成的故障　印刷机都是整体抵达安装现场，如果印刷机整体尺寸超出装运电梯的尺寸，一般会把输纸机构和收纸机构分开安装。所以印刷机能否顺利投入生产，能否充分发挥它的性能，延长设备的使用寿命和提高印刷品质量，在很大程度上取决于印刷机安装调试的质量。首先，安装的地面基础要符合标准要求，地面平整度不够，则会导致印刷机工作过程中，机械配合部分的磨损加剧，造成重影、条杠等印刷故障。其次，装配调试要到位。虽然印刷机在出厂前各项指标都已符合出厂标准，但是长途运输，装卸过程中的搬动，都会影响设备的工作性能。所以新的印刷机安装到位后，一定要调试设备，保证机器各部分正常配合和协调运转，避免产生各种各样意想不到的故障。

（4）操作水平造成的故障　从印刷过程来看，印刷机的操作者直接影响印刷加工的全过程，操作者的质量意识强弱和职业素质的高低，会直接影响印刷品的质量。印刷机的操作者要掌握印刷机械的基础知识，对所操作的印刷设备的结构和工作原理要了然于心，熟练掌握设备的使用和操作规程，对常见的故障要能够准确判断和解决。同时，必须精通印刷工艺，熟悉各种印刷材料的特性以及材料的适用性，了解环境的温度和湿度等对印刷品的影响。

（5）维护保养引起的故障　印刷设备按照操作规范需要及时进行清洁保养和维护，但是更换或者修复的零件不符合要求，或者操作不当也会引起故障。同样的设备，如果维护保养得当，在没有意外事故的情况下，寿命可达十几年。反之，可能三到五年，就印刷不出精美的产品了。

三、常用的故障分析方法

排除故障可以采取一定的方法和手段，借助于对故障的检测手段来判断故障所在的位置，从而更好地分析故障原因和找出解决问题的方法。

要解决印刷机故障，首先是要去识别和界定故障。印刷机的故障种类繁多，原因和结果之间不是一对一的那么简单。因此准确的掌握印刷机故障产生的原因和结果之间的联系是进行印刷机故障识别的主要工作，常见的方法有以下几种。

（1）分析法　所谓分析法，就是根据产生故障的时间、部位、条件、形状等四个方面来进行分析的方法。将这四个方面的因素逐项列出，然后进行综合比较、分析和判断，许多故障都能迎刃而解。通过分析和比较进行判断，能够减少检测环节、缩小故障范围、提高排除故障的速度，分析法可贯穿于整个故障排除的过程中。

比如，某次印刷杂志时，用铜版纸印封面时，频繁出现卡纸现象，而用双胶纸印内页时没有出现一次卡纸。首先应检查纸盒设置中纸张类型有没有错误，如果设置没有问题，再检查纸张克重是否正确，是否有毛边，含水量是否过高。都没有问题的话，就只能请维修技术人员来检查是不是长时间使用后，机器印铜版纸时，纸路间隙不精确造成的。如果每次卡在同一个位置，机械故障的概率比较大。

（2）检测法　所谓检测法，就是利用不同的仪表和检测仪器，对故障进行观察。对各类参数进行检查和测量，从而更方便地找到故障的原因。检测法解决故障所需的时间比分析法长得多，一般在采用检测法之前，尽量先用分析法分析，然后集中一、两点进行必要的检测，查找故障产生的原因。检测法应该先易后难，这样可以节约时间，提高效率。

（3）试验法　一些没有经验的新工人和不具备综合分析能力的人，往往采用此法。试验法耗时长，容易走弯路，给生产带来一定损失。但一旦取得成功，操作者不仅积累了经验，也提高了技术。试验法通常对使用新的纸张和油墨较为有效。

（4）因果关系图　同时把原因和结果之间的所有可能的相互关系，以图形的方式联系起来，这样查找过程简单明了。如图 1-2-1 所示为胶印机套印不准鱼刺图，将每一故障与导致其产生的原因，以鱼刺的形状联系起来，中间主干为故障，两侧的鱼刺就是故障产生的原因。

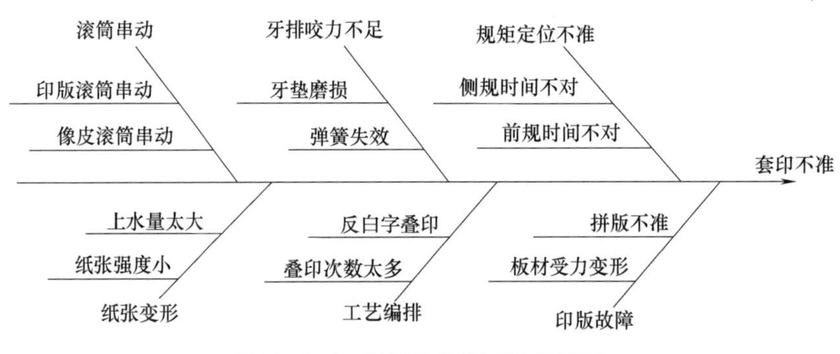

图 1-2-1　胶印机套印不准鱼刺图

（5）替换法　原因和结果之间的错综复杂，给故障识别带来了极大的困难，因此为了准确地识别故障原因，应当把非故障源首先排除掉，进行故障排除的一种行之有效的方法就是替换法。替换前后不变，就意味着其不是故障源，如有变化则表明其可能就是故障源。比如纸张粘在橡皮布上，首先更换纸张，如果仍然粘在橡皮布上，那就表示纸张不是故障源。这时再换油墨，如果仍然粘在橡皮布上，那就表示油墨也不是故障源。再更换橡皮布，如果纸张不再黏在橡皮布上，那就表示橡皮布是故障源。替换法也要考虑到各部分之间的相互联系，不可随意替换。比如，纸张替换法。印刷的图文最终是通过纸张来呈现的，可以用同类型中的厚纸换薄纸，铜版纸替换双胶纸，如果替换前后，印刷品的套准和色彩表现有差异，就可以判断故障是由于纸张不合适而造成的。

还有一些目视法、耳听法、触摸法等，这些都是要求根据足够的经验来判断。

四、故障诊断的基础和故障排除的步骤

进行故障排除工作之前，首先要做到：

（1）掌握设备的磨损规律和故障规律　设备的磨损大致可以分为三个阶段：初期磨损阶段，正常磨损阶段和剧烈磨损阶段。在初期磨损阶段爱护使用，在正常磨损阶段进行维护，在剧烈磨损阶段前及时修理。

（2）加强设备维护管理　将事后维修转变为预防维修，促使员工在生产中养成良好的工作习惯，为保障设备的正常运行，必须变被动抢修为主动控制，具体就是：

① 信息采集。在设备的重要部位设置测试点，测定其在正常状态下的数据。维修人员的一项重要工作就是随机对各测试点做跟踪测试记录。

② 故障诊断。将出现异常的测试点，列入重点监控目标，由维修人员做进一步的观察测试和分析，目的是要在设备故障发生之前，及时分析判断出故障点。

③ 计划维修。通过定点采集、故障诊断的工作。一般故障点可以在故障发生前被提前发现，这就为计划维修创造了条件，并做到把排除故障的工作安排在非生产时间段来进行。

故障排除没有统一的标准，一般情况下，大致遵循以下几个步骤：

a. 观察和调查故障现象。印刷机的故障现象是多种多样的，同一类故障可能有不同的故障现象，不同类故障可能有同样的故障现象。这种故障现象的同一性和多样性，给查找故障带来了复杂性。因此，要对故障现象进行仔细观察和分析，找出故障现象中最主要、最典型的方面，搞清故障发生的时间、地点、环境等。该阶段的目的是收集故障的原始信息，以便于做出正确的分析和判断。可以仔细询问操作者出现故障前后的异常现象，看能否重现故障，一般能重现的故障相对比较好解决。

b. 分析故障原因，初步确定故障范围，缩小故障部位。根据故障现象分析故障原因是印刷机故障检修的关键。分析的基础是熟悉机械和电气基本理论，对机械及电气设备的结构、原理和性能的充分理解，能够把基本理论与故障实际相结合，在众多可能产生故障的原因中找到最主要的原因。根据上一步的初步结论，对印刷机进行更加详细的检查，特别是被怀疑有可能出现故障的区域。尽量避免对设备做不必要的拆卸，防止引起更多的故障。

c. 确定故障的部位，即判断故障点。确定故障部位是印刷机故障检修的最终目标和结果。根据故障现象，结合设备的原理及控制特点进行分析和判断，确定故障发生在什么范围，是电气故障还是机械故障，是人为造成的，还是随机的。根据对故障的症状分析和设备的检查，逐步缩小故障范围，直至找到故障点。如果缺少系统资料，就需要维修人员将整个设备或者控制系统划分为若干个小部分，然后检查每个小部分是否正常。确定好某一部分的故障后，再去关注该部分内部的问题，找出故障点。确定故障部位可以理解成确定设备的故障点，如损坏的零部件、电气系统的短路点或损坏的元器件等，也可以确定某些运行参数的

变异，如部件位置的变化、电压波动等。

d. 故障排除。确定故障点以后，无论是修复还是更换，排除故障对于维修人员来说，一般比查找故障要简单得多。但是在排除故障中，一般不可能用单一的方法，往往多种方法综合运用。

e. 修后性能观察。故障排除完以后，维修人员在试运行前还应做进一步的检查，通过检查证实故障确实已经排除，然后由操作人员来试运行，以确认设备是否已经正常运转。值得注意的是，修复后再做检查时，要尽量使设备恢复原样，并清理现场，保持设备的干净和卫生。这是维护人员高度的职业素养的体现。

f. 总结经验，提高效率。印刷机出现的故障五花八门，千奇百怪，任何一台有故障的设备检修完，应该把故障现象、原因、检修过程、技巧、心得等记录下来，学习掌握各种印刷设备的主要结构，熟悉其工作原理、电气理论知识。积累维修经验，将自己的经验上升为理论，在理论的指导下，具体故障具体分析才能准确，迅速地排除故障。这是成长为一个大国工匠的必修课。

学号：________________　姓名：________________

任务实施：运行上述分析手段和方法，找出印刷机柜门关闭后仍报告柜门未关闭的原因，并记录分析过程，查找故障，解决方法等，把整个过程写成一篇总结，相互交流。

____

____

____

____

____

____

____

____

总结提升：____

____

自评互评：

序号	评价内容	自我评价	小组互评	真心话
1	学习态度			
2	分析问题能力			
3	解决问题能力			
4	创新能力			

项目二

印刷机的机械基础

问题引入：常见的印刷品有哪些种类？你最喜欢的一种印刷品是什么？和大家分享你喜欢它的原因。这些印刷品是怎么印刷出来的呢？以传统胶印机为例，请观察后描述印刷机是如何完成印刷作业的？

教学目标：掌握传统印刷机和数字印刷机的基本组成部分；了解各部分的主要功能；熟悉各组成部分之间的相互联系；了解能够完成印刷基本功能所需的机械结构；掌握印刷机硬件故障的原因和解决方案。

知识目标：熟悉常用机构（平面连杆机构、凸轮、槽轮、棘轮、螺旋机构）、机械传动装置（带传动、链传动、齿轮传动）的工作原理，了解常用机械零件（轴、轴承、联轴器、离合器、制动器、连接件和弹簧）的特点和作用。掌握常用机构、传动装置和机械零件在印刷机的位置和作用。

能力目标：能够分析印刷机的结构组成，说出常用机构、传动装置、常用机械零件在印刷机上的应用。

任务一　印刷机整体结构

任务发布：根据功能划分，印刷机可以分成哪几大组成部分？各部分是如何配合协调完成印刷作业的？

知识储备：机器的组成。

一台完整的机器一般是由四部分组成。

（1）动力部分　是驱动整个机器完成预定功能的动力源。没有动力，机器就不能够工作。通常一台机器只用一个动力，对于复杂的机器也有可能有两个或几个动力。常用的动力源有电机驱动、气动驱动、液压驱动等。

（2）执行部分　是机器中直接完成工作任务的组成部分，如起重机的吊钩，磨床的砂轮、印刷机的滚筒等。

（3）传动部分　是机器中介于原动机和执行部分之间，用来完成运动形式、运动和动力参数转换的组成部分。利用它可以减速、增速，调整、改变转矩以及改变运动形式等，从而满足执行部分的各种要求，如带传动、链传动、齿轮传动等。

（4）检测部分　对于现代智能机械来说，检测部分是必不可少的，包括各类传感器和检测软件，在机器工作过程中检测各项重要参数是否正常，保证机器正常工作。

学号：________　姓名：________

任务实施： 查找不同印刷机的组成部分。

1. 根据机器组成的定义，对照传统胶印机，动力部分是________，执行部分是________，传动部分是________，检测部分是________。

2. 图 2-1-1 是 HP Indigo 5500 印刷机的基本组成，扫描二维码，观看纸张印刷的动画过程，描述单面印刷和双面印刷的输纸过程。动力部分是________，执行部分是________，传动部分是________，检测部分是________。

HP Indigo 5500
双面印刷过程

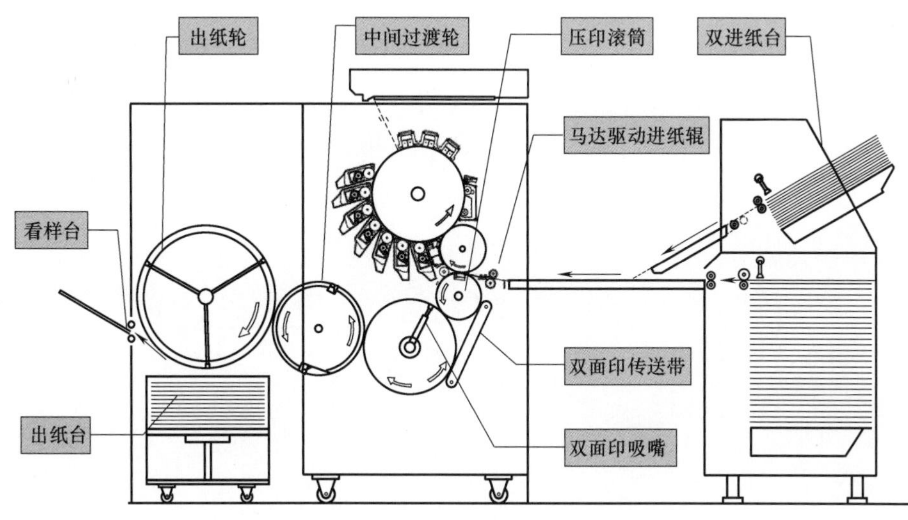

图 2-1-1　HP Indigo 5500 纸张印刷机

总结提升： ________________

自评互评：

序号	评价内容	自我评价	小组互评	真心话
1	学习态度			
2	分析问题能力			
3	解决问题能力			
4	创新能力			

任务二 常用机构的种类和应用

任务发布：作为最常见的承印物——纸张是如何从纸堆进入印刷滚筒？通过观察输纸机构的工作过程，掌握每种机构的工作原理，分析各机构在输纸过程中的作用。

知识储备：常用的机构包括平面连杆机构、凸轮机构、螺旋机构、棘轮机构、槽轮机构，掌握各机构的工作原理。

一、平面连杆机构

平面连杆机构中最常用的是平面铰链四杆机构，它有以下几种形式：曲柄摇杆机构、双曲柄机构、双摇杆机构，如图 2-2-1 所示。

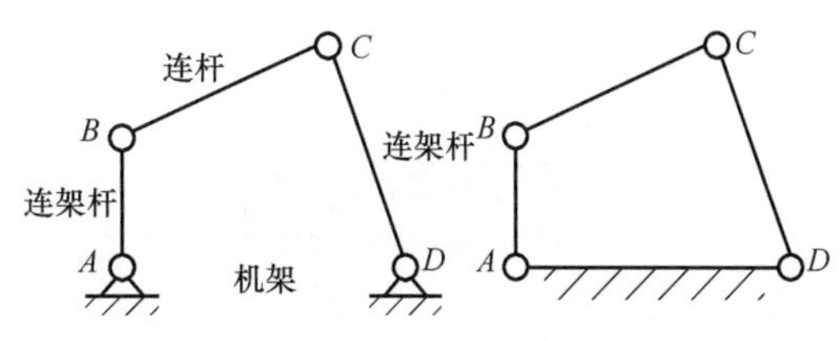

图 2-2-1 平面铰链四杆机构

从图中可以看到，铰链四杆机构由以下三部分组成：

（1）机架 机构的固定构件，如 *AD* 杆。

（2）连杆 不直接与机架连接的构件，如 *BC* 杆。

（3）连架杆 与机架用转动副相连接的构件，如 *AB* 杆、 *CD* 杆。连架杆又可分为：

① 曲柄。能绕机架做整周转动的连架杆。

② 摇杆。只能绕机架作小于 360°的某一角度摆动的连架杆。

当连架杆 *AB* 绕机架做 360°的旋转运动时，称之为曲柄。连架杆 *CD* 绕机架做小于 360°的往复摆动，称之为摇杆。连接曲柄 *AB* 和摇杆 *CD* 的构件叫连杆，如 *BC*。

在四杆机构中，如果一个连架杆为曲柄，另一个为摇杆，则此机构称为曲柄摇杆机构。图 2-2-2 的雷达俯仰机构就是一个曲柄摇杆机构的典型应用。实际的机构都是三维的，但是为了分析它的运动，通常会做一些简化，而简化成平面机构是最容易分析的。雷达装置是用于接收外部信号的，它会不停地往复运动，来寻找信号。接收装置和曲柄摇杆机构的摇杆做成一体，动力源加在曲柄上，曲柄 360°旋转时，就带动接收装置寻找信号，循环往复。其他的比如牛头刨床机构（图 2-2-3）、缝纫机的踏板（图 2-2-4）、飞机的起落架等都是利用曲柄摇杆机构的工作原理来实现的。

在四杆机构中，如果两个连架杆都为曲柄，则此机构称为双曲柄机构。两个曲柄可以分别作为主动件。双曲柄机构的典型应用实例就是惯性筛，如图 2-2-5 所示。秋天收了稻谷后，稻谷和小石子或者土块混合在一起，在自动化农业机械出现以前，都是人工用筛子分拣。后来，人们根据人工分离稻谷和杂质的物理原理，设计出惯性筛。稻谷和杂质的质量不

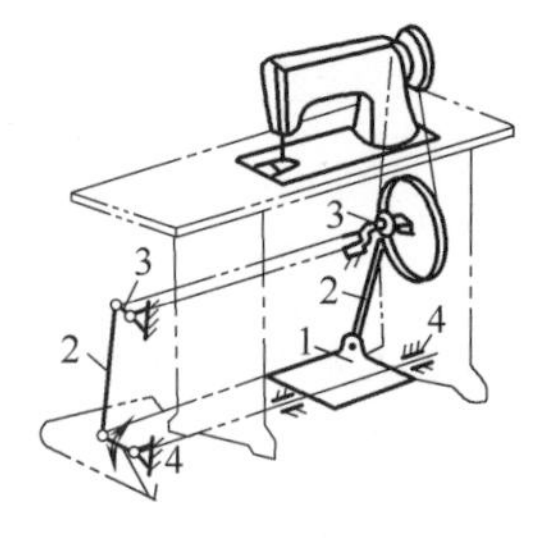

图 2-2-2 雷达俯仰机构　　图 2-2-3 牛头刨床机构　　图 2-2-4 缝纫机的踏板

一样，所以它们的惯性就不一样，筛子是利用惯性不同而分离它们的。带动筛子运动的构件和双曲柄机构的从动曲柄连接在一起，当主动曲柄匀速转动的时候，从动曲柄为变速旋转，带动筛子以不同速度完成周期性运动，从而实现分离不同惯性的物质的目的。在双曲柄机构中，如果两个曲柄长度相等，连杆与机架也是等长度的，则该机构又被称为平行四边形机构或者平行双曲柄机构。传统的内燃机火车的主动轮联动装置就是一种平行双曲柄机构，如图 2-2-6 所示。

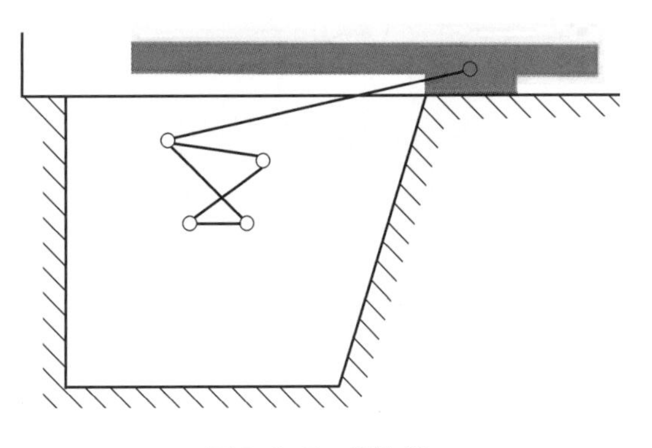

图 2-2-5 惯性筛

图 2-2-6 火车主动轮联动装置

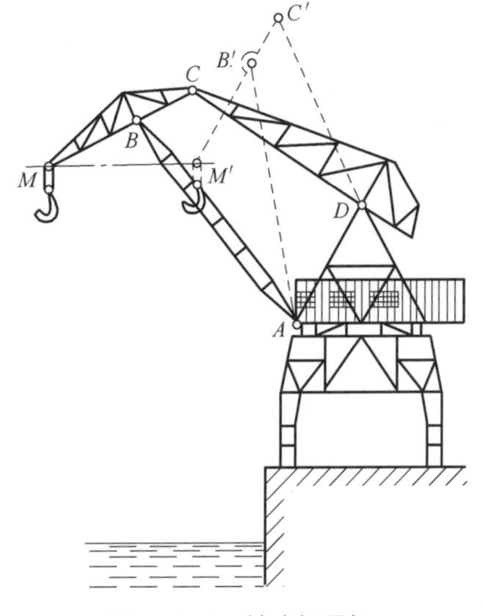

图 2-2-7 鹤式起重机

图 2-2-8 健身器材

在四杆机构中，如果两个连架杆都为摇杆，则此机构称为双摇杆机构。双摇杆机构的应用案例是港口码头吊集装箱的鹤式起重机，如图 2-2-7，它能保证被吊物体一直做水平移动。

图 2-2-8 是小区或者公园里常见的健身器材，这也是平面铰链四杆机构吗？答案是肯定的。从侧面看，单条腿的运动部分，投影到平面上就是一个曲柄摇杆机构，后方短小的构件是曲柄，手握部分是摇杆。可见，平面铰链四杆机构在生产和生活中无处不在，每一个小小的机构都发挥着重要的作用。每个人就类似于机器中的一颗小小螺丝钉，虽然小，却缺一不可，都必须在社会运转中发挥自己的一份力量。

二、凸轮机构

凸轮是一个具有曲线轮廓或凹槽的构件，它是主动件，和从动件之间为高副接触，运动时可以使从动件获得连续或不连续的任意预期的往复运动。从动件的位移、速度、加速度可以严格按预定规律变化。凸轮机构一般由凸轮、从动件和机架三个基本构件组成，如图 2-2-9 所示。凸轮连续转动，从动件的端部和凸轮轮廓紧密贴合，从动件按照凸轮的外轮廓曲线运动。

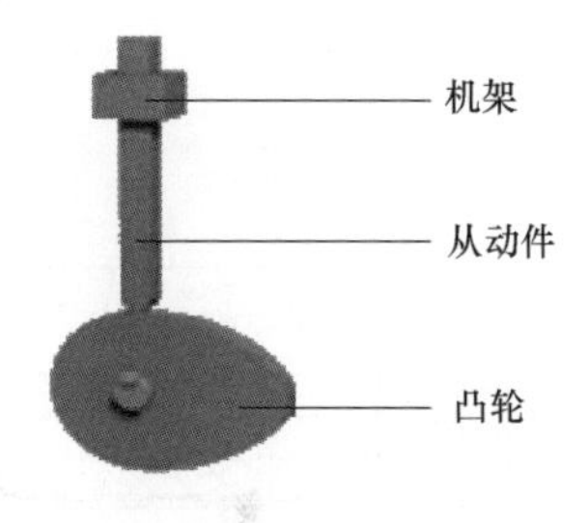

图 2-2-9　凸轮机构

凸轮机构可以按照凸轮形状、从动件端部形式和从动件的运动方式分为不同的类型。按凸轮形状可以分为盘形凸轮、移动凸轮和圆柱凸轮，如图 2-2-10 所示。最常见的是盘形凸轮，把盘形凸轮从垂直于轮廓方向向转动中心切开、拉直，也就是把回转中心拉至无穷远处，就形成了移动凸轮，把移动凸轮的轮廓线绕在一个圆柱体上就形成了圆柱凸轮。

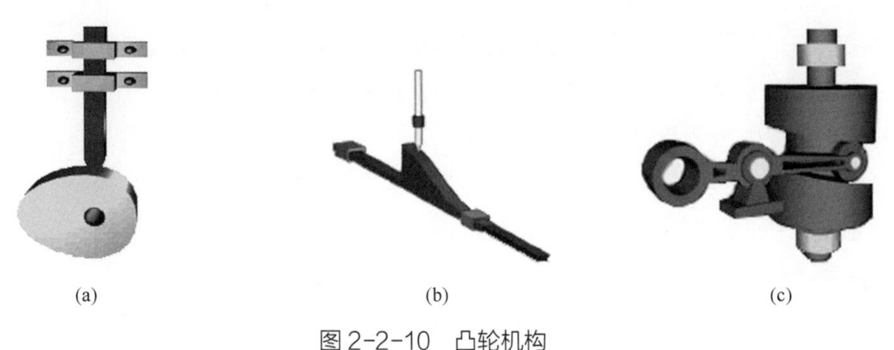
(a)　(b)　(c)

图 2-2-10　凸轮机构

（a）盘形凸轮　（b）移动凸轮　（c）圆柱凸轮

按从动件端部形式可以分为尖顶从动件、滚子从动件和平底从动件。尖顶从动件结构简单，能实现复杂运动，但是从动件和凸轮之间的接触面积小，易磨损，只能适用小载荷和低速的场合；滚子从动件把从动件和凸轮之间的滑动摩擦变成滚动摩擦，摩擦阻力减小，但是结构复杂，适用于中速重载的场合；平底从动件润滑好，磨损小，适用于高速传动，但平底从动件由于端部尺寸大，不能与具有内凹轮廓曲线的凸轮配合。

按从动件的运动方式可以分为移动从动件和摆动从动件。这样和从动件的端部形式相组合，可以得到六种从动件运动形式。

凸轮机构在各种自动化机械中都有着广泛的应用，比如内燃机配气机构、自动送料机构、进刀机构等。利用凸轮机构可以实现周期性的转位，比如啤酒灌装机、自动打包机等。当从动件进入圆柱凸轮的曲线部分时，机器实现转位，从动件进入圆柱凸轮的直线部分时，机器停止运动，处于等待状态，只要合理设计曲线和直线的速度和加速度关系就可以控制机器转动和停止的时间。印刷机上也是使用凸轮机构和平面连杆机构配合来实现压纸吹嘴、分纸吸嘴和送纸吸嘴之间的精确配合动作。每一个重大项目，都必须各部门人员齐心协力，精准配合，才能高效高质量完成。

三、螺旋机构

螺旋机构是由螺杆、螺母和机架组成，其主要功用是将旋转运动转换成直线运动，并同时传递运动和动力。图 2-2-11 中，手柄带动螺杆 1 转动，螺母 2 被机架限制了不能转动， 所以螺母 2 只能沿着水平方向移动。

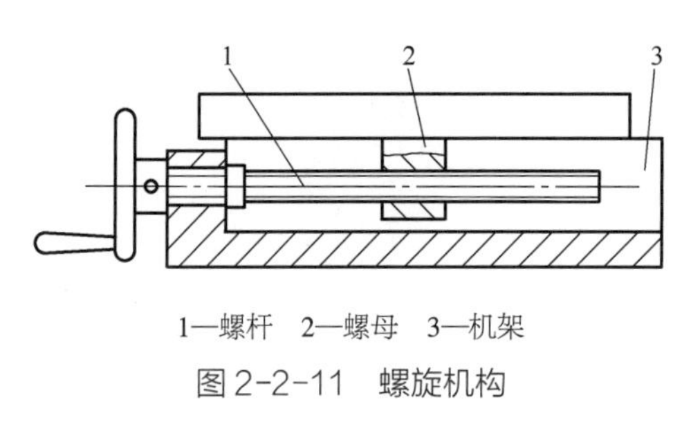

1—螺杆　2—螺母　3—机架

图 2-2-11　螺旋机构

螺旋机构的优点是：结构简单，制造方便，能将较小的回转力矩转变成较大的轴向力输出，能达到较高的传动精度，并且工作平稳，易于自锁。主要缺点有：摩擦损失大，传动效率低，一般不用来传递大的功率。图 2-2-12 中，大径 d 是螺纹的公称直径，P 是螺距，L 是导程，λ 是螺旋升角。如果是单头螺旋机构，则导程等于螺距。当螺旋升角小于摩擦角时，可以实现自锁功能。按螺旋副的摩擦性质，可分为滑动螺旋机构、滚动螺旋机构和静压螺旋机构。

螺纹的类型按照牙型可以分为：三角形螺纹、矩形螺纹、梯形螺纹、锯齿形螺纹等，如图 2-2-13 所示。其中三角形螺纹和管螺纹主要用于联接两个零件，矩形、梯形、锯齿形螺纹主要用于传动。按螺纹所在位置可以分为内螺纹和外螺纹。在圆柱孔的内表面形成的螺纹叫内螺纹，在圆柱的外表面形成的螺纹叫外螺纹。根据螺旋线绕行方向可分为左旋螺纹和右旋螺纹，其中常见的螺纹都是右旋螺纹。比如拧紧螺丝时，一般是顺时针方向转动螺丝刀，而逆时针方向转动是松开螺纹。左旋螺纹仅在特殊情况下使用。

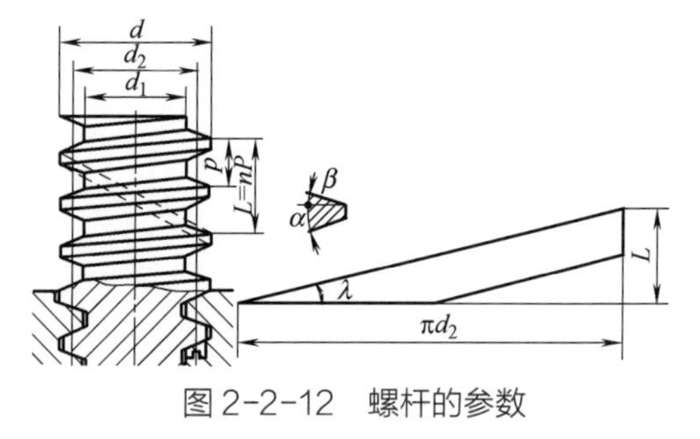

图 2-2-12　螺杆的参数

螺旋机构的形式有单螺旋机构和双螺旋机构。根据螺杆和螺母的不同组合，单螺旋机构有 4 种形式：①螺杆转动并移动，比如供墨调节机构；②螺母转动并移动，如螺旋千斤顶；③螺杆转动螺母移动，如台钳，数控机床工作台；④螺母转动螺杆移动，观察镜螺旋调整装置、输纸机构后吹风的调节。其中螺杆转动螺母移动是最常用的方式。

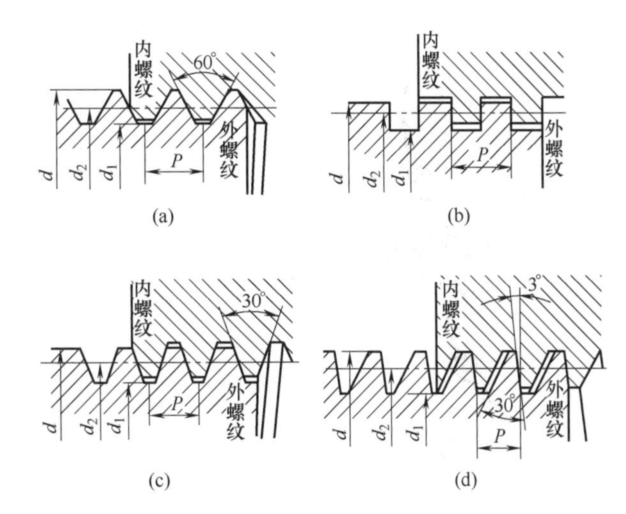

图 2-2-13 螺纹的牙型

（a）三角形螺纹 （b）矩形螺纹

（c）梯形螺纹 （d）锯齿形螺纹

双螺旋机构是指同一根螺杆上有两段螺纹，当两段螺旋副中螺纹旋向相同但螺距不同时时就构成差动螺旋机构，如图 2-2-14 所示。差动螺旋机构中活动螺母 2 相对机架 3 移动的距离为：$L=(P_1-P_2)z$。假设是单头螺纹，P_1 和 P_2 分别为两段螺纹的螺距，z 为转动的圈数。当 P_1 和 P_2 相差很小时，移动量就很小。这类机构主要用于测微器、分度机等精密仪器中。

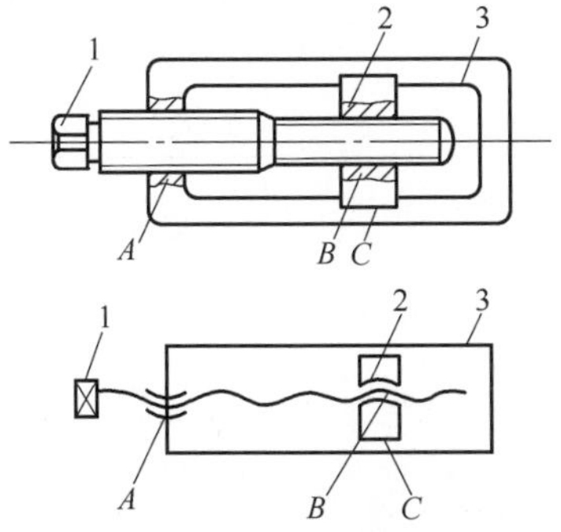

1—螺杆 2—活动螺母 3—机架

图 2-2-14 差动螺旋机构

当两螺旋副中螺纹旋向相反就构成了复式螺旋机构，如图 2-2-15 所示。复式螺旋机构中左右两个活动螺母 2 的相对移动的距离为：$L=(P_1+P_2)z$，常用于需要快速调整的机构中。如果要求左右移动距离相同，则让 $P_1=P_2$ 即可。

图 2-2-16 为复式螺旋机构在机器人夹持机构中的应用。可以看到，机器人的左右两片手爪安装在同一根螺杆的旋向相反的两段螺纹上，左右两片手爪分别是与对应两段螺纹配合的螺母。这样可以实现手爪的快速开合，提高抓取效率。

除了滑动螺旋机构还有滚动螺旋机构，如图 2-2-17 所示。在滚动螺旋机构中，滚动体

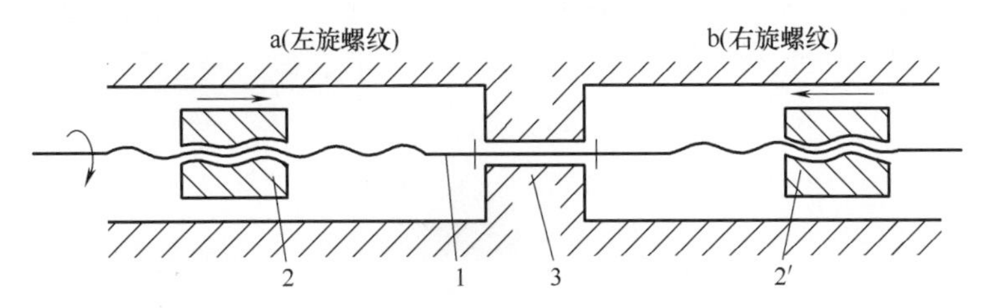

1—螺杆 2—活动螺母 3—机架

图 2-2-15 复式螺旋机构

图 2-2-16 机器人夹持机构

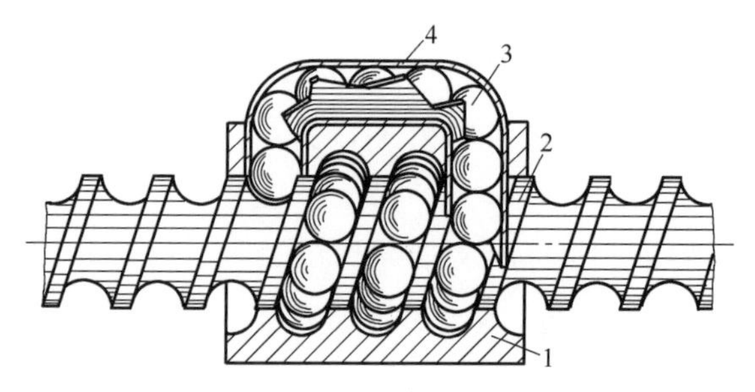

图 2-2-17 滚动螺旋机构

1—螺母 2—丝杆 3—滚珠 4—滚珠循环装置

分别和螺杆螺母之间是滚动接触， 用滚动摩擦代替了滑动螺旋机构中的滑动摩擦，提高传动效率，减轻磨损。

滚动螺旋机构由螺母、丝杆、滚珠和滚珠循环装置组成。它的特点是传动效率高、运动稳定、动作灵敏，结构复杂，主要用于数控机床、精密测量仪器中。

四、棘轮机构

棘轮机构主要有棘爪、棘轮、摇杆、制动爪、弹簧和机架组成，如图 2-2-18 所示。弹簧使制动爪和棘轮保持接触，摇杆逆时针摆动，棘爪插入齿槽，棘轮转过角度，制动爪划过齿背，摇杆顺时针摆动，棘爪划过脊背，制动爪阻止棘轮作顺时针转动，棘轮静止不动。因此当摇杆作连续的往复摆动时，棘轮将作单向间歇转动。回顾一下平面连杆机构中的曲柄摇杆机构，这里的摇杆可以借助曲柄摇杆机构中的摇杆来实现往复运动。

根据棘轮机构的结构特点，棘轮机构可分为齿式棘轮机构（图 2-2-19）和摩擦式棘轮机构（图 2-2-20）。齿式棘轮机构的棘轮外缘或内缘上具有刚性轮齿，依靠棘爪与棘轮齿间的啮合传递运动。这种棘轮机构的结构简单，制造方便，运动可靠，棘轮的转角可以在一定的范围内有级调节。但在运动开始和终止时，会产生噪声和冲击，运动的平稳性较差，轮齿容易磨损，高速时尤其严重。因此，常用于低速、轻载和转角要求不大的场合。摩擦式棘轮机构采用没有棘齿的棘轮，棘爪为扇形的偏心轮，依靠棘爪与棘轮之间的摩擦力来传递运动，另有一个制动棘爪。这种机构可以实现棘轮转角的无级调节，在传动的过程中，很少发生噪声，传递运动较平稳。但由于靠摩擦传动，在其接触表面之间容易发生滑动现象，因而运动的可靠性和准确性较差，不宜用于运动精度要求高的场合。

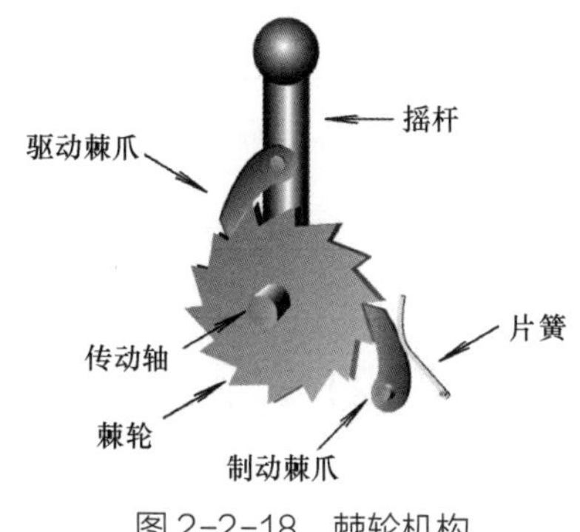

图 2-2-18　棘轮机构

图 2-2-19　齿式棘轮机构

图 2-2-20　摩擦式棘轮机构

摩擦式棘轮机构

翻转变向棘轮机构

回转变向棘轮机构

单动式棘轮机构

双动式棘轮机构

根据棘轮棘爪的啮合方式，棘轮机构又可分为外啮合棘轮机构和内啮合棘轮机构两种。

如果需要棘轮作双向的间歇运动，可以把棘轮的轮齿做成矩形，棘爪做成可翻转的结构，扫描二维码观看翻转变向和回转变向两种棘轮机构的动画。如果要提高棘轮的运动速度，可以把单动式棘轮机构做成双动式棘轮机构，扫描二维码观看单动式和双动式棘轮机构的动画。

棘轮机构的特点是：①结构简单，制造容易运动可靠；②棘轮的转角在很大范围内可调；③工作时有较大的冲击和噪声、运动精度不高，常用于低速场合；④棘轮机构还常用作防止机构逆转的停止器。

五、槽轮机构

槽轮机构的工作原理如图 2-2-21 所示。当拨盘上的圆柱销没有进入槽轮的径向槽时，槽轮的内凹锁止弧面被拨盘上的外凸锁止弧面卡住，槽轮静止不动。当圆柱销进入槽轮的径向槽时，锁止弧面被松开，则圆柱销驱动槽轮转动。当拨盘上的圆柱销离开径向槽时，下一个锁止弧面又被卡住，槽轮又静止不动，将主动件的连续转动转换为从动槽轮的间歇运动，扫描二维码观看槽轮机构运动动画。

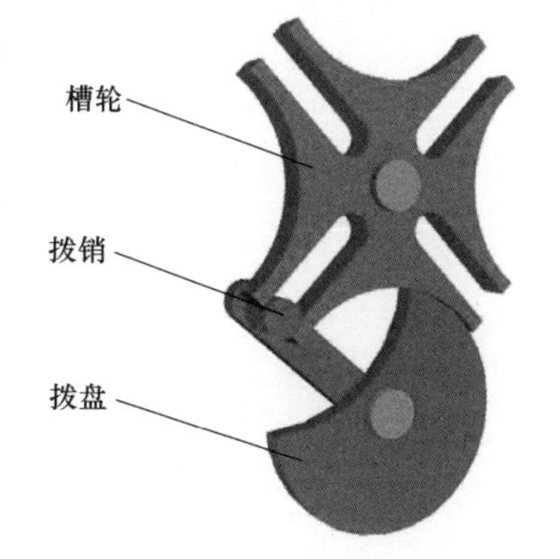

图 2-2-21　槽轮机构

槽轮机构的类型按照拨销和槽轮的位置关系可以分为外啮合槽轮机构、内啮合槽轮机构和空间槽轮机构，扫描二维码观看动画过程。

按照拨销的数量可以分为单圆销槽轮机构和双圆销槽

轮机构。拨盘以相同速度转动时，单圆销槽轮机构中，拨盘转动一圈，槽轮转动 90°；双圆销槽轮机构中，拨盘转动一圈，槽轮转动 180°，扫描二维码观看双圆销槽轮机构的动画。

槽轮机构的优点：结构简单、工作可靠、机械效率高，能较平稳、间歇地进行转位。缺点：圆柱销突然进入与脱离径向槽，传动存在柔性冲击，适合高速场合，转角不可调节，只能用在定角场合。

槽轮机构

内啮合槽轮机构

空间槽轮机构

双圆销槽轮机构

电影放映机中的槽轮机构

槽轮机构的应用案例：老式电影放映机中的槽轮机构。电影放映机是一种能够沿着轨道连续拖动胶片的设备，并且使胶片的每一帧能在光源前短暂停留。依靠人眼的视觉暂留现象，电影放映机断续播放的每一帧图像即可在人脑中形成连续画面。拨盘转动一圈，槽轮带动电影胶片转过一张胶片的距离，胶片的静止和运动时间是根据槽轮静止和运动时间来分配。放映机的播放速度一般为每秒 24 帧，可以计算出槽轮静止和运动时间以及拨盘的转速。扫描二维码观看电影放映机的动画。

学号：________________　姓名：________________

任务实施： 印刷机的输纸机构用到了哪几种机构，分析其工作过程。

图 2-2-22 是印刷机分纸吸嘴的机构运动简图。1 是盘形凸轮，2 是滚子，3 是弹簧。根据凸轮机构的工作原理，描述分纸吸嘴的工作过程。

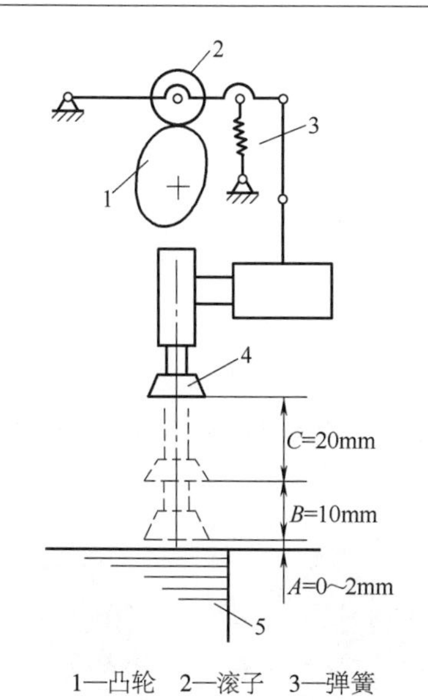

1—凸轮　2—滚子　3—弹簧

4—吸嘴　5—纸堆

图 2-2-22　分纸吸嘴机构原理图

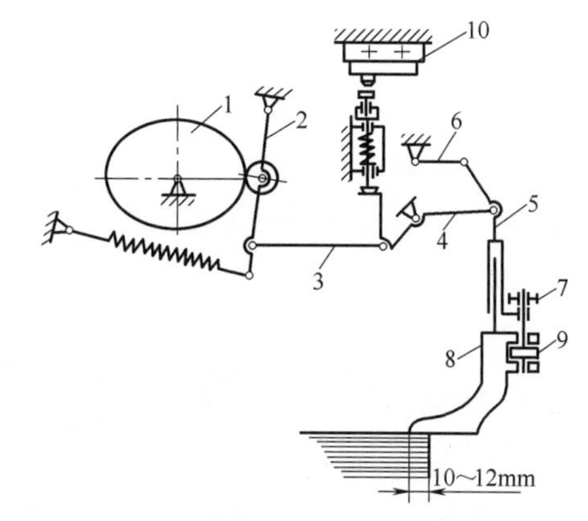

1—凸轮　2，4，6—摆杆　3—连杆　5—机件　7—调节螺钉

8—压纸吹嘴　9—调节螺母　10—微动开关

图 2-2-23　压纸吹嘴机构原理图

思考： 弹簧的作用是____

滚子从动件的作用是____

图 2-2-23 印刷机压纸吸嘴的机构运动简图。请讨论并描述凸轮和平面连杆机构是如何配合完成压纸吸嘴功能。

图 2-2-24 中是某胶印机水斗辊机构原理图。手柄控制并拉动齿条 1，用定位销 2 约束。经过拨叉控制棘爪控制板 4，改变水斗辊拨动齿数。棘爪 5 的摆角是固定不变的，棘轮 6 带动水斗辊 3 间歇运动。传水凸轮 8 上有一个销孔，是棘爪 5 摆动的动力源，距中心有一偏心距，凸轮 8 通过滚子 9 使传水辊 7 来回摆动传水。凸轮 8 的转动，是通过串水辊 10，经

过行星减速机实现的。胶印机的水斗辊，有的是间歇运动的，每次转动的多少由棘轮、棘爪来控制。也有的是连续转动的，水斗辊由电机带动，通过减速机构进行供水，改变电机转速来实现水量调节。这就是棘轮棘爪机构和凸轮机构配合在印刷机上的应用。

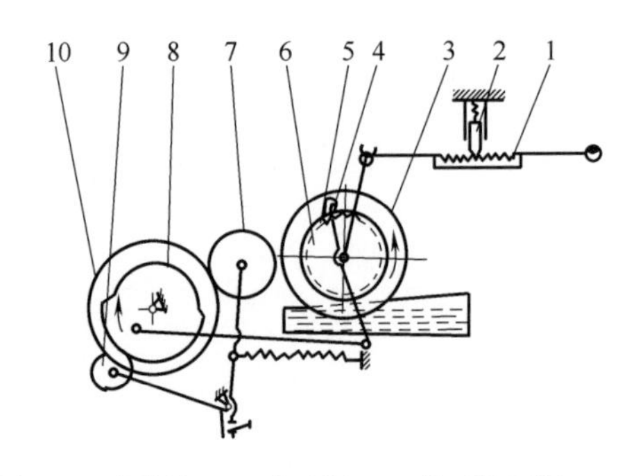

1—齿条　2—定位销　3—水斗辊　4—棘爪控制板　5—棘爪
6—棘轮　7—传水辊　8—传水凸轮　9—滚子　10—串水辊

图 2-2-24　水斗辊机构原理图

总结提升：

自评互评：

序号	评价内容	自我评价	小组互评	真心话
1	学习态度			
2	分析问题能力			
3	解决问题能力			
4	创新能力			

任务三　传动装置的种类和特点

任务发布：印刷滚筒转动的动力从何而来?

知识储备：动力从动力源传送到执行机构，中间一般需要经过传动装置。

机械传动装置的主要作用是将一根轴的旋转运动和动力传给另一根轴，并且可以改变转速大小和运动方向。常见的传动装置主要包括带传动、链传动、齿轮传动和蜗杆传动。

印刷机中使用的传动方式主要有带传动、齿轮传动、链传动三种方式。带传动精度最低，一般用在印刷机的原动机（马达）和下一个从动轮之间；齿轮传动精度最高，在印刷机中使纸张传递、墨辊组、水辊组、滚筒精确运转的，一般采用齿轮传动；链传动用于精度要求较高，但又不方便使用齿轮传动的部分，一般用于印刷机的输纸台和收纸台部分。

一、带传动

生活中的带传动无处不在，汽车发动机、跑步机、超市的收银台传送带，印刷机中的一级传动往往都是带传动。

如图 2-3-1 所示，带传动一般是由主动轮、从动轮、紧套在两轮上的传动带及机架组成。当电机驱动主动带轮转动时，由于带与带轮之间摩擦力的作用，使从动带轮一起转动，从而实现运动和动力的传递。

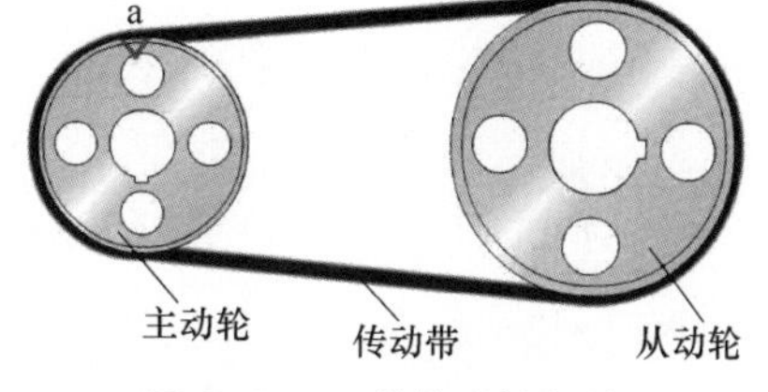

图 2-3-1　带传动的组成

带传动的类型有很多种。按传动原理可以分为摩擦带传动和啮合带传动。摩擦带传动是靠传动带与带轮间的摩擦力实现传动，如 V 带传动、平带传动等；啮合带传动是靠带内侧凸起的齿与带轮外缘上的齿槽相啮合实现传动，如同步带传动。

按传动带的截面形状可以分为平带、 V 带、多楔带、圆形带、齿形带，如图 2-3-2 所示。平带的截面形状为矩形，内表面为工作面，结构简单，带轮制造加工也容易，但是能传

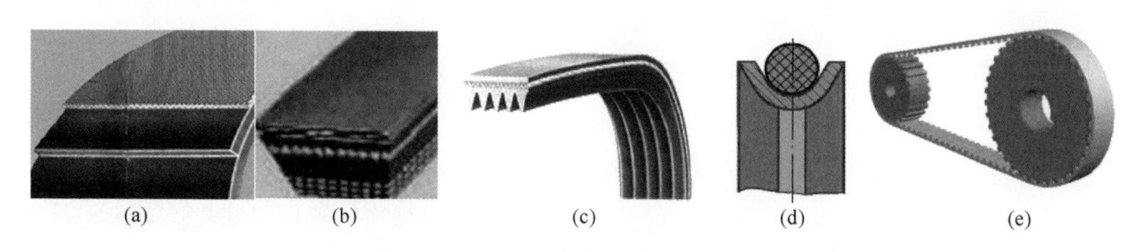

图 2-3-2　按传动带的截面形状分类

（a）平带　（b）V 带　（c）多楔带　（d）圆形带　（e）齿形带

递的功率较小。V 带的截面形状为梯形，两个侧面为工作表面，能传递的功率较大。

多楔带是在平带基体上由多根 V 带组成的传动带，可传递很大的功率，兼有平带弯曲应力小和 V 带摩擦力大等优点，多用于传递动力较大、结构紧凑的场合。

圆形带的横截面为圆形。只用于小功率传动，牵引能力很小，常用于仪器、家用器械、人力机械中。

齿形带也叫同步齿形带，传动精度比以上四种皮带都高，能够保证准确的传动比，传动比一般小于 12。适应带速范围广，同步齿形带的带速为 40 ~ 50m/s，传递功率可达 200kW，效率高达 98% ~ 99%。

轿车发动机中的正时皮带也是一种齿形带。正时皮带是汽车发动机配气系统的重要组成部分，通过与曲轴的连接并配合一定的传动比来保证进、排气时间的准确。使用皮带而不是齿轮来传动是因为皮带噪声小，传动精确，自身变化量小而且易于补偿。显而易见皮带的寿命肯定要比金属齿轮短，因此要定期更换皮带，一般在车辆行驶到 6 万 ~ 10 万公里时应该更换。正时皮带的作用就是当发动机运转时，活塞的行程（上下的运动）、气门的开启与关闭（时间）、点火的顺序（时间），在“正时”皮带的连接作用下，时刻要保持“同步”运转。由此可见同步带的传动还是很精确地。

带传动按用途可以分为传动带和输送带。传动带就是传递动力用的，输送带就是输送物品用。汽车、印刷机中的就叫作传动带，超市收银台的叫做输送带。

带传动是具有中间挠性件的一种传动，所以它的优点主要有：①能缓和载荷冲击；②运行平稳，噪声小；③制造和安装精度不像啮合传动那样严格；④过载时将引起带在带轮上打滑，因而可防止其他零件的损坏；⑤可增加带长可以适应中心距较大的工作场合。

带传动也有下列缺点：①有弹性滑动和打滑，使效率降低，而且不能保持准确的传动比。同步带传动除外，因为同步带传动是靠啮合传动的，所以可保证传动同步。弹性滑动是由皮带本身的物理特性造成的，所以无法避免，而打滑现象是由于过载造成的，一般可以避免；②传递同样大的圆周力时，轮廓尺寸和轴上的压力都比啮合传动大；③带的主要材质是橡胶，所以使用寿命较短，要定期检查，及时更换；④不适用于高温、易燃及有腐蚀介质的场合。

带传动除了传递动力以外，在印刷机的输纸装置中也广泛应用，利用皮带和纸张之间的摩擦力实现纸张输送。图 2-3-3（a）为热升华数字印刷机中的齿形带传动，图 2-3-3（b）是 Mcor IRIS 3D 打印机中的齿形带传动，用于控制刀头的精确运动。

二、链传动

链传动由主动链轮、从动链轮、跨绕在两链轮上的环形链条和机架所组成，如图 2-3-4 所示。链传动是以链条作中间挠性件，靠链条与链轮轮齿的啮合来传递运动和动力。

生活中最常见到的链传动就是自行车。骑自行车经常会遇到掉链子的情况，因为链条长时间使用，磨损严重，链条和链轮之间的间隙增大，就容易脱开。

(a)

(b)

图 2-3-3　带传动的应用

（a）热升华数字印刷机　（b）Mcor IRIS 3D 打印机

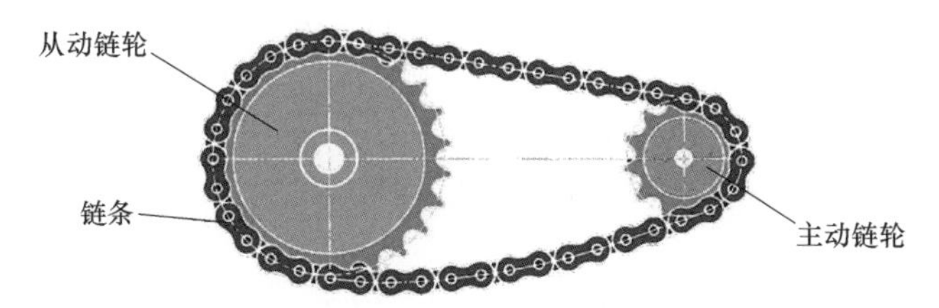

图 2-3-4　链传动的组成

链传动的优点是：①平均传动比准确，压轴力小；②效率较高；③安装精度要求较低，成本低；④适用于中心距较大的传动。

链传动的缺点是：①瞬时传动比不恒定，瞬时链速不恒定；②传动的平稳性差，有噪声。

链传动主要用在转速不高，两轴中心距较大，要求平均传动比准确的场合。

链传动按用途分为传动链、起重链和牵引链。起重链和牵引链主要用于运输和起重机械中，而一般的传动机械中，常用的是传动链。传动链根据链条的形状可以分为滚子链、齿形链和成形链。

从图 2-3-5 可以看出滚子链的每个链节都有 5 个部分组成：滚子、套筒、销轴、内链板、外链板。链板一般制成“8”字形；内链板和外链板之间有间隙，可以保证润滑油充分

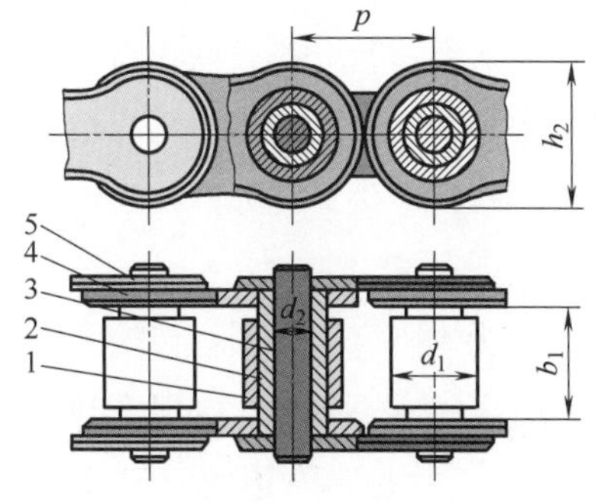

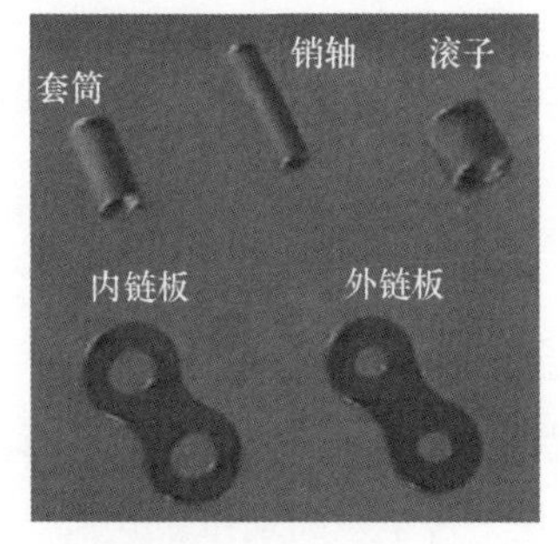

1—滚子　2—套筒　3—销轴　4—内链板　5—外链板

图 2-3-5　滚子链的结构和组成

润滑磨损面。链节数最好取偶数， 以便外链板和内链板相接。当链节数为奇数时，链条首尾相连的时候，由于内链板和外链板的高度不一样，中间需要增加过渡链节。

链传动在印刷机中有很多应用，比如 J2108 胶印机的输纸台和收纸台的升降机构，如图 2-3-6 所示。纸台上的纸张质量大，链传动的承载能力也足够。

图 2-3-6 印刷机上的链传动

三、齿轮传动

齿轮传动是一种啮合传动，如图 2-3-7 所示，其传动比等于主动齿轮的转速除以从动齿轮的转速，也等于从动齿轮的齿数除以主动齿轮的齿数。生活中比较常见的就是机械手表中非常精密的齿轮传动，还有一些玩具小车的传动也会用到齿轮机构。

图 2-3-7 齿轮传动

齿轮传动的优点有：①能保证传动比恒定不变；②适用的圆周速度（最高 300m/s）和功率（最高 105kW），范围广；③结构紧凑；④效率高， $\eta=0.94\sim0.99$ ；⑤工作可靠且寿命长。

缺点主要是：①制造、安装精度要求较高，因而制造成本也较高；②不宜做远距离传动。

一对齿轮的传动比不宜过大。通常，一对圆柱齿轮的传动比不大于 5，一对圆锥齿轮的传动比不大于 3。

齿轮传动可以根据两个齿轮轴线的相对位置关系进行分类，两根齿轮轴线的位置关系有平行、相交、空间异面三类，因此齿轮机构可以分为平行轴齿轮机构、相交轴齿轮传动、交错轴齿轮传动。齿轮又可以按照齿轮齿向的类型进行分类，比如圆柱齿轮可以根据齿向分为直齿圆柱齿轮、斜齿圆柱齿轮、人字圆柱齿轮。

直齿圆柱齿轮按照齿轮啮合的方式又可以分为内啮合直齿圆柱齿轮、外啮合直齿圆柱齿轮、直齿圆柱齿轮齿条，如图 2-3-8 所示。内啮合式和外啮合式的比较常见。

图 2-3-9 是一台小型的切纸机。所切纸张的尺寸是由左边的标尺来确定的。图中，箭头所指的位置是确定纸张尺寸的手轮，该手轮内部就是一个直尺圆柱齿轮，和齿条相配合，决定所切纸张的长度。

图 2-3-8 齿轮机构的啮合方式
（a）内啮合 （b）外啮合 （c）齿轮齿条

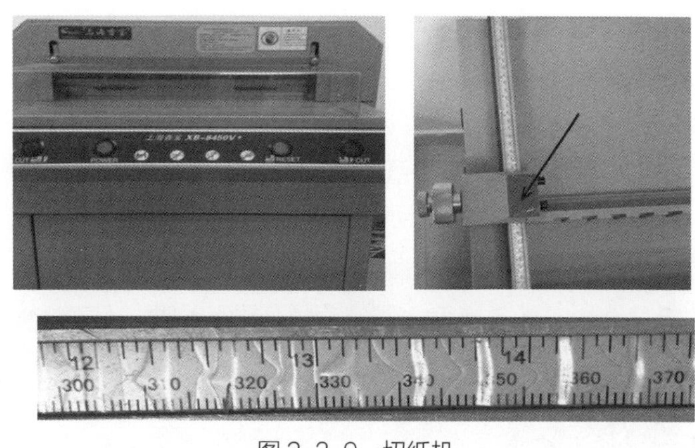

图 2-3-9 切纸机

斜齿圆柱齿轮按照齿轮啮合的方式同样可以分为内啮合斜齿圆柱齿轮、外啮合斜齿圆柱齿轮、斜齿圆柱齿轮齿条，如图 2-3-10 所示。

图 2-3-10 斜齿圆柱齿轮
（a）内啮合 （b）外啮合 （c）齿轮齿条

直齿圆柱齿轮已经可以实现精确的传动，为何还要设计斜齿轮传动呢？首先了解斜齿轮和直齿轮相比有什么优点。

（1）图 2-3-11 中，当一对直齿圆柱齿轮相互啮合的时候，接触线是在啮合的瞬间全部接触，在分离的瞬间完全分离的。而当一对斜齿圆柱齿轮啮合时，一对齿是逐渐进入啮合状态和逐渐脱离啮合状态的， 而且斜齿圆柱齿轮啮合的接触线也比直齿圆柱齿轮啮合的接

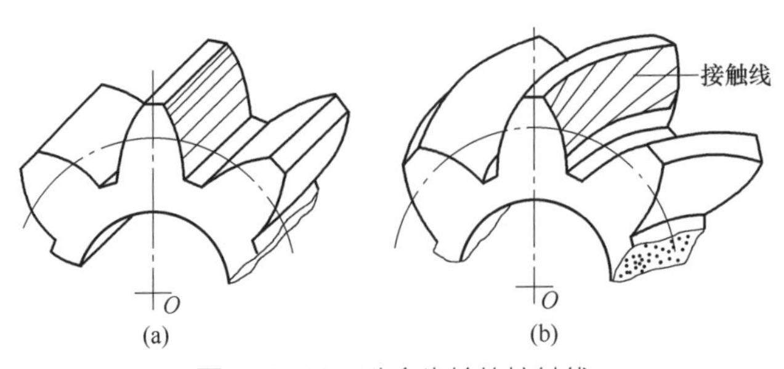

图 2-3-11 啮合齿轮的接触线

（a）直齿圆柱齿轮 （b）斜齿圆柱齿轮

触线要长，所以斜齿轮传动运转平稳、噪声小。

（2）由于同样大小的斜齿圆柱齿轮接触线较长并且重合度更大，故承载能力较强，运转平稳，适用于高速传动场合。

（3）斜齿圆柱齿轮的最小齿数小于直齿圆柱齿轮的最小齿数。

但是斜齿圆柱齿轮也不是没有缺点，倾斜的接触线会对斜齿圆柱齿轮的中心轴产生附加的轴向力。

为了解决轴向力的问题，人字齿轮传动应运而生了。图 2-3-12 是一对人字齿圆柱齿轮传动，那它就没有缺点了吗？人字齿轮加工制造复杂，价格昂贵， 所以大多数情况下，还是直齿圆柱齿轮传动应用最广泛。

图 2-3-12 人字齿圆柱轮传动

以上都是平行轴齿轮传动机构，相互啮合的两个齿轮轴线都是平行的，也就是说，不管经过多少对齿轮传动，动力传递的方向始终是保持不变的。但是某些时候需要改变动力的传递方向。比如 J2108 胶印机只有一个主电机，动力源只有一个，而动力要分配到印刷滚筒、水辊、墨辊上去，这时候，可以改变传动方向的锥齿轮传动就有了用武之地。圆锥齿轮机构也可以按照齿向的类型分为：直齿圆锥齿轮、斜齿圆锥齿轮、曲齿圆锥齿轮。相互啮合的一对齿轮的轴线是相交的，如图 2-3-13 所示。

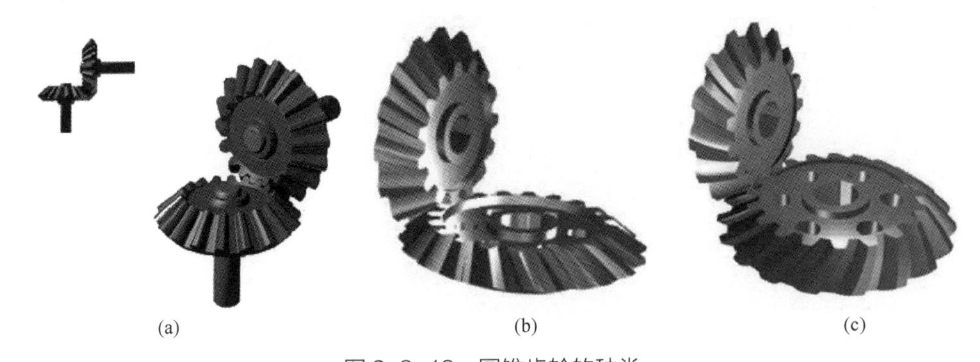

图 2-3-13 圆锥齿轮的种类

（a）直齿圆锥齿轮 （b）斜齿圆锥齿轮 （c）曲齿圆锥齿轮

在一些特殊情况下还会用到交错轴齿轮传动，如图2-3-14所示。两个齿轮的轴线是一对空间异面直线，这样动力的传递方向就可以任意改变了。

图2-3-14　交错轴齿轮传动

通常齿轮传动都是定传动比的，而有些仪器需要变传动比的齿轮传动。而变传动比的齿轮传动一般是非圆形的，如图2-3-15所示。

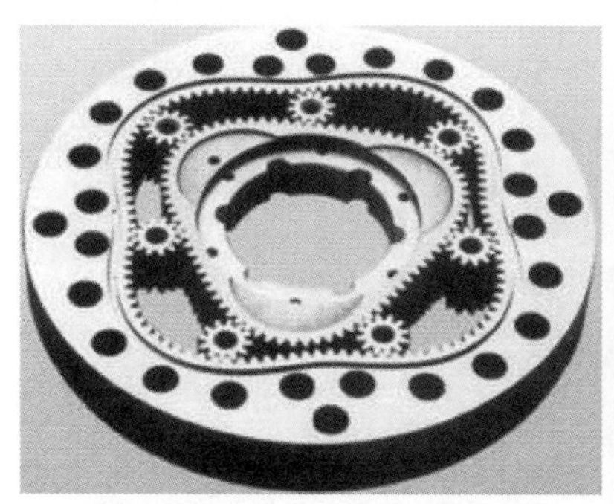

图2-3-15　变传动比的齿轮传动

图2-3-16是J2203A型胶印机的传动系统简图。可以看到2/4是一对皮带传动，5/6，27/28，33/34等都是圆柱齿轮传动，31/32，50/51，52/53都是锥齿轮传动。斜齿轮7、8、9分别把动力传递到压印滚筒、上橡皮布滚筒、上印版滚筒。

四、蜗杆传动

蜗杆传动集齿轮传动、螺旋传动为一体，如图2-3-17所示。蜗杆的轮齿是螺旋线，分为左旋蜗杆和右旋蜗杆。对于单线蜗杆，蜗杆转一周，蜗轮转过一个齿。如果一个单头蜗杆与一个40齿的蜗轮传动，其传动比就是40。

蜗杆传动的特点是：

（1）传动比可以做到很大，但还可以保持紧凑的结构；

（2）啮合过程中，传动平稳，噪声小；

（3）具有自锁功能。

缺点就是齿面间存在着剧烈的滑动摩擦，所以发热严重，效率较低。

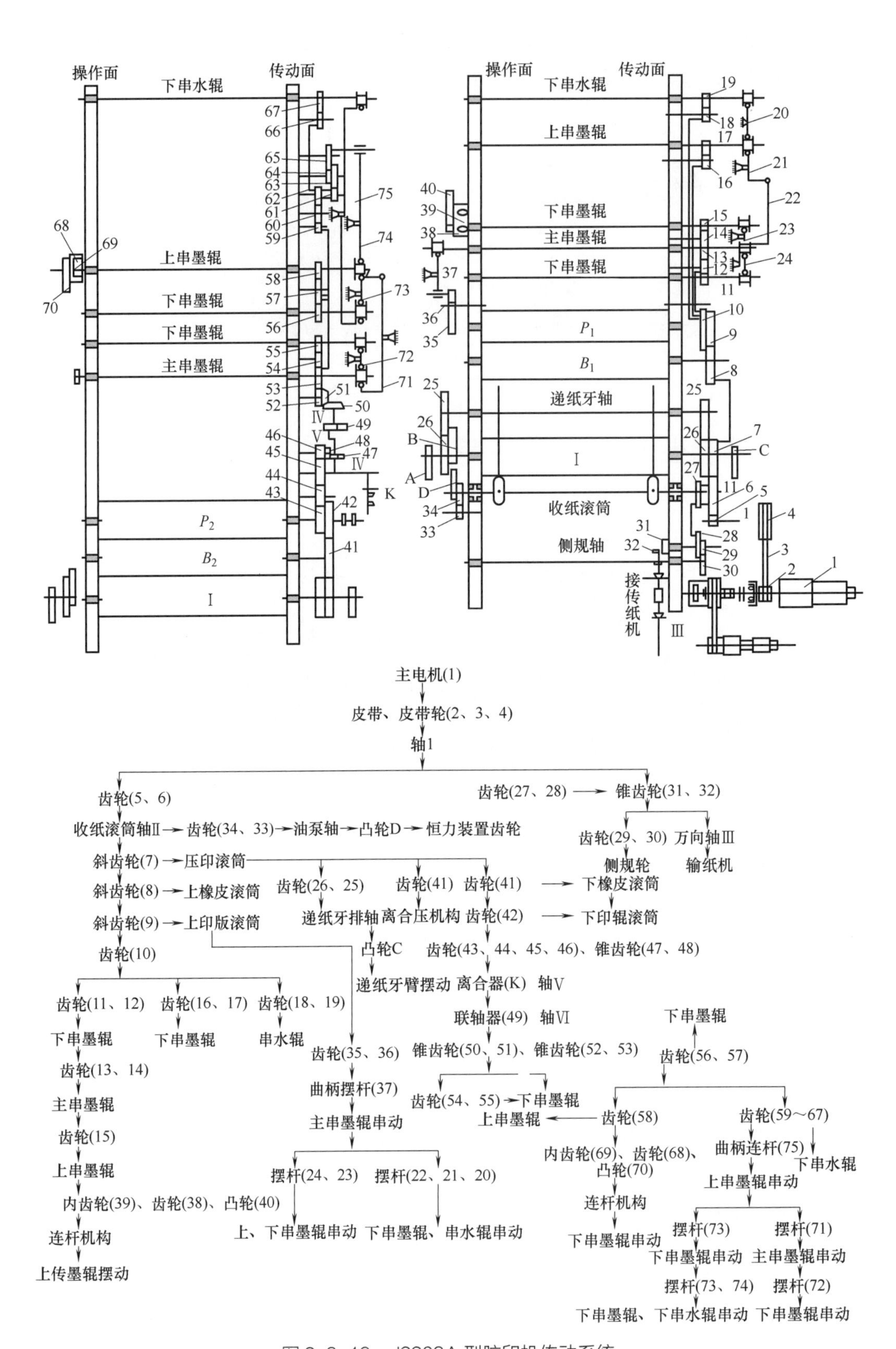

图 2-3-16 J2203A 型胶印机传动系统

图 2-3-18 是蜗杆传动在印刷机上的应用，它不是作为传动机构使用的，而是利用了蜗杆传动的自锁功能，作为橡皮布安装以后的锁紧装置。

图 2-3-17　蜗杆传动

图 2-3-18　蜗轮蜗杆锁紧装置

橡皮布滚筒的作用是利用橡皮布接受印版上的图文信息，并在与压印滚筒的滚压过程中将图文信息转移到承印材料上。橡皮布滚筒上最重要的装置是橡皮布装卡装置 4 和张紧力调整装置 1，如图 2-3-19 所示。

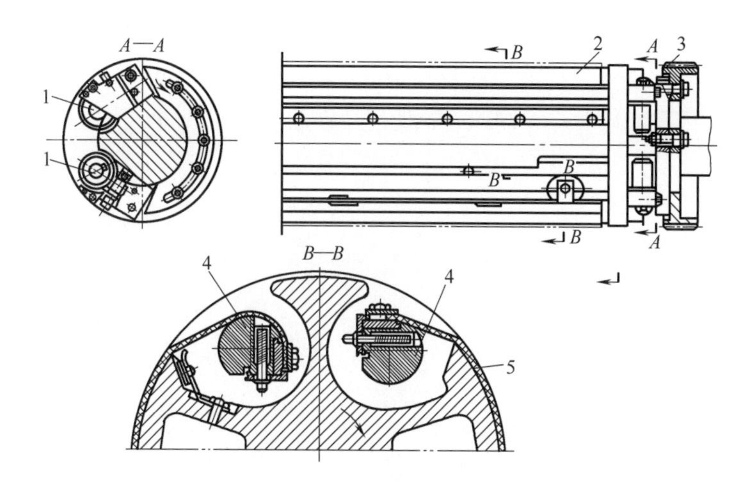

1—张紧力调整装置　2—橡皮布滚筒　3—齿轮　4—橡皮布装卡装置　5—橡皮布

图 2-3-19　橡皮布滚筒的组成

橡皮布滚筒上橡皮布的装卡是采用蜗轮蜗杆机构驱动橡皮布卷轴，实现橡皮布的安装和拆卸，如图 2-3-20（a）所示。为了能够方便地安装橡皮布，首先将橡皮布按照规定的尺寸进行裁切，并在橡皮布的头部和尾部分别装上橡皮布金属夹板，金属夹板 1 和 2 上有齿沟，通过紧固螺钉 3 将橡皮布咬紧，张紧轴 5 上有凹槽和卡板 4，用以固定金属板夹。装橡皮布时，先推开卡板 4 使金属板夹 1 的凸出阶台面嵌入轴 5 的凹槽，并把金属板夹用力压向轴 5 的配合平面，卡板 4 在压簧 6 的作用下，自动钩住金属板夹 1。拆卸橡皮布时，只要先推开卡板 4，取出金属板夹即可。在橡皮滚筒的咬口部位还设有衬垫毛毡和垫纸的夹紧装置，衬垫靠弹簧片 7 和夹板 8 夹紧。装衬垫时，推开压簧片放入衬垫后，压簧片便会自动压紧，用来固定包衬，防止跑衬垫。

橡皮布滚筒右肩铁的外端面上装有橡皮布张紧装置，如图 2-3-20（b）所示。张紧轴 5

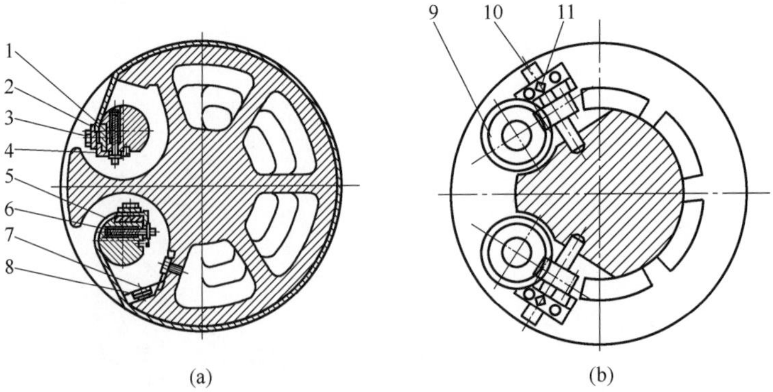

(a)　　(b)

1，2—金属夹板　3—紧固螺钉　4—卡板　5—张紧轴　6—压簧　7—弹簧片

8—夹板　9—蜗轮　10—蜗杆　11—锁紧螺钉

图 2-3-20　橡皮布的张紧装置结构简图

上装有蜗轮 9，与蜗杆 10 相啮合。用专用套筒扳手转动蜗杆 10 的轴端，带动橡皮布卷紧轴 5 转动，达到张紧或者松开橡皮布的目的。尽管蜗轮蜗杆有自锁作用，但是为了防止因振动造成的橡皮不松动。还设有锁紧螺钉 11，张紧橡皮布后，用锁紧螺钉 11 将蜗杆 10 锁住，由于橡皮布具有应力松弛的特点，因此，新橡皮布使用一段时间后，需要重新张紧。

学号：________________　姓名：________________

任务实施：

1. 找出实训所用印刷机中，使用了哪几种传动装置？

____

2. 仔细观察印刷机中使用了哪几种类型的齿轮传动，其传动比为多少？各自把动力传动到哪些执行机构？

____

____

3. 找到印刷机上的蜗轮蜗杆机构，蜗杆是单头还是多头？蜗轮的齿数是多少？

____

总结提升：________________________________

____

自评互评：

序号	评价内容	自我评价	小组互评	真心话
1	学习态度			
2	分析问题能力			
3	解决问题能力			
4	创新能力			

任务四　机 械 零 件

任务发布：有了动力、各种机构、传动装置以后，整个印刷机的机械部分是不是可以开始工作了呢？观察印刷机上还有些什么机械机构。

知识储备：机械传动通常是由各种机构、传动装置以及各种零件配合完成的。轴、轴承、联轴器、离合器、制动器、连接件等通用零部件也是机械系统必不可少的组成部分。

一、轴

轴的主要作用是支承轴上回转零件（如齿轮、轴承等），并且能够传递运动和动力。自行车的车轴属于光轴，柴油发动机的轴是曲轴，印刷机的传动轴是阶梯轴，如图 2-4-1 所示。

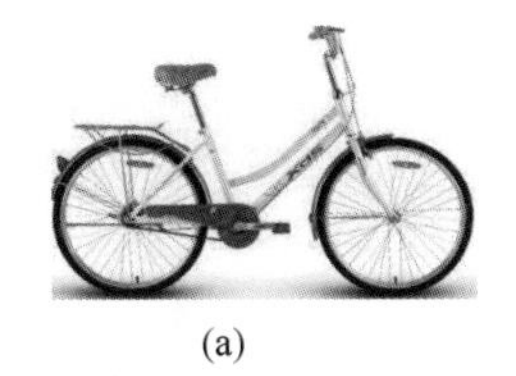

(a)

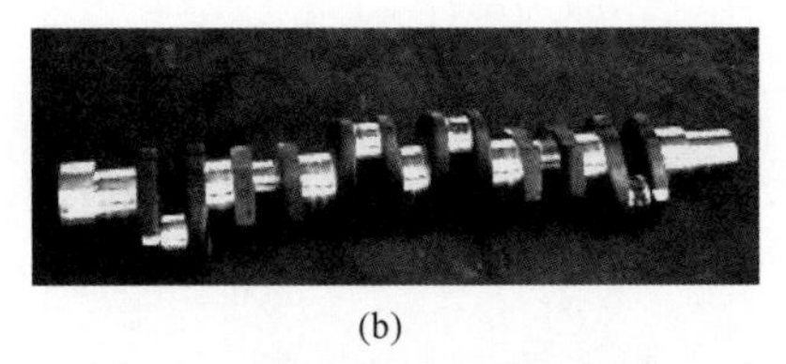

(b)

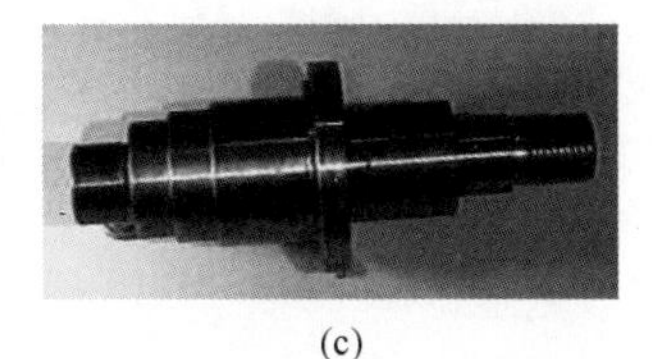

(c)

图 2-4-1　轴的种类

（a）光轴　（b）曲轴　（c）阶梯轴

对轴类零件的基本要求是：①具有足够的承载能力，有强度和刚度满足要求，在设计寿命内保证能够正常工作；②具有合理的结构形状：轴上零件定位正确、固定可靠且易于装拆，同时加工方便，成本低。

轴上零件的定位方法包括轴向定位方法和周向定位方法。轴向定位主要是保证轴上零件不会沿着转动轴方向发生位移。方法包括：轴肩、套筒、轴端挡圈、圆螺母、圆锥面、弹性挡圈等，如图 2-4-2 所示。

轴肩一般在阶梯轴上，轴上零件和轴肩的配合要满足图中的要求。轴肩的特点是结构简单，定位可靠，可承受较大的轴向力。主要用在对齿轮、带轮、联轴器、轴承等的轴向定位上。

套筒主要用于轴上间距不大的两个零件之间的轴向定位。与滚动轴承组合时，套筒的厚度不应超过轴承内圈的厚度，以便轴承拆卸。它的特点是：定位可靠，结构简单，加工方便，可承受较大的轴向力。

轴端挡圈主要用于轴的端部零件的固定。它的特点是：能承受较大的轴向力及冲击载荷，需采用防松措施。

圆螺母用作轴向定位的时候，一定要让螺母的侧面紧靠被定位的零件，而不能靠在阶梯

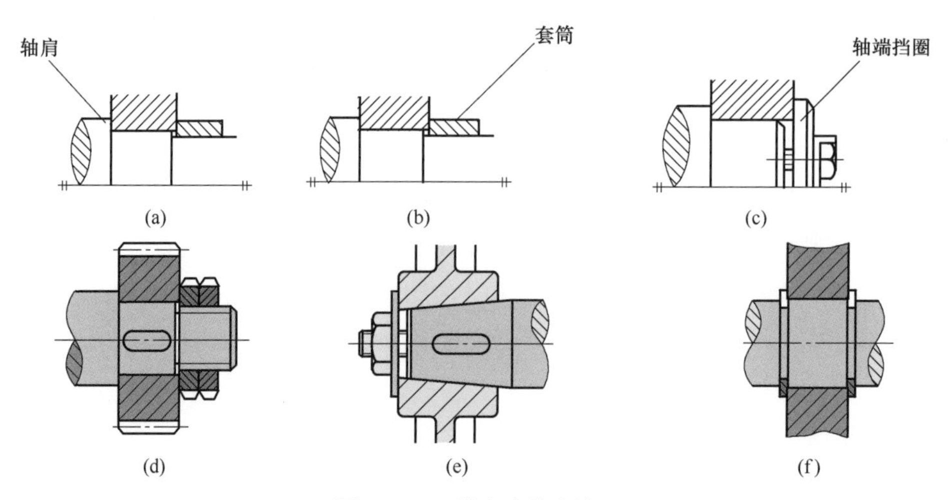

图 2-4-2 轴向定位方法

（a）轴肩 （b）套筒 （c）轴端挡圈 （d）圆螺母 （e）圆锥面 （f）弹性挡圈

轴的端面上。它的特点是：定位可靠，装拆方便，可承受较大的轴向力，由于车制螺纹使轴的疲劳强度下降。主要用在轴的中部和端部零件的定位。

圆锥面的定位方法主要是把轴端和轴上的零件配合孔都做成圆锥状，端面再用螺母和挡圈配合，主要用于轴的端部的零件固定。特点是：能承受冲击载荷，装拆方便，但配合面加工较困难。

弹性挡圈是一个有开口的圆环，特点是：结构简单紧凑，装拆方便，只能承受很小的轴向力，可靠性差。主要应用于固定滚动轴承和移动齿轮的轴向定位。

轴上零件的周向定位的目的是防止零件与轴之间的相对转动。周向定位方法有：键、花键、圆锥销、紧定螺钉、过盈配合等，如图 2-4-3 所示。

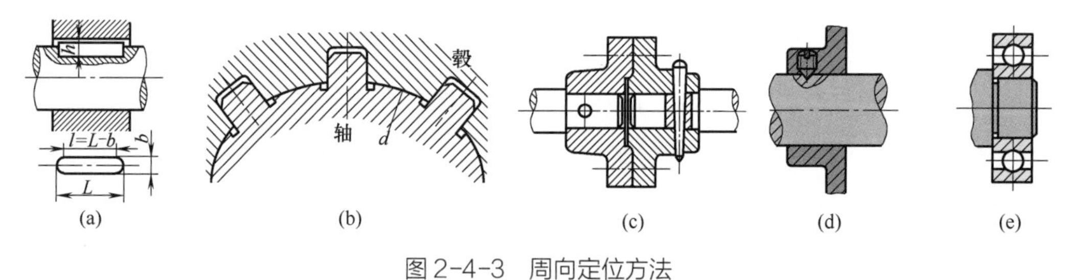

图 2-4-3 周向定位方法

（a）键 （b）花键 （c）圆锥销 （d）紧定螺钉 （e）过盈配合

键有平键和半圆键。平键的对中性好，可用于较高精度、高转速及受冲击或交变载荷作用的场合。半圆键装配方便，特别适合锥形轴端的联接，对轴的削弱较大，只适用于轻载。

花键的承载能力强，定心精度高，导向性好，但制造成本高。紧定螺钉适用于轴向力小，转速低的场合；在有振动和冲击的场合，但需要注意防松。

圆锥销和圆柱销用于受力不大的场合。过盈配合对中性好，承载能力强，适用于不常拆卸的部位。可与平键组合使用，能承受较大的交变载荷。

二、轴承

轴是用来支撑轴上零件的，但是轴本身也需要用机架来支撑和固定。轴是运动件，机架是固定件，两者怎么安装在一起呢？这里的关键零件是轴承。轴承的作用是支承轴及轴上零件，保持轴的旋转精度，减少转轴与支承之间的摩擦和磨损，并承受载荷。轴承的外圈固定，可以和机架接触；内圈旋转，可以和轴配合。内外圈之间用滚动体过渡，完美解决了这个问题。轴承按照摩擦性质可以分为滑动摩擦轴承和滚动摩擦轴承。

滑动轴承的特点有：结构简单、成本低；轴套磨损后，间隙无法调整；只能从轴端装拆，不方便，适于低速、轻载或间隙工作的机器。

滚动轴承由内圈、外圈、滚动体和保持架组成，如图 2-4-4 所示。由于内外圈和滚动体之间是滚动摩擦，所以摩擦阻力小，发热量小，效率高，起动灵敏、维护方便，并且已标准化，便于选用与更换，因此使用十分广泛。

滚动体的形状最常见的是球形，球形滚动体和内外圈是点接触，接触面积小，所以承载能力也小。为了提高承载能力，滚动体被设计成柱形，包括圆柱滚子、圆锥滚子、滚针、鼓形滚子，如图 2-4-5 所示。柱形滚子和内外圈的接触变成了线接触，承载能力变大，但是摩擦也变大了，于是又出现了鼓形滚子，摩擦力和承载能力均介于滚珠和滚柱之间。

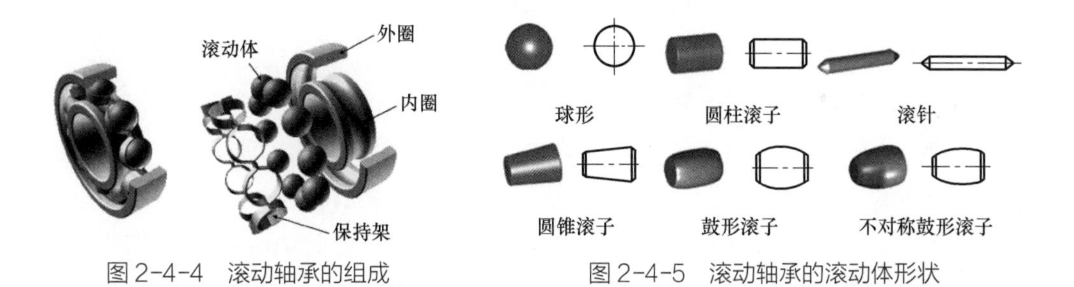

图 2-4-4 滚动轴承的组成 图 2-4-5 滚动轴承的滚动体形状

滚动轴承的内、外圈和滚动体采用强度高、耐磨性好的铬锰高碳合金钢制造，保持架多用低碳软钢冲压而成，也有采用铜合金或塑料保持架的。

滚动轴承优点是：①摩擦阻力小、启动灵敏、效率高、润滑简单，耗油量少，维护保养方便；②轴承径向间隙小，并且可用预紧的方法调整间隙，以提高旋转精度；③轴向尺寸小，某些滚动轴承可同时承受径向和轴向载荷，故可使机器结构简化紧凑；④滚动轴承是标准件，可由专门工厂大批生产供应，使用、更换方便。

缺点是：抗冲击性能差、高速时噪声大，工作寿命较低。

润滑和密封对滚动轴承的使用寿命有重要意义。润滑的主要目的是减小摩擦与磨损。滚动接触部位形成油膜时，还有吸收振动、降低工作温度等作用。密封的目的是防止灰尘、水分等进入轴承，并阻止润滑剂的流失。滚动轴承的润滑剂可以是润滑脂、润滑油或固体润滑剂。一般情况下，轴承采用润滑脂润滑。

滚动轴承密封方法的选择与润滑的种类、工作环境、温度、密封表面的圆周速度有关。

密封方法可分三大类：接触式密封、非接触式密封和组合式密封。它们的密封形式、适用范围和性能可查阅国标。

由于滑动轴承和滚动轴承各有优缺点，所以在振动冲击比较严重的机器上宜选用滑动轴承，对精度要求高的机器上，宜选用滚动轴承。

三、联轴器、离合器、制动器

联轴器是用来把两轴联接在一起，以传递运动与转矩，机器停止运转后才能接合或分离的一种装置。联轴器可分为刚性联轴器和弹性联轴器。刚性联轴器结构简单，使用方便，可传递的转矩较大，但不能缓冲与吸振，因此常用于载荷较平稳的两轴连接。弹性联轴器在工作中具有较好的缓冲与吸振能力。适用于正反转变化多、起动频繁的高速轴连接，如电动机、水泵等轴的连接，可获得较好的缓冲和吸振的效果。

离合器是在机器运转过程中，可使两轴随时接合或分离的一种装置。它可用来操纵机器传动系统的工作或停止，以便进行变速及换向等。离合器按照工作原理可以分为嵌入式离合器和摩擦式离合器，按离合控制方法分为操纵式和自动式离合器。嵌入式离合器中最常用的是牙嵌式离合器，它结构简单，两轴连接后无相对运动，但接合时有冲击，只能在低速或停车状态下接合，否则容易将齿打坏。摩擦式离合器的优点是过载时，离合器摩擦表面之间发生打滑，能保护其他零件不被损坏；缺点是摩擦表面之间存在相对滑动，以至于发热较多，磨损较大。

制动器是用来降低机械的运转速度或迫使机械停止运转的部件。制动器是利用摩擦力矩来消耗机器运动部件的动能，从而实现制动的。其动作迅速，可靠；其摩擦副耐磨，易散热。按照制动零件的结构特征分：有带式、块式、盘式等型式的制动器。按机构不工作时制动零件所处状态分：有常闭式和常开式两种制动器；前者经常处于紧闸状态，要加外力才能解除制动作用，例如提升机构中的制动器；后者经常处于松闸状态，必须施加外力才能实现制动，例如多数车辆中的制动器。按照控制方式分：自动式和操纵式两类；前者如各类常闭式制动器；后者包括用人力、液压、气动及电磁来操纵的制动器。块式制动器由瓦块、制动轮等零件组成。它的工作原理是：通电松开，断电后靠弹簧拉力实现制动。借助于瓦块与制动轮之间的摩擦力来实现制动。断电制动是为了保证设备安全。带式制动器在外力的作用下，闸带收紧抱住制动轮实现制动。图 2-4-6 是 J2108 印刷机传动示意图。

四、联接及联接件

联接是指联接件和被联接件的组合结构。

机械联接分为两大类：

1. 机械动联接

机械动联接即被联接的零（部）件之间可以有相对运动的联接，如滑移齿轮和轴。

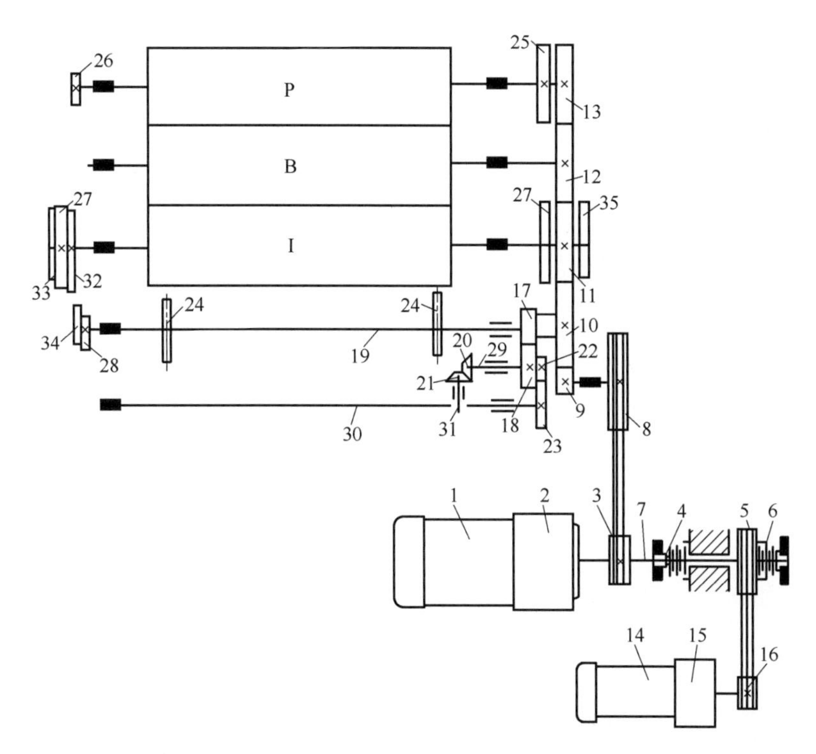

1—主电机　2—电磁调速滑差离合器　3,5,8,16—带轮　4—制动电磁离合器　6—低速电磁离合器
7,29—轴　9～13,17,18,22,23,25～28—齿轮　14—辅助电机　15—摆线针轮减速器　19—收纸链轮轴
20,21—锥齿轮　24—收纸链轮　30—侧规传动轴　31—万向轴　32～35—凸轮

图2-4-6　J2108印刷机传动示意图

2. 机械静联接

机械静联接即被联接零（部）件之间不允许有相对运动的联接。

机械静联接又可分为两类：

（1）可拆联接　即允许多次装拆而不失效的联接，包括螺纹联接、键联接（包括花键联接和无键联接）和销联接。

（2）不可拆联接　即必须破坏联接某一部分才能拆开的联接，包括铆钉联接、焊接和粘接等。另外，过盈联接既可做成可拆联接，也可做成不可拆联接。

螺纹联接是利用具有螺纹的零件构成的连接，是最广泛的一种联接。螺纹联接采用自锁性好的普通螺纹，常用的普通螺纹，牙型角为60°，根据螺距不同有粗牙和细牙之分。一般联接用粗牙螺纹，细牙螺纹容易产生滑牙，但自锁性好，适用于薄壁零件、受变载联接、微调机构。例如：轴上零件固定用的圆螺母就是细牙螺纹。螺栓和孔壁有间隙，孔的加工精度低的情况下用普通螺栓联接。螺杆与孔用过渡配合，没有间隙，承受轴向载荷时铰制孔螺栓联接。被联接件之一太厚时用双头螺栓联接，它的结构紧凑,可以经常拆装。螺钉联接用于不经常拆装的场合。

紧定螺钉入被联接件的螺纹孔中，顶住另一被联接件的表面或凹坑，可以固定两个零件或传递不大的力矩。

键是一种标准件，通常用于联接轴与轴上旋转零件与摆动零件，起周向固定零件的作用以传递旋转运动或扭矩；而导键、滑键、花键还可用作轴上移动的导向装置。

键联接可以分为松键联接和紧键联接。松键联接靠侧面挤压、圆周方向剪切承载，工作前不打紧。包括平键、半圆键、花键。紧键联接靠摩擦工作，工作前打紧。包括楔键、切向键。

销联接主要用于固定零件之间的相对位置，并能传递较小的载荷，它还可以用于过载保护。按形状的不同，销可分为圆柱销、圆锥销等。圆柱销靠过盈配合固定在销孔中，如果多次装拆，其定位精度会降低。

铆接是利用铆钉把两个以上的被铆件联接在一起的不可拆联接。铆钉和被铆件铆合部分一起构成铆缝。焊接是利用局部加热的方法将被联接件联接成为一个整体的一种不可拆联接。

学号：＿＿＿＿＿＿＿＿　姓名：＿＿＿＿＿＿＿＿

任务实施：

1. 找出实训所用印刷机中，有哪些你所熟悉的机械零件？

2. 分析这些机械零件在印刷机中所起的作用。如果缺少了这个零件，印刷机会怎样？

总结提升：

自评互评：

序号	评价内容	自我评价	小组互评	真心话
1	学习态度			
2	分析问题能力			
3	解决问题能力			
4	创新能力			

任务五 胶印机的结构分析

任务发布：以 J2108 印刷机为研究对象，分析整机结构组成，分别指出印刷机的动力部分、执行部分、传动部分、检测部分。以输纸装置为例，分析和描述输纸机构的工作过程，传动线路等。打开印刷机侧板，观察、分析并绘制某一路传动路线示意图。

知识储备：输纸装置的组成，输纸装置中各机构的动作配合。

图 2-5-1 为输纸装置的组成，其工作过程为：先通过纸张分离机构把一张纸从纸堆上分离出来，齐纸机构使这张纸前端对齐，通过双张控制器检测有无双张。再由输纸机构把通过前规、侧规定位的纸张送入印刷装置。输纸装置的主要功能就是完成纸张的分离和纸张的输送，它包括分纸机构、齐纸机构、输纸机构、纸堆升降机构、检测机构，其中分纸机构在整个大局中只是一个小局部，但是如果分纸失败，后续机构也没法工作。

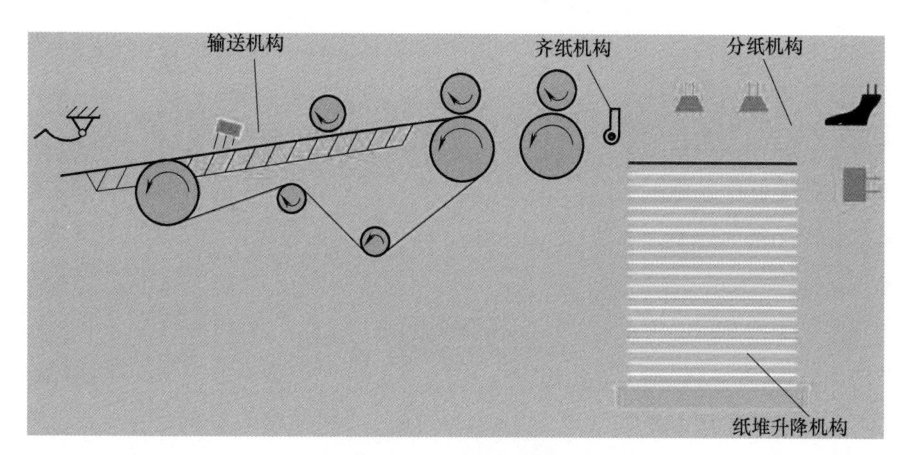

图 2-5-1 输纸装置

分纸机构又称为给纸头、分离头或者飞达头，其功能是周期性地将纸张从纸堆上分离出来，并向前传递至送纸辊。纸张分离机构由四部分组成：松纸吹嘴、分纸吸嘴、压纸吹嘴、送纸吸嘴。

工作过程如图 2-5-2 所示。图 2-5-2（a）松纸吹嘴 1 把纸堆上面的多张纸吹松，接着分纸吸嘴下降至低位，吸住被吹松的最上面的一张纸，使其与纸堆分离；图 2-5-2（b）分纸吸嘴吸着第一张纸上升，送纸吸嘴向后移动，准备接纸，松纸吹嘴停止吹风，同时压纸吹嘴插入被吸起的纸张下面，压住纸堆并进行吹风，使分纸吸嘴吸起的最上面一张纸与纸堆彻底分离；图 2-5-2（c）压纸吹嘴继续吹风，送纸吸嘴吸住纸张，分纸吸嘴停止吸气并放纸，完成纸张从分纸吸嘴到送纸吸嘴的交接；图 2-5-2（d）松纸吹嘴停止吹风并开始抬起，送纸吸嘴吸住纸张并向前输送纸张，前挡纸向前倾倒以便让纸张顺利通过，压纸轮抬起，送纸吹嘴将纸张送入送纸辊的顶部后，压纸轮下落压纸，纸张在压纸轮和送纸辊之间的摩擦力作用下被送入输纸板，此时送纸吸嘴停止吸气并放纸，前挡纸准备返回挡纸位置，再

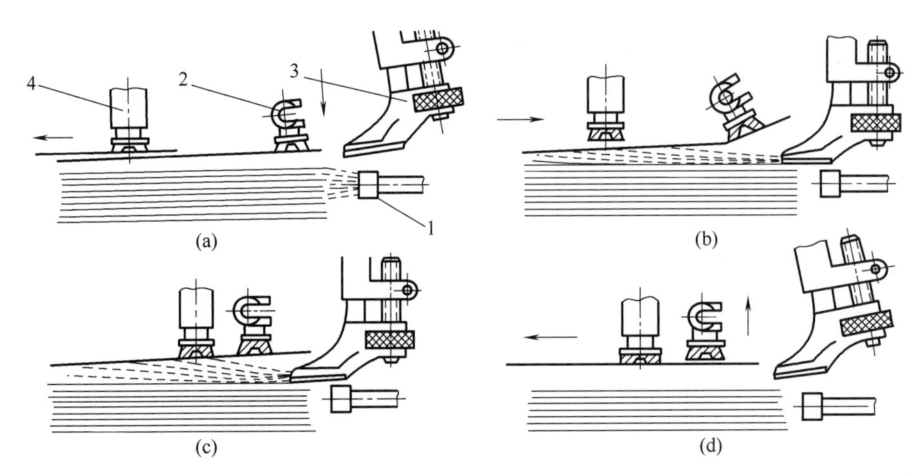

1—松纸吹嘴 2—分纸吸嘴 3—压纸吹嘴 4—送纸吸嘴

图 2-5-2 分纸机构的工作过程

送纸辊上，双张检测器对纸张进行双张检测。

通过该过程，可以看出，只有各机构间精巧准确的配合，才能完成纸张的分离和输送任务，体现了团队合作的重要性。

下面逐一了解每个机构的结构。首先是松纸吹嘴，如图 2-5-3 所示。松纸吹嘴的作用是将纸堆上面几张到十几张纸吹松，它一般位于纸堆的后边，左右各一个，对称分布。右图中是松纸吹嘴的结构放大图，上面有三排小孔，吹嘴吹出的气流以喇叭状进入纸张中间，中间风力最大，上下风力小，这种结构既可以保证纸张被吹松，又能使最上面的纸不会因为风力过大而飘起，出现双张的情况。当纸张厚薄不同时，松纸吹嘴的前后和上下位置可以调节，调节范围如图中所示，前后 6 ~ 10mm，高度方向，一般是松纸吹嘴的中心大约与纸堆表面持平，最高处到纸堆上面大概 8 ~ 10mm。为适应不同厚度的纸张，可以通过风量调节阀调节风量大小，也可以选择不同的吹嘴形式，比如孔径大小、数量、排列方式等。

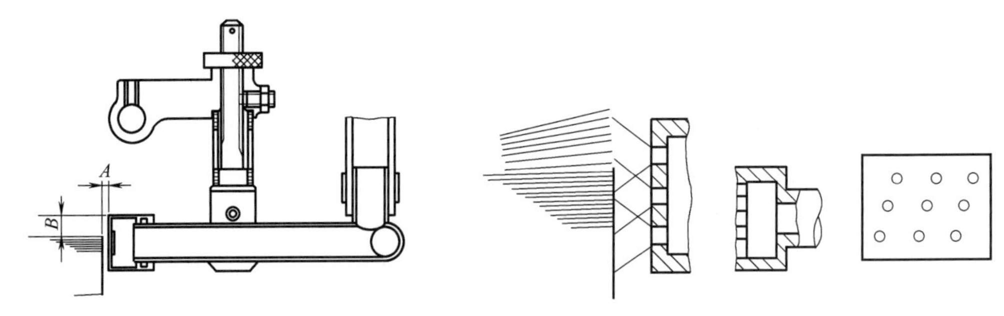

图 2-5-3 松纸吹嘴

大幅面的印刷机还会配置侧松纸吹嘴，它的作用主要是扩大被吸纸张和下面纸张全面分离的程度，使送纸吸嘴更顺利地把纸张送入送纸辊，它的位置和风量也是可调的。

松纸吹嘴吹松纸张以后，分纸吸嘴开始下降，并吸住第一张纸张进行提升，准备给送纸吸嘴。图 2-5-4 是某型号印刷机分纸吸嘴，（a）是结构图，（b）是机构简图。由凸轮 1、摆

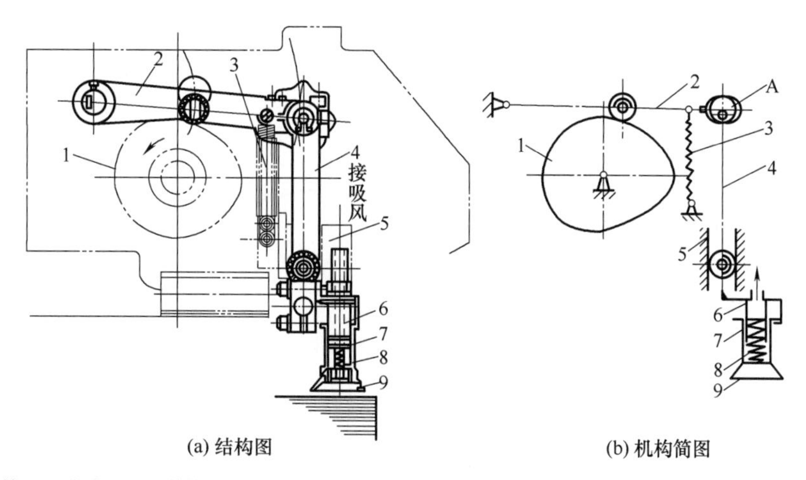

1—凸轮 2—摆杆 3—弹簧 4—导杆 5—导轨 6—吸嘴导柱 7—吸嘴套 8—压缩弹簧 9—吸嘴

图2-5-4 分纸吸嘴

杆2、弹簧3、导杆4、导轨5组成凸轮四杆机构。吸嘴导柱6、吸嘴套7、压缩弹簧8、吸嘴9组成的吸嘴气动机构，吸嘴套7在吸嘴导柱6上做上下滑动，当吸嘴吸气时，吸嘴9外侧的橡胶圈起到密封作用。吸嘴在这两组机构的作用下只做上下运动。当凸轮1的最小半径与摆杆2上的滚子接触时，分纸吸嘴在最低处，配气阀吸气，吸嘴吸住已吹松的最上面的一张纸，使吸嘴内的通道形成真空，在外界大气压的作用下，吸嘴套7和吸嘴9克服弹簧8的作用力，带动吸住的纸张提升到一定高度。

随着凸轮1由最小半径转向最大半径，摆杆2带动连杆4连着整个气动机构上升；当凸轮1的最大半径和摆杆2的滚子接触时，送纸吸嘴吸气接纸；分纸吸嘴停止吸气，并迅速解除吸嘴内的真空状态，在弹簧8的作用下，吸嘴套7与吸嘴9下落，回复原位。当凸轮1由最大半径转到最小半径处，导杆4带动吸嘴气动机构下降，直到吸嘴降低到吸纸位置准备下一次吸纸。图中A是偏心销，用来调节分纸吸嘴与纸堆面的相对距离。在高速印刷时，有些印刷机配备四个分纸吸嘴。

图2-5-5（a）为海德堡某机型的压纸吹嘴的结构图。它的作用主要有三个：①压纸。纸堆最上面的一张纸被分纸吸嘴吸起后，压脚立即向下压住纸堆，以免分纸吸嘴吸住下面的纸张；②吹风。压纸吹嘴压住纸堆后开始吹风，使分纸吸嘴分离出来的纸张完全与纸堆分离，并在它们之间形成一层气垫，以便输送；③探测纸堆面高度。当纸堆面降低到一定高度，分离头将要不能正常工作时，压纸吹嘴探测机构及时发出信号使纸堆自动上升。

不同印刷机的压纸吹嘴具有不同的运动轨迹，但是它们都有共同的规律和要求。首先，压纸吹嘴在下压到纸堆面上的运动轨迹，应近似于上下运动，避免搓动纸张。然后压纸吹嘴离开纸堆面后，应迅速后撤，以免影响分纸吸嘴的下一次吸纸动作。最后压纸吹嘴压在纸堆面上以后，才能进行吹风，以免吹乱纸张。压纸吹嘴在整个分纸机构中起到承上启下的作用，保证分纸吸嘴成功的吸走第一张纸，并且为下一次吸纸做好准备工作。

图2-5-5（b）是压纸吹嘴机构的机构简图。它由两个机构串联而成的。凸轮1、摆

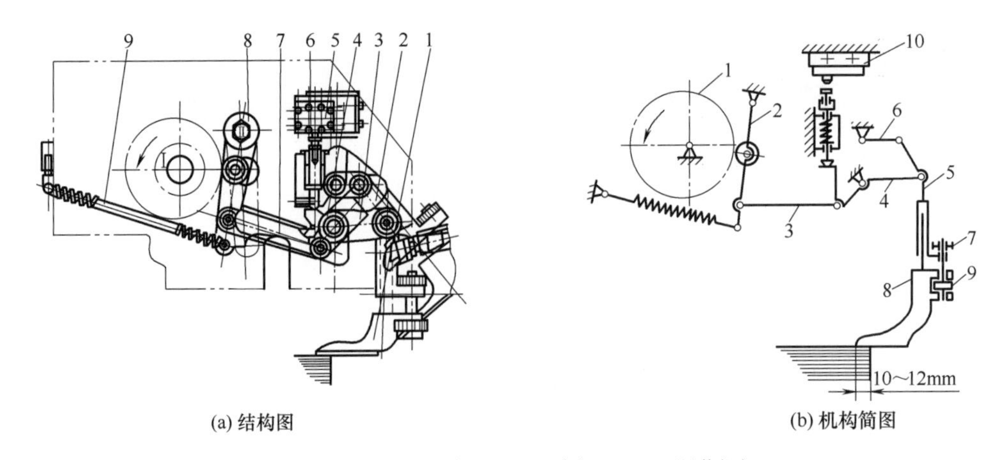

(a) 结构图　　(b) 机构简图

1—凸轮　2，4，6—摆杆　3，5—连杆　7，9—调节螺钉

8—压纸吹嘴　10—微动开关

图 2-5-5　压纸吹嘴

杆 2、连杆 3、摆杆 4 组成的凸轮四杆机构。由摆杆 4、连杆 5、摆杆 6 组成的四杆机构。压纸吹嘴通过螺栓等固定在连杆 5 的下端，随连杆 5 做平面运动。微动开关 10 的导杆压在摆杆 4 凸块上面，当摆杆 2 上的滚子与凸轮 1 的最小半径处接触时，压纸吹嘴 8 处于最低位置，压在纸堆上。随着凸轮 1 的逆时针转动，当摆杆 2 上的滚子从凸轮 1 的最小半径逐渐向最大半径转动时，摆杆 2 从左向右摆动，通过连杆 3 带动摆杆 4 逆时针向上摆动，再通过连杆 5 带动摆杆 6 逆时针向上摆动，连杆 5 和压纸吹嘴一起向上抬起。当摆杆 2 上的滚子与凸轮 1 的最大半径处接触时，压纸吹嘴 8 到达最高位置。随着凸轮 1 继续转动，摆杆 2 上的滚子从凸轮 1 的最大半径转向最小半径时，压纸吹嘴 8 由最高位置下落到纸堆上，压住纸张。

当纸堆高度低于规定要求时，摆杆 4 左侧的凸块向上顶动导杆，导杆克服压簧的力，使微动开关触点接通，发出纸堆上升的信号。当纸堆高度符合规定高度时，由于压纸吹嘴下降的距离较小，摆杆摆动的角度小，摆杆 4 上的凸块胎生的距离小，不能顶动导杆，所以微动开关不会接通，输纸台停止上升。图中 9 是调节螺钉，用于调节压纸吹嘴在纸堆上的高度。

送纸吸嘴的作用是将分纸吸嘴分离出来的纸张吸住，并向前递送，交给接纸辊和压纸轮，纸张的递送和接放，由相应的机构进行机械往复运动，并与吸嘴的吸气、放气动作相配合。

图 2-5-6（a）为海德堡印刷机的送纸吸嘴的结构图，图 2-5-6（b）为它的机构简图。偏心轮 5、摆杆 2、连杆 3 组成一个曲柄摇杆机构，摆杆 2、连杆 1、滚子 10 组成一个摇杆滑块机构。送纸吸嘴机构是由这两个机构串联组合而成的。

送纸吸嘴的工作过程如下：偏心轮 5 转动，通过连杆 3 带动摆杆 2 以轴 Ⅱ 为中心摆动，摆杆 2 通过末端铰链的作用带动连杆 1 的左端呈弧线运动，连杆 1 另一端的滚子 10 在导轨 9 上做直线运动，送纸吸嘴固定在连杆 1 上，和连杆 1 一起做近似水平运动的平面运动。

送纸吸嘴以机器中心左右对称布置，不同印刷机的送纸吸嘴的数量不同，有些单张纸平

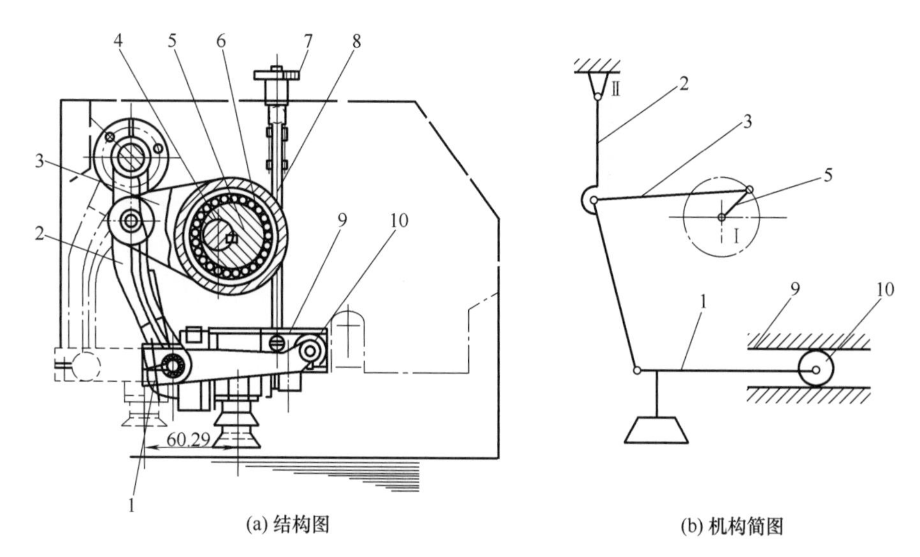

(a) 结构图　　(b) 机构简图

1，3—连杆　2—摆杆　4—偏心轮轴　5—偏心轮　6—轴承　7—手轮　8—立杆　9—导轨　10—滚子

图 2-5-6　送纸吸嘴

版印刷机有 4 个送纸吸嘴，部分高速印刷机还配置辅助送纸吸嘴共同完成纸张的递送。

学号：________________　姓名：________________

任务实施： 分组实训，集中讨论，小组间竞赛，互问互答。

本组准备问题：

1. 问____

   答____

____

2. 问____

   答____

____

3. 问____

   答____

____

回答其他小组的问题：

1. 问____

   答____

____

2. 问____

   答____

____

3. 问____

   答____

____

总结提升： ____

____

自评互评：

序号	评价内容	自我评价	小组互评	真心话
1	学习态度			
2	分析问题能力			
3	解决问题能力			
4	创新能力			

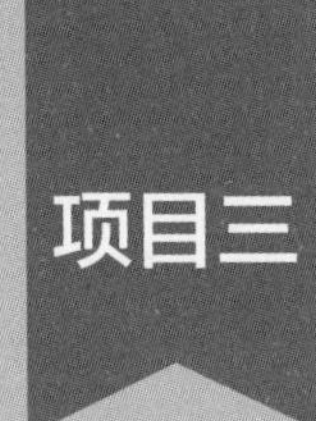

印刷机的电工基础

问题引入：有了常用的机械结构、机械装置和零件组装出印刷机的硬件结构，印刷机是不是就可以开始完成印刷任务了呢？

教学目标：掌握印刷机使用的动力源类型；了解主要传感器的种类和特点；熟悉各类传感器的应用场合，掌握印刷机用传感器的功能；能够为一台新设计的印刷机选用合适的传感器；能够判断传感器是否正常工作；能够修复传感器诊断出的故障。

知识目标：了解动力源的种类，各自的优缺点。掌握各类传感器的工作原理，了解印刷机中各种检测量适合使用的传感器。

能力目标：能够根据实际使用环境和要求选用合适的动力装置。能够判断传感器是否正常工作，能够根据传感器的报警信号判断故障位置和类型。

任务一　驱 动 技 术

任务发布：所有的机器能够正常工作的前提是要有动力。动力来自哪里？有哪些种类？各自的特点和适用场合？

知识储备：动力源一般有三种：电机驱动、液压驱动和气压驱动。

一、电机驱动

电动机是借助于电磁原理工作的能量转换设备。电动机与发电机是两个不同的概念，电动机是利用电磁原理将电能转换成机械能的设备，发电机是利用电磁原理将机械能转换成电能的设备。电动机是使用电的设备，发电机是产生电的设备。

利用各种电动机产生的力或力矩，直接或经过减速机构去驱动机器工作，以获得所要求的位置、速度和加速度，从而实现各种预定的功能。电动机驱动的优点是无环境污染、易于控制、运动精度高、成本低、驱动效率高。

电动机的种类繁多，按照不同的功能适用于不同的场合。电动机的分类如下：

（1）按工作电源的种类可以分为直流电动机和交流电动机。交流电动机还分为单相交流电动机和三相交流电动机。

（2）按结构及工作原理分为直流电动机、异步电动机和同步电动机。直流电动机可分为无刷直流电动机和有刷直流电动机。 异步电动机可分为感应电动机和交流换向器电动机。同步电动机还可分为永磁同步电动机、磁阻同步电动机和磁滞同步电动机。

（3）按用途可以分为驱动用电动机和控制用电动机。驱动用电动机又分为电动工具（包括钻孔、抛光、切割等工具）用电动机、家电（包括洗衣机、电风扇、电冰箱、空调器、录音机、吸尘器、电吹风等）用电动机及其他通用小型机械设备（包括各种小型机床、医疗器械、电子仪器等）用电动机。控制用电动机又分为步进电动机和伺服电动机等。

（4）按运转速度的高低可以分为高速电动机、低速电动机、恒速电动机、调速电动机。低速电动机又分为齿轮减速电动机、电磁减速电动机、力矩电动机等。调速电动机除可分为有级恒速电动机、无级恒速电动机、有级变速电动机和无级变速电动机外，还可分为电磁调速电动机、直流调速电动机、变频调速电动机和开关磁阻调速电动机。

在印刷机中常用的电机主要有两类：一类是驱动电机，另一类是控制电机。驱动电机是印刷机的主要动力源，包括各种交直流电动机。交流异步电动机结构简单，价格便宜，运行可靠，维护方便，但电动机本身不能调速，可用作印刷机的辅助电机。大多数印刷机是需要调速的，一般选用直流电动机、整流子式电动机或者电磁调速异步电动机。控制电机也称为特种电机，常见的有步进电机、伺服电机、测速电机等。这些电动机不是作为动力源，而是用于转换和传递控制信号。

1. 直流电动机

直流电动机是将直流电直接转换为机械能的旋转机械。因为它的结构较复杂、生产成本较高、故障较多、维修不方便等，不如交流电动机应用广泛。它的优点有：调速性能好，调速范围广，易于平滑调节；起动和制动的转矩大，易于快速启动或停止；易于控制。直流电动机主要应用在对调速要求较高或者需要较大启动转矩的生产机械中，如轧钢机、电气机车、中大型龙门刨床、起重设备、印刷设备等，还有一些用蓄电池做电源的场合。

2. 三相交流整流子电动机

三相交流整流子电动机能在恒定转矩和规定的调速范围内作均匀的连续无级调速，是转子上有带换向器的电枢绕组的三相交流电动机。又被称为三相异步换向器电动机或三相交流整流子电动机。它是一种恒转矩交流调速电动机，其调速范围较宽，最高转速与最低转速之比通常有3∶1、6∶1、10∶1几种。与一般笼式三相异步电动机相比，三相交流换向器电动机的起动电流较小，起动转矩较大，但满载效率稍低；与电磁调速异步电动机相比，它不仅能在空载情况下调速，而且调速范围较大，其性能指标与晶闸管电动机相仿。所以，三相交流换向器电动机适用于纺织、造纸、制糖、橡胶等领域，并要求在宽范围内均匀调速时的电力拖动。

早期由上海人民机器厂和北京人民机器厂制造的胶印机、铅印机、轮转机、凹印机和凸印机等的主驱动电机都是三相交流整流子式电动机，如LP1101型、LP1103型全张单面凸版轮转印刷机、 J2102型对开单色胶印机等。日本三菱M-5CP全张双面胶印机、德国海德堡Speed master 102V型四色胶印机也是采用三相交流整流子式电动机作为驱动电机。三相交流整流子式电动机的缺点是：由于在电机转子上有一套整流子（换向器）以及电刷转盘，所以比其他异步电动机结构复杂，故障率高，维护和保养的工作量较大。

3. 电磁调速异步电动机

电磁调速异步电动机是一种恒转矩交流无级变速电动机。它具有调速范围广、速度调节平滑、起动转矩大、控制功率小等优点，因此在印刷机及骑马订书机、无线装订高频烘干机中都有广泛的应用。801 型对开立式停回转凸版印刷机、JS2101 型对开双面胶印机、J2105 型对开单色胶印机、J2108 型对开单色胶印机、PZ4880-01A 型对开四色胶印机等印刷机械都是采用这种电动机，能更好地满足印刷工艺的要求。烘版机采用该电机调速，能有效地控制胶膜厚度。骑马订书机采用此电机，能够根据书刊的要求相应地调节转速，从而提高书刊装订质量。但是带有速度负反馈的电磁调速异步电动机在空载或轻载（小于 10% 额定转矩）时，由于反馈量不足，会造成失控现象；在调速时，随着转速降低，离合器的输出功率和效率也会按比例下降。所以电磁调速异步电动机适用于长期高速运转和短时间低速运转。为了适应印刷机低速运转的需求，在采用电磁调速异步电动机作为主驱动的印刷机中通常还会配置一台三相异步电动机作为低速电机使用。

4. 三相交流异步电动机的基本参数

三相交流异步电动机具有结构简单、运行可靠、价格便宜、过载能力强及使用、安装、维护方便等优点，被广泛应用于各个领域。三相交流异步电动机主要由定子和转子构成，定子是静止不动的部分，转子是旋转部分，在定子与转子之间有一定的气隙。给定子绕组通上三相交流电源后，产生旋转磁场并切割转子，获得转矩。定子由铁心、绕组与机座三部分组成。转子由铁心与绕组组成，转子绕组常用的有鼠笼式和绕线式两种形式。鼠笼式转子是在转子铁心槽里插入铜条，再将全部铜条两端焊在两个铜端环上而组成。绕线式转子绕组与定子绕组一样，由线圈组成绕组放入转子铁心槽里。鼠笼式与绕线式两种电动机虽然结构不一样，但工作原理是一样的。与单相异步电动机相比，三相异步电动机运行性能好，并可节省各种材料。笼式转子的异步电动机结构简单、运行可靠、重量轻、价格便宜，得到了广泛的应用，其主要缺点是调速困难。绕线式三相异步电动机的转子和定子一样也设置了三相绕组，并通过滑环、电刷与外部变阻器连接。调节变阻器电阻可以改善电动机的起动性能和调节电动机的转速。在三相交流异步电动机的机座上有一块铭牌，标出了电动机的主要技术数据，常见参数如下。

（1）型号　表示电动机的系列品种、性能、防护结构形式、转子类型等产品代号。

（2）功率　表示额定运行时电动机轴上输出的额定机械功率，单位：kW。

（3）电压　直接到定子绕组上的线电压，电机有Y型和△型两种接法，其接法应与电机的铭牌规定的接法相符，以保证与额定电压适应。

（4）电流　电动机在额定电压和频率下，输出到定子绕组的三相线电流。

（5）频率　电机所接交流电源的频率，中国规定为 50Hz。

（6）转速　电机在额定电压、频率和负载下，电机的每分钟转速（转/分，r/min，rpm）。

（7）工作定额　电机运行的持续时间。

（8）绝缘等级　电机绝缘材料的等级，决定电机的允许温升。

（9）标准编号　表示设计电机的技术文件依据。

5. 步进电机

步进电机与常用的直流电动机、异步电动机的基本原理类似，但是在性能、结构和生产工艺上有所不同，大多数用于自动控制过程中。一般步进电机的功率都不大，从几分之一瓦到几十瓦或几百瓦，属于微型电机的范畴。一般的电动机都是连续转动的，而步进电机是一步一步转动的。每输入一个脉冲信号，步进电机就转过一定的角度，所以步进电机是一种把脉冲转变成角位移的装置。步进电机输出的角位移与输入的脉冲数严格成比例，且在时间上同步，转速的高低取决于脉冲信号的频率。步进电机的特点是：容易实现正、反转和启、停控制；输出转角的精度高，无累积误差；直接用数字信号控制，与计算机接口方便；能提供较大的低速转矩，可直接驱动机器人关节而无需减速装置。步进电机按结构可以分为反应式和激励式；按相数可以分为单相、两相和多相三种。比如在海德堡胶印机上的墨量控制装置中，就用四组各 36 个步进电机取代了原来的墨斗螺丝。

步进电机一般使用的是直流电源，步进电机的控制是通过驱动器实现的，驱动器包括脉冲分配器和功率放大器。脉冲分配器：把脉冲信号按一定的逻辑关系加到功率放大器上，使各项绕组按一定顺序和时间通断，并根据指令实现正反转。但是其信号比较弱，所以一般还要配备功率放大电路，放大电路可以由电压驱动或者电流驱动。一般步进电机原有的步距比较大，所以配备步矩细分器，以实现微步驱动，提高运动精度。

图 3-1-1 是一款步进电机，表 3-1-1 是该步进电机的型号和主要参数，驱动电源为直流 24～40V，步距角为 1.8°，就是每收到一个脉冲，电机转过 1.8°，那么电机转一圈需要 200 个脉冲。这个步距角是很大的，如果使用电机原来的步距角，运动精度将会很低。

图 3-1-1　步进电机

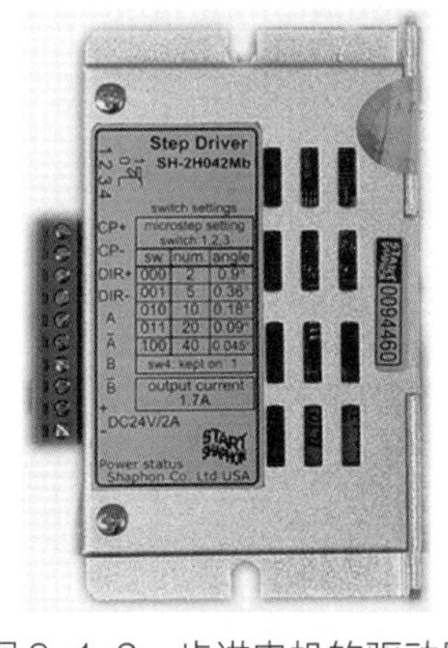

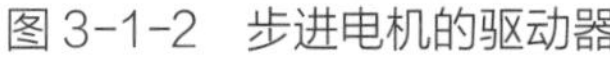

图 3-1-2　步进电机的驱动器

图 3-1-3　数字印刷机中的步进电机

表 3-1-1　　步进电机的型号和主要参数

电机型号	相数	步距角/°	相电流	驱动电压/V	最大静转矩/Nm	重量/kg	空载起动转速/rpm
23HS2001	2	1.8	1.7A	DC(24-40)	0.88	0.65	300
23HS2003			3.0A		0.88	0.65	450
23HS2002			3.0A		1.20	1.05	390

图 3-1-2 是步进电机的驱动器，步距角太大可以通过细分器的拨码开关来设置细分的

倍数。比如123的拨码设置为000的时候，就实现步距角的两细分，步距角变成0.9°。如果拨码设置为100的时候，就实现步距角的40细分，步距角变成0.045°。步距角越小，一个脉冲对应输出的电机转动角度越小，可以实现的最小位移也越小。比如步距角为0.9°时，给10个脉冲输出9°，给11个脉冲输出转角为9.9°，那如果需要输出9.45°，就没有办法实现，因为脉冲数是整数，不能发送10.5个脉冲。但是用步距角为0.045°的步进电机就很容易实现，控制发送210个脉冲就可以了。

图3-1-3中箭头所指部分是一款静电照相数字印刷机中的步进电机，用作转印皮带的驱动电机。因为步进电机价格便宜，结合闭环控制，运动精度也非常高，所以在数字印刷机中小功率的驱动部分使用率非常高。

6. 伺服电机

伺服电机可以精确控制运动的速度和位置，可以将电压信号转化为转矩和转速从而驱动控制对象。伺服电机转子转速受输入信号控制，并能快速反应，在自动控制系统中，用作执行元件，且具有机电时间常数小、线性度高等特性，可把所收到的电信号转换成电动机轴上的角位移或角速度输出。伺服电机内部的转子是永磁铁，由驱动器控制的U/V/W三相电形成电磁场，转子在此磁场的作用下转动，同时电机自带的编码器反馈信号给驱动器，驱动器根据反馈值与目标值进行比较，调整转子转动的角度，形成闭环控制。所以伺服电机的精度决定于编码器的线数。

按照电源类型可分为直流伺服电机和交流伺服电机两大类，其主要特点是，当信号电压为零时无自转现象，转速随着转矩的增加而匀速下降。

直流伺服电机又分为有刷直流伺服电机和无刷直流伺服电机。有刷直流伺服电机成本低、结构简单、启动转矩大、调速范围宽、控制容易、但维护不方便（需要经常更换碳刷），会产生电磁干扰，对环境有要求。因此它可以用于对成本敏感的普通工业和民用场合。无刷直流伺服电机体积小、重量轻、出力大、响应快、速度高、惯量小、转动平滑、力矩稳定。控制复杂，容易实现智能化，其电子换相方式灵活，可以通过方波换相或正弦波换相。电机免维护、效率很高、运行温度低、电磁辐射很小、寿命长，可用于各种环境。

交流伺服电机也是无刷电机，可分为同步交流伺服电机和异步交流伺服电机。目前运动控制中一般都用同步交流伺服电机，它的功率范围大，可以做到很大的功率。而且惯量大，最高转动速度低，且随着功率增大而快速降低，因而适合做低速平稳运行的应用。

交流伺服电机和无刷直流伺服电机在功能上的区别：交流伺服电机要相对好一些，因为是用正弦波控制，转矩脉动小。无刷直流伺服电机是用梯形波控制，优点是结构简单，价格便宜。目前印刷机中交流伺服电机和直流伺服电机都有应用，并且直流伺服电机用得较多。

7. 伺服电机与步进电机的性能比较

同样作为控制用电机，伺服电机与步进电机相比较，性能上有哪些区别呢？

步进电机作为一种开环控制的系统，和现代数字控制技术有着本质的联系。在目前国内的数字控制系统中，步进电机的应用十分广泛。随着全数字式交流伺服系统的出现，交流伺服电机也越来越多地应用于数字控制系统中。为了适应数字控制的发展趋势，运动控制系统中大多采用步进电机或全数字式交流伺服电机作为执行电动机。虽然两者在控制方式上相似，都使用脉冲串和方向信号来控制电机转速和正反转，但在使用性能和应用场合上存在着较大的差异。

（1）控制精度不同　两相混合式步进电机步距角一般为 1.8°、0.9°，五相混合式步进电机步距角一般为 0.72 °、0.36°。也有一些高性能的步进电机通过细分后步距角更小，如某公司生产的二相混合式步进电机，其步距角可通过拨码开关设置为 1.8°、0.9°、0.72°、0.36°、0.18°、0.09°、0.072°、0.036°，兼容了两相和五相混合式步进电机的步距角。

交流伺服电机的控制精度由电机轴后端的旋转编码器保证。以某交流伺服电机为例，使用标准 2000 线编码器，驱动器内部采用了四倍频技术，其脉冲当量为 360°/8000＝0.045°，是步距角为 1.8°的步进电机的脉冲当量的 1/40。如果使用 17 位编码器，驱动器每接收 131072 个脉冲电机转一圈，即其脉冲当量为 360°/131072＝0.0027466°，是步距角为 1.8°的步进电机的脉冲当量的 1/655。

（2）低频特性不同　步进电机在低速时易出现低频振动现象。振动频率与负载情况和驱动器性能有关，一般认为振动频率为电机空载起跳频率的一半。这种由步进电机的工作原理所决定的低频振动现象对于机器的正常运转非常不利。当步进电机工作在低速时，一般应采用阻尼技术来克服低频振动现象，比如在电机上加阻尼器，或驱动器上采用细分技术等。

交流伺服电机运转非常平稳，即使在低速时也不会出现振动现象。交流伺服系统具有共振抑制功能，可涵盖机械的刚性不足，并且系统内部具有频率解析机能（FFT），可检测出机械的共振点，便于系统调整。

（3）矩频特性不同　步进电机的输出力矩随转速升高而下降，且在较高转速时会急剧下降，所以其最高工作转速一般在 300～600RPM。交流伺服电机为恒力矩输出，即在其额定转速 2000RPM 或 3000RPM 以内，都能输出额定转矩，在额定转速以上为恒功率输出。

（4）过载能力不同　步进电机一般不具有过载能力。交流伺服电机具有较强速度过载和转矩过载能力，一般最大转矩为额定转矩的 2～3 倍，可用于克服惯性负载在启动瞬间的惯性力矩。步进电机因为没有这种过载能力，在选型时为了克服这种惯性力矩，往往需要选取较大转矩的电机，而机器在正常工作期间又不需要那么大的转矩，便出现了力矩浪费的现象。

（5）运行性能不同　步进电机一般为开环控制，启动频率过高或负载过大易出现丢步或堵转的现象，停止时转速过高易出现过冲的现象，所以为保证其控制精度，应处理好升、降速问题。交流伺服驱动系统为闭环控制，驱动器可直接对电机编码器反馈信号进行采样，内部构成位置闭环和速度闭环，一般不会出现步进电机的丢步或过冲的现象，控制性能更为可靠。

（6）速度响应性能不同　步进电机从静止加速到工作转速（一般为每分钟几百转）需要 200～400 毫秒。交流伺服系统的加速性能较好，一般从静止加速到其额定转速 3000RPM 仅需几毫秒，可用于要求快速启停的控制场合。

综上所述，交流伺服系统在许多性能方面都优于步进电机。但步进电机的性价比更高，在一些要求不高的场合也经常用步进电机来做执行电动机。所以，在控制系统的设计过程中要综合考虑控制要求、成本等多方面的因素，选用合适的控制电机。

在北人 J2108 胶印机中，主电机用的是 JZT42－4 型电磁调速电机，功率 5.5kW，转速

120-1200rpm。辅助电机主要在调试和点动运行的时候使用，型号是 XWD 0.8-3 摆线针轮减速机，功率为 0.8kW，转速 1500rpm。

二、液压驱动

液压驱动是以压缩空气体液压油为工作介质进行能量传递的一种驱动方式。图 3-1-4 是液压千斤顶的工作原理示意图。用它来说明液压驱动的工作原理。 8 是需要被提升的重物， 1 是动力杠杆。当杠杆 1 向上抬起时，小活塞 2 向上移动，液压缸 3 内的压力减小，在外界大气压的作用下，液压油从油箱进入管道，单向阀 4 被油压打开，油进入液压缸 3。当杠杆 1 往下压时，小活塞 2 下移，单向阀 4 关闭，油压增大，冲开单向阀 5，进入液压缸 6，重物 8 在液压油的驱动力作用下，向上抬起，这样往复循环，就达到了提升重物的功能，重物提升完成后，放油阀 9 打开，液压缸 6 中的液压油放回至油箱 10，整个液压系统回到初始状态。

液压千斤顶是一个简单的液压驱动装置。分析液压千斤顶的工作过程可知，液压驱动是依靠液体在密封容积变化中的压力来实现运动和动力的传递，它是一个能量转换装置，杠杆把机械能转换成液压能，重物又把液压能转换成机械能。

图 3-1-5 是简化的机床工作台液压驱动系统示意图。图中 7 是一个三位四通换向阀，主要是控制液压油是进入 A 还是 B 管道，从而控制工作台向左移动还是向右移动。当换向阀 7 的阀芯处于中间位置的时候，工作台处于静止状态；当换向阀阀芯向左移动时，换向阀 7 处于右位导通状态，液压油在液压泵的作用下，从油箱经过过滤器，到达液压阀的 P 端口，经过 A 端口进入液压缸 6 的右侧，从而推动与活塞相连的工作台向左运动，液压缸 6 右侧的液压油流入端口 B，经过端口 T 流回油箱 1；反之，当换向阀阀芯向右移动时，换向阀 7 处于左位导通状态，液压油在液压泵的作用下，从油箱经过过滤器，到达液压阀的 P 端口，经过 B 端口进入液压缸 6 的左侧，从而推动与活塞相连的工作台向右运动，液压缸 6 左

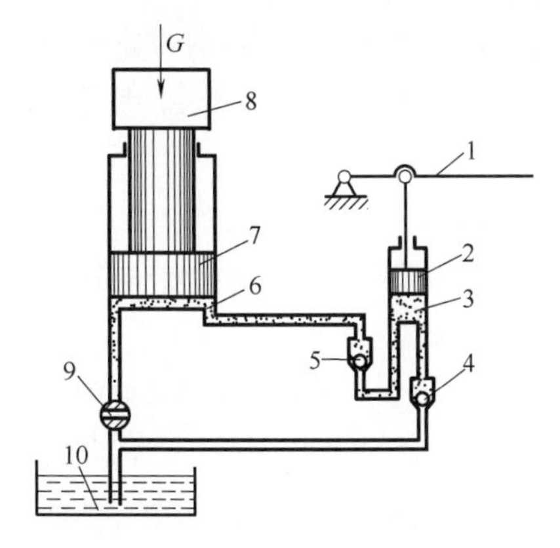

1—杠杆　2—小活塞　3,6—液压缸　4,5—单向阀　7—大活塞　8—重物　9—放油阀　10—油箱

图 3-1-4　液压千斤顶的工作原理

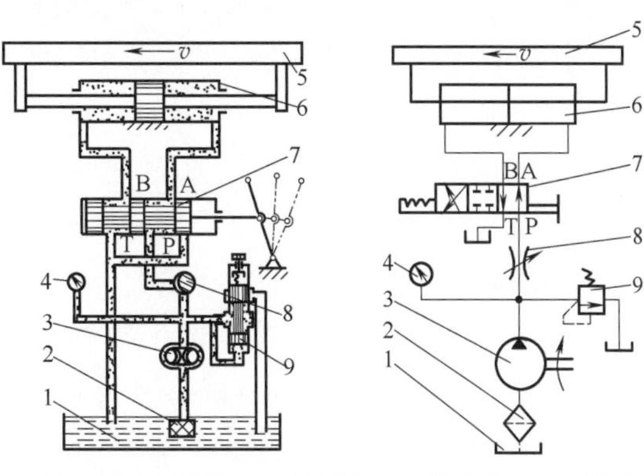

1—油箱　2—过滤器　3—液压泵　4—压力表　5—工作台　6—液压缸　7—换向阀　8—节流阀　9—溢流阀

图 3-1-5　机床工作台液压传动系统

侧的液压油流入端口A，经过端口T流回油箱1。该系统依靠液压油在液压缸中变化的压力来实现运动和动力的传递。

液压系统的优点主要是：液压驱动能方便地在较大范围内实现无级调整。在相同功率情况下，液压驱动能量转换元件的体积较小，重量较轻。工作平稳，换向冲击小，便于实现频繁换向和自动过载保护。机件在油中工作，润滑好，寿命长。操纵简单，便于采用电液联合控制以实现自动化。电液换向阀是电磁换向阀和液控换向阀的组合，它是用电磁换向阀控制液控换向阀的动作，变换流体流动方向。液压元件易于实现系列化，标准化和通用化。

液压系统的缺点是：由于泄露不可避免，并且油有一定的可压缩性，因而无法保证严格的传动速比。液压驱动有较多的能量损失（泄露损失、摩擦损失等），故传动效率不高，不宜作远距离传动。液压系统对油温的变化比较敏感，不宜在很高和很低的温度下工作。液压系统出现故障时，不易找出原因。

三、气压驱动

气压驱动是以压缩空气体为工作介质进行能量传递的一种驱动方式。气压驱动及其控制技术在国内外工业生产中应用很多，比如大部分电子元器件的自动化组装都是用气动系统。气压驱动的原理类似于液压驱动，它是利用气体作为工作介质而传动，在工作原理、系统组成、元件结构及图形符号等方面，二者之间存在着不少相似之处。

由于气压驱动的工作介质是空气，具有压缩性大，黏性小，清洁度和安全性高等特点，与液压油差别较大。因此，气压驱动与液压驱动在性能、使用方法、使用范围和结构上也存在较大的差距。

气压驱动的优点是：气动动作迅速、反应快，调节控制方便，维护简单，不存在介质变质及补充等问题。气体流动阻力小，能量损失小，易于实现集中供气和远距离输送。以空气为工作介质，不仅易于取得，而且用后可直接排入大气，处理方便，也不会对环境造成污染。工作环境适应性好，无论在易燃、易爆、多尘埃、强磁、辐射、振动等恶劣环境中，还是在食品加工、轻工、纺织、印刷、精密检测等高净化、无污染场合，都具有良好的适应性，且工作安全可靠，过载时能自动保护。气动元件结构简单，成本低，寿命长，易于标准化、系列化和通用化。

气压驱动的缺点有：由于空气具有较大的可压缩性，因而工作速度受外加负载影响大，运动平稳性较差。因工作压力低（一般在0.3～1MPa），不易获得较大的输出力或转矩。有较大的排气噪声。

气动装置在传统胶印机上尤其是一些印后加工设备上应用较多。比如：输纸部分的纸张分离机构、纸张输送装置、气动式侧拉规调节、印刷滚筒的气动式离合压、气动式印版夹紧机构、收纸部分的纸张制动辊等。气动式输纸带不需要任何压纸轮，对于已经印刷好单面的印刷品可以减低划伤的概率；在承印物的厚度发生变化时，只需要直接调整气压大小即可实现自动输纸。自动折页机中所用的气动折刀装置，可以减小损耗，具有稳定性强、速度快、精度高、噪声小等优点。气动装置在糊盒机、点胶机也有广泛应用。

学号：________________　姓名：________________

任务实施：

1. 查找某个型号的传统胶印机或者数字印刷机，找到驱动电机或者控制电机的型号和基本参数，并说明该电机在印刷机中所起的作用。

____

____

____

____

2. 查找印后加工设备的气动驱动装置，了解气动系统的组成和作用。

____

____

____

____

3. 查找液压系统的相关应用，并说明该装置使用液压系统的原因。

____

____

____

____

总结提升：____

____

自评互评：

序号	评价内容	自我评价	小组互评	真心话
1	学习态度			
2	分析问题能力			
3	解决问题能力			
4	创新能力			

任务二　传感器的基本原理与应用

任务发布： 有了动力装置和机械系统，印刷机可以开始工作了，但是印刷机一定能印出令人满意的印品吗？怎么确保印前、印中、印后的各项任务能够被准确无误的实现？

知识储备： 传感器的定义、传感器的分类、传感器的基本选用原则、常用的传感器、印刷机中所需的传感器。

一、传感器的基本原理

首先将人的五官和传感器做个比较，感性的认识一下什么是传感器。人的五官有眼耳鼻口舌，人通过感觉器官接受外界的信号，这些信号被传送给大脑，大脑对这些信号进行分析处理，传送给机体。如果用机器来完成这一功能，计算机就相当于人的大脑，执行机构相当于人的身体，传感器相当于人的五官和皮肤。对应于各种各样的被测量，有各种各样的传感器。可以类比一下，人的五官对人类有多重要，传感器对设备就有多重要。

在复杂环境中，单靠人类自身的感觉器官功能来认识自然现象和规律，有可能是不能实现的。比如，我们在识别一个胖瘦变化相当大或者经过整容的人，对比他的身份证照片，可能很难确认是否是同一个人。但是使用现在广泛流行的人脸识别系统，只要其基本骨骼没有大变化，也还是可以精确识别出来。所以说传感器的应用始于人类器官，但是会比人类器官精度更高、能力更强。因此，很多复杂场合还是需要借助于传感器来帮助人类来感知世界的。

传感器的应用非常广泛。在航空航天领域，宇宙飞船的速度、加速度、位置、温度、气压、磁场、振动等每个参数的测量都必须由传感器完成。比如阿波罗十号飞船需对 3295 个参数进行检测，其中温度传感器 559 个，压力传感器 140 个，信号传感器 501 个，遥控传感器 142 个，有专家说，整个宇宙飞船就是高性能传感器的集成体。在机器人研究中，其重要的内容就是传感器的应用研究，机器人的外部传感器系统主要是立体视觉传感器。非视觉传感器有触觉、滑觉、热觉、力觉、接近觉传感器。在楼宇自动化系统中，计算机通过路由器、网络、显示器，控制管理各种机电设备，如空调制冷、给水排水、配电系统、照明系统、电梯等，而实现这些功能所需要的传感器包括温度、湿度、液位、流量、空气压力传感器等。自动识别的门禁管理主要采用感应式的 IC 卡识别，指纹识别等方式，当如随着技术的发展，还出现了更为方便的人脸识别。比如现在热门的电动汽车的自动驾驶，也离不开各种各样传感器的数据采集，才能保证在路上的安全行驶。

1. 传感器的定义

从广义的角度来说，可以把传感器定义为：一种能把特定的信息，比如物理、化学、生物信息按照一定的规律转换成某种可用信号输出的器件和装置。从狭义的角度对传感器的定义是：能把外界的非电信息转换成电信号输出的器件。我国国标中对传感器的定义是：能够感受规定的被测量，并按照一定规律转换成可用输出信号的器件和装置。

以上定义表明，传感器有这样三层含义：它是由敏感元件和转换元件构成的一种检测装置；能按一定的规律将被测量转换成电信号输出；传感器的输出与输入之间存在确定的关系。按照使用场合的不同，传感器又被称为变换器换能器探测器。在美国，Transducer 和 Sensor 是通用的，都称为传感器。而英国对两者是严格区分的，Transducer 叫敏感元件，Sensor 叫变换器。

传感器一般由敏感元件、转换元件和基本电路组成，如图 3-2-1 所示。敏感元件能直接感受或响应被测量（通常是非电量），并输出与被测量有确定关系的其他量一般为易于转换成电参量的另一种非电量，称为预变换。如驻极体话筒内作为电容动极板的驻极体膜片，就是感受声波并做出振动响应的敏感元件。转换元件又称为变换器，是将敏感元件输出的非电量转换成电参量输出的部分，如驻极体话筒内由驻极体膜片和定级板组成的电容器，其作用就是将驻极体膜片的振动转化成电容参量的变化。有些敏感元件可以直接输出电参量，兼有转换元件的功能，如热电偶和热敏电阻，转换元件决定了传感器的工作原理。基本电路则是把电参量转换成便于显示、记录、处理和控制的有用电信号的电路部分，如驻极体话筒内的前置场效应管部分。有些基本电路则是传感器外部搭建的，如金属箔应变片用于测量重量和位移时的电桥电路。随着微电子集成电路工艺技术的发展，基本电路越来越多地和传感器封装在一起，构成输出标准电信号的一体化传感器，这是传感器技术发展的主要趋势。

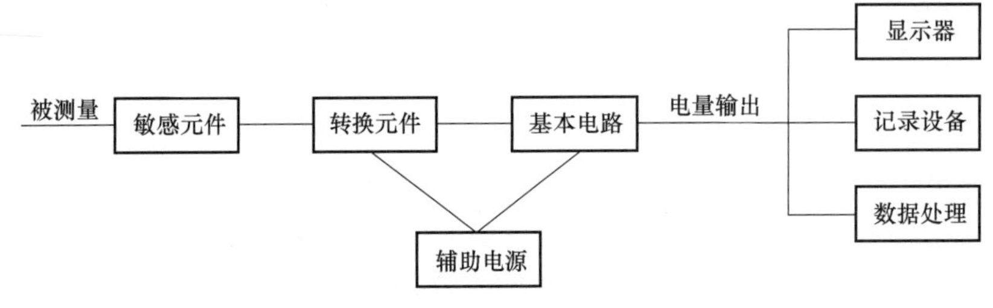

图 3-2-1　传感器的组成

2. 传感器的分类

传感器技术是以材料物理上的力、热、声、光、电、磁，以及化学、生物学中的基本功能效应、反应机理为理论基础，涉及多学科知识和技术的一门科学。因此，传感器种类繁多，不仅原理各异，检测对象也多样化。一种参数可以用多种传感器测量，又常常彼此独立，有时甚至完全不相关，所以，传感器的分类也不统一。

按传感器检测对象范畴分类，可以分为物理量传感器、化学量传感器、生物量传感器。物理量传感器包括机械量传感器、热学量传感器、光学量传感器、电学量传感器、磁学量传感器等。化学量传感器包括气体传感器、离子敏传感器。生物量传感器则包含有生理化学量传感器和生理机械量传感器等。

传感器的其他分类方法还有：

（1）按传感器输出信号的性质分，可以分为模拟传感器和数字传感器。

（2）按传感器功能分，可以分为单功能传感器、多功能传感器和智能传感器。

（3）按传感器的结构分，可以分为结构性传感器、物性型传感器和复合型传感器。

（4）按传感器的能源分，可以分为有源传感器和无源传感器。

（5）按传感器的转换原理分，可以分为机电、光电、热电、磁电、电化学传感器。

（6）按传感器的应用范围分，可以分为工业用、农业用、医用、军用等。

3. 传感器的选用

在一个测控系统中，传感器位于检测部分的最前端，是决定系统性能的重要部件。要选用传感器完成一项具体的测量工作，必须先考虑在众多传感器中选用哪款传感器，然后才能确定配套的测量方法和测量设备。测量结果的成败和精度在很大程度上取决于传感器的选用是否合适。选用一款合适的传感器，需要分析多方面的因素之后才能确定。首先要考虑测量对象的测量范围、测量精度、测量所需时间、接触式还是非接触式测量。然后要考虑传感器所在的测量环境因素，比如空间大小、温湿度、振动条件、有无腐蚀等。最重要的还要考虑传感器的性能指标，传感器的灵敏度、分辨率、稳定性等每项指标都直接影响测量结果的好坏。传感器的性能指标主要有：

（1）灵敏度　是指在稳定的工作条件下，输出微小变化增量与引起此变化的输入微小变量的比值。通常灵敏度越高越好，但也要考虑灵敏度过高会避免不了噪声的干扰。

（2）线形度　一个理想的传感器，应该具有线性的输入输出关系。但实际上，大多数传感器都是非线性的。实际应用中，为了标定方便，常常对传感器做近似处理，使得它在某一个小范围内，用切线或者割线近似代替实际曲线，使输入输出线性化。线性度越好，标定和数据处理越方便。

（3）测量范围　测量范围越大越好，但是往往范围越大，测量分辨率越低。

（4）分辨率　当传感器的输入从非零值缓慢增加时，在超过某一增量后，输出才能发生可观测的变化，这个输入增量称为传感器的分辨率，即最小输入增量。

（5）重复性是指相同条件下　输入量按同一方向做全量程多次测量时，所得传感器输出曲线不一致的程度。重复性越高，说明传感器的一致性越好。

（6）响应时间　传感器的响应不可避免地有延迟，这种延迟越短越好。

此外，传感器的性价比、重量、维护的难易程度也是需要考虑的因素。

二、常见的传感器

传感器的种类有很多种，下面简单介绍一些常用的传感器。

1. 光电传感器

光电传感器采用光电元件作为检测元件，光电元件有光电管、光电倍增管、光敏电阻、光敏二极管、光敏三极管、光电池等。光电传感器首先把被测量的变化转换成光信号的变化，然后借助光电元件进一步将光信号转换成电信号，如图 3-2-2 所示。

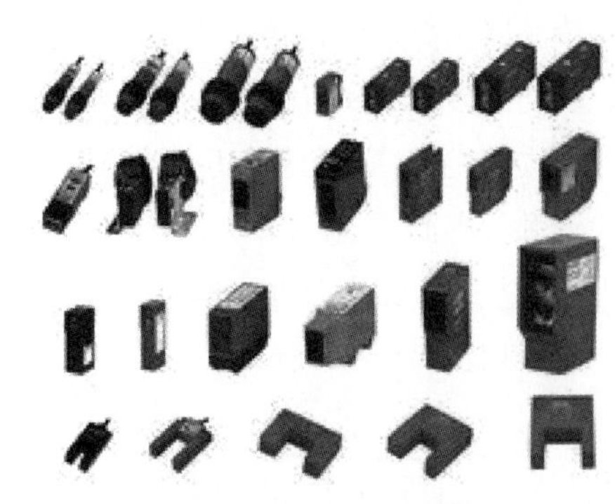
图 3-2-2 光电传感器

光电式传感器可用于检测直接引起光量变化的非电物理量，如光强、光照度、辐射测温、气体成分分析等；也可用来检测能转换成光量变化的其他非电量，如零件直径、表面粗糙度、应变、位移、振动、速度、加速度，以及物体的形状、工作状态的识别等。光电检测方法具有精度高、反应快、非接触等优点，而且可测参数多，传感器结构简单，形式灵活多样，在检测和控制中应用非常广泛。特别是 CCD 图像传感器的诞生，为光电传感器的进一步应用开创了新的一页。

光敏二极管是最常见的光电传感器。光敏二极管的外形与一般二极管一样，当无光照时，它与普通二极管一样，反向电流很小，称为光敏二极管的暗电流；当有光照时，载流子被激发，产生电子-空穴，称为光电传感器载流子。在外电场的作用下，光电载流子参与导电，形成比暗电流大得多的反向电流，该反向电流称为光电流。光电流的大小与光照强度成正比，于是在负载电阻上就能得到随光照强度变化而变化的电信号。

光敏三极管除了具有光敏二极管能将光信号转换成电信号的功能外，还有对电信号放大的功能。光敏三极管的外形与一般三极管相差不大，一般光敏三极管只引出两个极——发射极和集电极，基极不引出，管壳同样开窗口，以便光线射入。为增大光照，基区面积做得很大，发射区较小，入射光主要被基区吸收。工作时集电结反偏，发射结正偏。在无光照时，流过的电流为暗电流，比一般三极管的穿透电流还小；当有光照时，激发大量的电子-空穴对，使得基极产生的电流增大，发射极电流是基极的很多倍，可见光电三极管要比光电二极管具有更高的灵敏度。

光电传感器在一般情况下，有三部分构成，它们分为：发送器、接收器和检测电路。发送器对准目标发射光束，发射的光束一般来源于半导体光源，发光二极管、激光二极管及红外发射二极管等。光束不间断地发射，或者改变脉冲宽度。接收器有光电二极管、光电三极管、光电池组成。在接收器的前面，装有光学元件如透镜和光圈等。在其后面是检测电路，它能滤出有效信号和应用该信号。此外，光电开关的结构元件中还有发射板和光导纤维。

光电传感器根据结构不同，有以下几种。

（1）槽型光电传感器

把一个光发射器和一个接收器面对面地装在一个槽的两侧组成槽形光电。发光器能发出红外光或可见光，在无阻情况下光接收器能收到光。但当被检测物体从槽中通过时，光被遮挡，光电开关便动作，输出一个开关控制信号，切断或接通负载电流，从而完成一次控制动作。槽形开关的检测距离因为受整体结构的限制一般只有几厘米。

（2）对射型光电传感器

若把发光器和收光器分离开，就可使检测距离加大，一个发光器和一个收光器组成对射分离式光电开关，简称对射式光电开关。对射式光电开关的检测距离可达几米乃至几十米。

使用对射式光电开关时把发光器和收光器分别装在检测物通过路径的两侧，检测物通过时阻挡光路，收光器就动作，输出一个开关控制信号。

（3）反光板型光电开关

把发光器和收光器装入同一个装置内，在前方装一块反光板，利用反射原理完成光电控制作用，称为反光板反射式光电开关。正常情况下，发光器发出的光源被反光板反射回来再被收光器收到。一旦被检测物挡住光路，收光器收不到光时，光电开关就动作，输出一个开关控制信号。

（4）扩散反射型光电开关

扩散反射型光电开关的检测头里也装有一个发光器和一个收光器，但扩散反射型光电开关前方没有反光板。正常情况下发光器发出的光收光器是找不到的。在检测时，当检测物通过时挡住了光，并把光部分反射回来，收光器就收到光信号，输出一个开关信号。

用光电元件作敏感元件的光电传感器，其种类繁多，用途广泛，从最初的应用于军事逐渐发展到民事，应该说现代化的生活离不开光电传感器的参与。例如：光电报警器、扫描仪、印刷机、车库开门器、色度计、分光计、汽车和医疗诊断仪器等。

2. 超声波传感器

人们能听到声音是由于物体振动产生的，它的频率在 20 ~ 20kHz 范围内，超过 20kHz 称为超声波，低于 20Hz 的称为次声波。常用的超声波频率为几十千赫兹至几十兆赫兹。超声波具有聚束、定向、反射、透射、频率高、波长短的特点，超声波是直线传播，频率越高绕射越弱，但反射能力越强，利用这种特性可制成超声波测距传感器。

超声技术是通过超声波产生、传输和接收的物理过程完成的。超声波传感器主要材料有压电晶体（电致伸缩）及镍铁铝合金（磁致伸缩）两类。超声波传感器的检测范围取决于其使用的波长和频率。波长越长，频率越小，检测距离越大，如具有毫米级波长的紧凑型传感器的检测范围为 300 ~ 500mm，波长大于 5mm 的传感器检测范围可达 8m。一些传感器具有较窄的声波发射角，因而更适合精确检测相对较小的物体。波长等因素会影响超声波传感器的精度，其中最主要的影响因素是随温度变化的声波速度，因而许多超声波传感器具有温度补偿的特性。

超声波传感器利用声波介质对被检测物进行非接触式无磨损的检测。超声波传感器对透明或有色物体，金属或非金属物体，固体、液体、粉状物质、任何表粗糙、光滑、光的密致材料和不规则物体均能检测。其检测性能几乎不受任何环境条件的影响，包括烟尘环境和雨天，但不适用于室外、酷热环境或压力罐以及泡沫物体。超声波传感器结构有三种基本类型：透射型主要用于遥控器、防盗报警器、自动门、接近开关等；分离式反射型主要用于测距、液位或料位；反射型侧重于材料探伤、测厚等。

超声波在医学上的应用很广泛，它已经成为临床医学中不可缺少的辅助诊断方法。超声波诊断的优点是：对受检者无痛苦、无损害、方法简便、显像清晰、诊断的准确率高等。当超声波在人体组织中传播遇到两层声阻抗不同的介质界面时，在该界面就产生反射回声。每遇到一个反射面时，回声在示波器的屏幕上显示出来，而两个界面的阻抗差值也决定了回声的振幅的高低。

在工业方面，超声波的典型应用是对金属的无损探伤和超声波测厚两种。过去，许多技术因为无法探测到物体组织内部而受到阻碍，超声波传感技术的出现改变了这种状况。当然更多的超声波传感器是固定地安装在不同的装置上，悄无声息地探测人们所需要的信号。将超声波传感器安装在集装箱塑料熔体罐或塑料粒料室顶部，向集装箱内部发出声波时，就可以据此分析集装箱的状态：满、空或半满等。

3. CCD（Charged Coupled Device）图像传感器

CCD 图像传感器经过几十年的发展，从初期的十多万像素发展到现在的两千多万像素。 CCD 又可分为线阵式和面阵式，其中线阵 CCD 主要应用于扫描仪、传真机上，而面阵 CCD 主要应用于工业测量领域，如各类相机、摄影机、医学检测仪器等。CCD 图像传感器有体积小、重量轻、分辨率高、灵敏度高、动态范围宽、几何精度高、光谱响应范围宽、工作电压低、功耗小、寿命长、抗震性和抗冲击性好、不受电磁场干扰和可靠性高等一系列优点。伴随着数码相机、带有摄像头的智能手机等电子设备风靡全球，人类已经进入了全民数码影像的时代，每一个人都可以随时随地地用影像记录每一瞬间。

4. 温湿度传感器

温湿度传感器是一种装有湿敏和热敏元件，能够用来测量温度和湿度的传感器装置。温湿度传感器由于体积小，性能稳定等特点，被广泛应用在生产生活的各个领域。

测量精度是湿度传感器最重要的指标，不同精度的传感器，其制造成本相差很大，售价也相差甚远。所以使用者一定要考虑够用、适用。如在不同温度下使用湿度传感器，其示值还要考虑温度漂移的影响。众所周知，相对湿度是温度的函数，温度严重地影响着指定空间内的相对湿度。

湿度传感器是非密封性的，为保护测量的准确度和稳定性，应尽量避免在酸性、碱性、有机溶剂及粉尘较大的环境中使用。为正确反映空间的湿度，还应避免将传感器安放在离墙壁太近或空气不流通的死角处。如果被测的房间太大，就应放置多个传感器。

温湿度对于食品行业至关重要，温湿度的变化会带来食物变质，引发食品安全问题，温湿度的监控有利于相关人员进行及时的控制。

纸制品对于温湿度极为敏感，不当的保存会严重影响印刷质量，有了温湿度变送器配上排风机，除湿器，加热器，即可保持稳定的温度，避免含水量过高的问题。

植物的生长对于温湿度要求极为严格，不当的温湿度下，植物会停止生长甚至死亡。利用温湿度传感器，配合气体传感器，光照传感器等可组成一个数字化大棚温湿度监控系统，控制农业大棚内的相关参数，从而使大棚的效率达到最高。

根据国家相关要求，药品保存必须按照相应的温湿度进行控制。根据最新的 GMP 认证，对于一般的药品的温度存储范围为 0 ~ 30℃。

烟草原料在发酵过程中需要控制好温湿度，在现场环境方便的情况下可利用无线温湿度传感器监控温湿度，在环境复杂的现场内，可利用 RS-485 等数字量传输的温湿度传感器进行检测控制烟包的温湿度，避免发生虫害，如果操作不当，则会造成原料的大量损失。

工控行业中主要用于暖通空调、机房监控等。楼宇中的环境控制通常是温度控制，对于用控制湿度达到最佳舒适环境的关注日益增多。

5. 光栅式传感器

光栅是一种在玻璃或金属的基体上有等间距均匀分布刻线的光学元件，用于测量的光栅称为计量光栅。光栅传感器指采用光栅叠栅条纹原理测量位移的传感器。光栅是在一块长条形的光学玻璃上密集等间距平行的刻线，刻线密度为 10-100 线/毫米。由光栅形成的叠栅条纹具有光学放大作用和误差平均效应，因而能提高测量精度。

光栅传感器由标尺光栅、指示光栅、光路系统和测量系统四部分组成。标尺光栅相对于指示光栅移动时，便形成大致按正弦规律分布的明暗相间的叠栅条纹。这些条纹以光栅的相对运动速度移动，并直接照射到光电元件上，在它们的输出端得到一串电脉冲，通过放大、整形、辨向和计数系统产生数字信号输出，直接显示被测的位移量。光栅光学系统是指形成和拾取莫尔条纹信号的光学系统及其光电接收元件。传感器的光路形式有两种：一种是透射式光栅，栅线刻在透明材料（如工业用白玻璃、光学玻璃等）上；另一种是反射式光栅，栅线刻在具有强反射的金属（不锈钢）或玻璃镀金属膜（铝膜）上。

光栅式传感器有如下特点：

（1）精度高　光栅式传感器在大量程测量长度或直线位移方面仅仅低于激光干涉传感器。在圆分度和角位移连续测量方面，光栅式传感器属于精度最高的。

（2）量程大　测量兼有高分辨力。感应同步器和磁栅式传感器也具有大量程测量的特点，但分辨力和精度都不如光栅式传感器。

（3）可实现动态测量　易于实现测量及数据处理的自动化。

（4）具有较强的抗干扰能力，对环境条件的要求不像激光干涉传感器那样严格，但不如感应同步器和磁栅式传感器的适应性强，油污和灰尘会影响它的可靠性。主要适用于在实验室和环境较好的车间使用。

根据光栅用途的不同，可以将光栅分为长光栅和圆光栅。长光栅用作线性值测量，圆光栅用作圆分度测量。在程控、数控机床和三坐标测量机构中，可用长光栅测量静、动态的直线位移，用圆光栅测量角位移。在机械振动测量、变形测量等领域也有应用。

三、印刷机中的传感器

印刷机中需要什么样的传感器呢？首先看看印刷机中需要检测哪些量，比如印刷套准检测、纸张对位检测、双张检测、墨量和水量检测、各种位置检测、印刷速度检测等。所有这些检测的目的都是保证印刷品的质量。

对应各种检测需求，可以使用不同的传感器。给纸台和收纸台极限位置及纸堆高度的检测一般采用行程开关和微动开关。双张、空张、纸歪斜和纸晚到等故障检测主要应用透射式光电传感器、机械式传感器、超声波传感器。印刷图像套准检测采用光电传感器。墨量、色彩、实地密度等采用光电传感器、图像扫描检测器。各个部分动作的时间关系检测采用接近开关。速度检测采用测速发电机、速度传感器等。给纸台和收纸台极限位置及纸堆高度的检测一般采用行程开关和微动开关，双张、空张、纸歪斜和纸晚到等故障检测主要应用透射式光电传感器、机械式传感器、超声波传感器。印刷图像套准检测采用光电传感器。墨量、色彩、实地密度等采用光电传感器、图像扫描检测器。各个部分动作的时间关系检测采用接近开关。速度检测采用测速发电机、速度传感器等。反射型超声波传感器用于纸张测厚。比如纸张从纸堆分离出来，可以通过超声波传感器检测纸张的厚度，如果大于设定的单张纸的厚度很多，就可以判断出现双张了，马上报警。CCD 图像传感器用于扫描仪，印刷品的质量检测。温湿度传感器测量环境温湿度对纸张的影响。

喷墨数字印刷机喷墨头的位置检测用的是长光栅，各种电机转动角度的检测是用光电编码器实现的，编码器内部就是圆光栅。

微动开关属于开关，不属于传感器，俗称机械开关。其工作原理是外机械力通过传动元件（按销、按钮、杠杆、滚轮等）将力作用于动作簧片上，并将能量积聚到临界点后，产生瞬时动作，使动作簧片末端的动触点与定触点快速接通或断开。当传动元件上的作用力移去后,动作簧片产生反向动作力，当传动元件反向行程达到簧片的动作临界点后，瞬时完成反向动作。微动开关的触点间距小、动作行程短、按动力小、通断迅速。其动触点的动作速度与传动元件动作速度无关。微动开关在电子设备及其他设备中用于需频繁换接电路的自动控制及安全保护等装置中。许多机械式传感器用在印刷机机柜门是否关闭的检测中，因为很多数字印刷机在机柜门打开的情况下印刷会有危险，所以当门未关好时，会有报警信号。机械式传感器可靠性很高。

红外对射传感器，主要包括一个发射端和一个接收端，发射端发出的光线如果被物体遮挡，接收端就接收不到信号。小型桌面打印机中常用于纸张计数功能。MIMAKI UJF-3042 喷墨数字印刷机中的喷墨头防撞功能就是一款分离式红外对射传感器。

产品计数器用于当产品在传送带上运行时，不断地遮挡光源到光电传感器的光路，使光电脉冲电路产生一个个电脉冲信号。产品每遮光一次，光电传感器电路便产生一个脉冲信号，因此，输出的脉冲数即代表产品的数目，该脉冲经计数电路计数并由显示电路显示出来。

测量转速，在电动机的旋转轴上涂上黑白两种颜色，转动时，反射光与不反射光交替出现，光电传感器相应地间断接收光的反射信号，并输出间断的电信号，再经放大器及整形电路放大整形输出方波信号，最后由电子数字显示器输出电机的转速。

学号：________________　姓名：________________

任务实施：

1. 举例说明传感器在日常生产生活中的作用。

____

____

____

____

2. 任选一款数字印刷机，指出其中所用到的三款传感器，并查找其型号、工作原理、特点，解释该款传感器在印刷机中所起的作用。

____

____

____

____

____

____

____

____

总结提升：____

____

自评互评：

序号	评价内容	自我评价	小组互评	真心话
1	学习态度			
2	分析问题能力			
3	解决问题能力			
4	创新能力			

项目四 数字印刷概述

问题引入：为什么有了传统印刷机以后，还要开发出数字印刷机？

教学目标：理解数字印刷与传统印刷的关系，掌握数字印刷的特点，了解数字印刷设备的分类，能根据产品特点和客户要求选择合理的印刷方式。

知识目标：掌握数字印刷与传统印刷之间的区别和联系，了解数字印刷设备的常见类型，掌握数字印刷的特点。

能力目标：能够根据数字印刷和传统印刷的特长，为印品合理选择性价比最高的印刷方式，能够思考数字印刷未来发展方向。

任务一　数字印刷与传统印刷

任务发布：数字印刷和传统印刷的比较。

知识储备：数字印刷的定义和特点，数字印刷和传统印刷的关系。

GB 9851. 8-2013 中对数字印刷的定义是：由数字信息生成逐印张可变的图文影像，借助成像装置直接在承印物上成像，或者，在非脱机影像载体上成像，并将呈色及辅助物质间接传递至承印物而形成印刷品，且满足工业化生产要求的印刷方法。在本课程中，数字印刷被定义为：以电子方式形成黑白或彩色印刷品的无版复制技术，可以在每一份印刷品上产生不同的图像。该定义更通俗易懂，第一，“电子方式”就是指数字方式，强调数字印刷的工作本质，也不排除高速数字复印设备。第二，“无版”两个字说明数字印刷无需任何底版的基本特征，也包含了非撞击印刷的物理本质，有别于传统印刷。第三，“每一份”都“不同”，涵盖了按需印刷和可变数据印刷两大数字印刷的主要领域，突出了数字印刷成像一次，转印一次的工作特点。

数字印刷是计算机技术、数字技术和互联网技术共同发展的产物，是一种快速发展的新型印刷技术。数字印刷是一个完全数字化的生产流程，从信息的输入到印刷以及装订输出，都可以使用数字技术来完成数字流的处理、传递和控制。数字印刷的图文可变，即前后输出的两张印刷品可以完全不同，实现一张起印，可以实现个性化印刷。数字印刷将印前图文处理的页面信息直接记录在承印介质上，而且只要事先设定好各种参数，系统可以自动完成生产，大大缩短了生产周期。数字印刷可以实现按需印刷（POD，print on demand），不需要仓储空间，下单即印。

传统印刷和数字印刷是相对而言的。传统印刷技术包括：平版印刷、凹版印刷、凸版印刷和孔版印刷。平版印刷的信息由平面的湿润度差别（即表面张力的差异）来定义；凹版印刷的信息由表面下凹部分定义；凸版印刷的信息由表面突出部分定义，凹版印刷和凸版印刷都是利用印刷和非印刷部分的高度差来转移油墨；孔版印刷也叫丝网印刷，它的信息由底版上的开孔大小定义。无论哪一种传统印刷方式都是把原稿（包括文字、图片或者图像）通过加网工艺制成印版，油墨在印版压力的作用下通过直接或间接的方法转移到承印物上。印版制成后不可改变，一张印版可以用于大批量印刷成品。

数字印刷和传统印刷一样，也需要原稿、油墨、承印材料、印刷设备，但是相比传统印刷少了印版，所以数字印刷也叫无版印刷。原稿、油墨、承印材料、印刷设备的名称虽然相同，内容却发生了质的变化。

数字印刷和传统印刷都需要将原稿转换为数字形式，但是在利用原稿的方法或原稿应用的工艺步骤和设备上存在原则上的差异。传统印刷是利用分色片输出或计算机直接制版工艺产生印版，数字印刷无需印版，直接利用从原稿转换得到的数字文档。

数字印刷和传统印刷都使用油墨，复制效果却与油墨转移的质量关系极大。传统印刷的油墨是用颜料、连接料、填充剂和附加材料按一定比例配置出来，通过印版转移油墨，油墨转移效率受到墨层分离与供墨量、印版与承印材料的接触时间、接触压力、油墨的流变特性和油墨温度、承印材料的表面特性等因素的制约，而数字印刷无需印版，所使用的油墨与成像技术和转印工艺有关。

传统印刷的承印材料一般为纸张，而数字印刷的承印材料根据不同的印刷工艺，可以是纸张、玻璃、塑料、陶瓷、皮革、金属等。

数字印刷系统必须包含能够以数字方式控制成像的装置，相当于传统的制版设备；数字印刷机的前端与计算机连接，用于控制成像，甚至配有专业级的扫描设备；数字印刷系统必须配置解释页面文件的专用软件，即 RIP 技术；完整的数字印刷系统还配备有印后加工装置，完成折页、装订等功能。

数字印刷技术新、观念新、应用领域不断扩展，反映现代印刷技术的发展方向和趋势。经过数十年的发展，数字印刷机占有的市场份额逐年增长。数字印刷机适合于短版印刷、按需印刷、可变数据印刷和先发行后印刷。短版印刷是指 1000 印数以下的印刷需求，甚至可以只印一份，不管是黑白还是彩色印刷品。按需印刷是需要印多少就印多少，以后需要时还可以印。可变数据印刷实现了用户自定义图文数据的复制，可变数据包括文本、图形和图像。先发行后印刷是指制作好的出版物可以先通过网络发行数字文件，得到读者的认可后，再在当地的数字印刷公司或快印公司完成印刷。

数字印刷和传统印刷相辅相成，尺有所短，寸有所长，各有优缺点，不能互相取代，目前市场上是二者并存的局面。

学号：________________　姓名：________________

任务实施：

1. 调研数字印刷和传统印刷在目前印刷市场上所占的份额。

____

____

____

____

2. 总结数字印刷和传统印刷的异同。

____

____

____

____

总结提升：____

____

自评互评：

序号	评价内容	自我评价	小组互评	真心话
1	学习态度			
2	分析问题能力			
3	解决问题能力			
4	创新能力			

任务二 数字印刷成像技术的种类和工作原理

任务发布：查找市面上有哪些类型的数字印刷机。

知识储备：数字印刷成像技术的类型，特点，未来发展方向。

数字印刷采用了与传统印刷截然不同的图文转移方式，而不同的成像技术其成像原理也是不同的。常见的成像技术如图 4-2-1 所示。目前主流数字印刷成像技术主要是静电照相成像技术和喷墨印刷技术。在使用中的被称为特种成像技术的，包括热成像技术和磁成像技术。曾经出现但市场占有率极小，甚至已经淘汰的成像技术有离子成像技术等。目前比较热门的 3D 打印技术也可以算作印刷技术的一种，本书不对其做介绍。对应于不同的成像技术设备厂商研发出了不同类型的数字印刷设备。

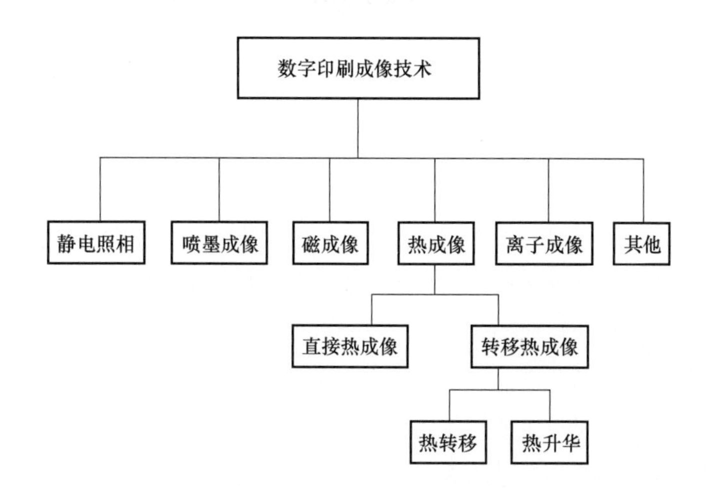

图 4-2-1 数字印刷成像技术的种类

一、静电照相成像技术

静电照相成像技术是由计算机根据印刷图文信息，控制静电在感光鼓上的重新分布而成像，形成图文转移到中间载体，油墨或者墨粉经过中间载体转移到承印物上，完成图文复制。感光鼓上的静电潜像对应的每个印张是一直变化的。静电照相数字印刷的优点是对色粉、承印物没有特殊要求，分辨率高，色域范围大，印刷质量可以与中高档胶印水平相媲美。缺点是受到激光成像技术的限制，容易造成图像层次不清，细节丢失。印刷速度还是低于传统胶印。印刷幅面主要以 A3、A4 为主，为了提高印刷效率，也有设备厂商开发出大幅面静电照相数字印刷机，但是成本很高，应用较少。

二、喷墨印刷技术

喷墨印刷技术是一种无版、无压、无需接触承印物的数字印刷技术，能在不同材质及不同厚度的平面、曲面等特殊形状的承印物上进行印刷。首先将计算机产生的彩色图文信息传送到喷墨设备，计算出相应通道所需墨量，控制微小墨滴以一定速度由喷嘴喷射到承印物表面，油墨与承印物完全匹配的情况下，可以再现出稳定的图文信息。为了提高印刷的分辨率，要求油墨有足够快的干燥速度，并能快速固着在承印物上。大多数喷墨印刷机使用的都是水基油墨，油墨中的呈色剂以染料为主，所以一般喷墨印刷机都使用专用配套的墨水和承印材料。喷墨印刷根据墨水喷射方式的不同，墨滴的产生速度可以达到每秒几千到几十万滴。但是目前喷墨印刷的速度还取决于喷墨头的结构。采用和印刷幅面等宽的喷头具有非常高的印刷速度，但是喷头使用成本很高。而采用喷头往复运动的喷墨印刷机印刷速度比较低，但是容易实现大幅面印刷，目前市场上大多数喷墨印刷机都是采用喷头往复运动的结构。喷墨数字印刷机可以比静电照相数字印刷机的幅面做得更大。

三、磁成像技术

磁成像技术依靠磁性材料在电场或磁场作用下定向排列形成磁性潜像，再利用磁性色粉与磁性潜像之间的磁场力相互作用，完成潜影的显影，最后将磁性色粉转移到承印物上。由于铁磁材料具有记忆能力，在成像滚筒上的磁性潜像可以重复利用，所以磁成像数字印刷系统可以印刷若干相同内容的印刷品，也可以擦除磁性潜像，即可以印刷不变和可变的图文。由于磁性色粉采用的磁性材料主要是颜色较深的三氧化二铁，所以磁成像技术一般只适合制作黑白影像，不容易实现彩色影像的再现。磁成像技术可以实现多阶调数字印刷，通过改变磁鼓表面的磁化强度，印刷出不同深浅的阶调，但是变化范围较窄。磁成像技术印刷出来的成品质量较差，相当于低档胶印的水平，比较适合黑白文字和线条的印刷。印刷速度也较慢，成本低。磁成像技术与静电照相技术相比，其印刷黑色图像的效果更好。

磁成像数字印刷机由成像系统、显影装置、成像滚筒、定影固化装置和消磁装置等组成，如图 4-2-2 所示。磁成像印刷机的印刷单元是由一个印刷滚筒和覆盖在滚筒外的硬质磁性材料构成。借助于磁头在磁鼓表面记录文字和图像，这种潜像随着滚筒旋转，最终旋转到显影工作站的位置，借助于磁场力的作用，显影工作站内的磁粉被吸附到滚筒表面，实现磁性潜影可视化，直接转移到承印物表面，借助低温闪光固化技术定影，可以将磁粉颗粒附着在承印物表面并融合到承印物纸张纤维种，此时承印物纸张的温度最高不超过 30℃。未被转移的磁粉随着滚筒的旋转进入磁粉回收装置，可以通过结写方式将成像鼓表面多余的色粉擦除感觉。同时，二次成像前，成像鼓表面的磁性消失。目前市场上磁成像数字印刷机并不多，典型的有 Xeikon 公司和 Nispon 公司合作推出的磁成像记录系统。

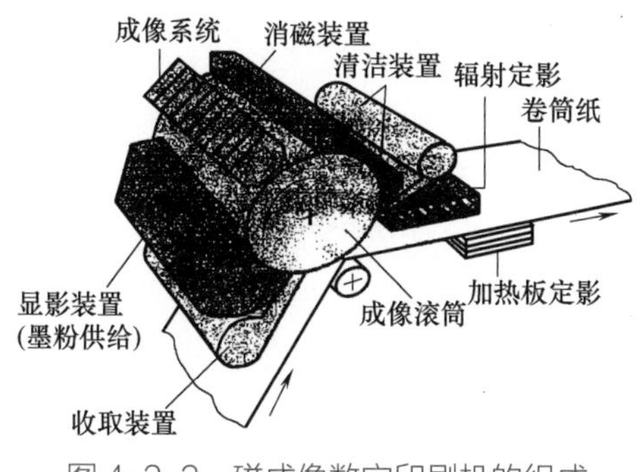

图 4-2-2 磁成像数字印刷机的组成

四、热成像技术

热成像技术是利用热效应，以材料加热后物理特性的改变为基础来呈现图文信息，并使用特殊类型的油墨载体比如色带或色膜来转移图文信息。热成像技术可以分为直接（热敏）热成像技术和转移热成像技术，转移热成像技术又可以分为热转移和热升华两种技术。

直接（热敏）热成像技术采用对加热物理作用敏感的材料，也就是承印材料表面有特殊的涂布层，在热量的作用下其颜色发生变化，以此实现图像的记录。如传真机使用的热敏传真纸，印刷标签或条形码的热敏纸。热敏打印机主要由以下几部分组成：用于产生热量的加热器，一般置于打印头内，热敏纸在加热器发出的热量作用下发生颜色变化由橡皮材料构成的滚筒是输纸机构的主要零件；对热打印头在弹簧压力的作用下与热敏纸接触，以提高加热效率；在打印机内部的控制器板卡，与驱动软件一起组成热敏打印机的控制系统，用于管理热敏打印机的加热和运动机构。

热转移成像技术的特点是油墨从色膜或色带上释放出来，再转移到承印物上。页面上的内容越多，色膜被加热的区域越多，油墨层的转移量也越多。热转移成像复制是一种接触转移工艺，因而要求在油墨层转移时色膜与纸张直接接触，否则将无法转移。当油墨层从色膜上剥离下来转移并粘结到承印物表面时，成像和复制过程结束。为了保证四色套印的准确性，必须保证色膜的运动精度。但是打印标签或者条码的印刷机，不一定采用热敏打印技术，也有可能采用热转移打印机是。区分热转移打印机和热敏打印机的最好的方法是检查打印机使用的耗材，如果打印机的耗材清单里面没有色带或者色膜，则可以确定是热敏打印机。

热升华成像技术又叫“染料扩散热转移印刷”，是根据图像信息，通过加热油墨的定位蒸发（升华），将染料扩散转移到承印材料上。它需要有专门涂层的承印基材来接收扩散的色料，按照热升华的要求，事先对承印物纸张进行特殊处理。热升华印刷机的打印头加热元件通过控制温度高低来控制油墨的扩散量。每个打印头的加热元件可以调整出 256 种不同的温度，因此，每个网点可以产生 256 种不同的灰度值，三种基色相互融合可以形成连续的色阶。而且，彩色热升华印刷机不存在墨滴扩散的问题，其分辨率达到了非常理想的程度，

300dpi 的热升华印刷机相当于 4800dpi ×4800dpi 的彩色喷墨打印机的效果。所以说，热升华印刷机的复制质量可以和连续调照片相媲美，比喷墨打印机和彩色激光打印机更好。热升华印刷机在图像输出时会涂一层保护膜，使图像具有防水和抗氧化的特点，而且长久保存不褪色。但是热升华印刷机是三原色循环打印，每打印一种颜色，纸张就要在打印通道种走一个来回，完成一个打印来回要走三遍纸，所以打印效率很低，不适合连续打印。它打印的黑色纯度很低，不适合黑白打印。热升华印刷机打印幅面窄，对灰尘敏感，色膜打印完成后，残留部分不能再次利用。

五、离子成像技术

离子成像技术（电子束成像技术）是通过使电荷的定向流动建立潜像，即由所印刷的图文控制输出的离子束或者电子束直接再成像滚筒表面形成潜像，然后着墨、转印、定影、清洗，完成一个印刷周期。离子成像技术与静电照相成像技术过程类似，不同之处是静电照相成像技术是先对感光鼓充电，然后对感光鼓进行曝光生成潜像；离子成像技术的静电图文是由输出的离子束或电子束信号直接形成的，省去了电荷再成像表面均匀分布的过程，其充电过程和成像过程结合进行。

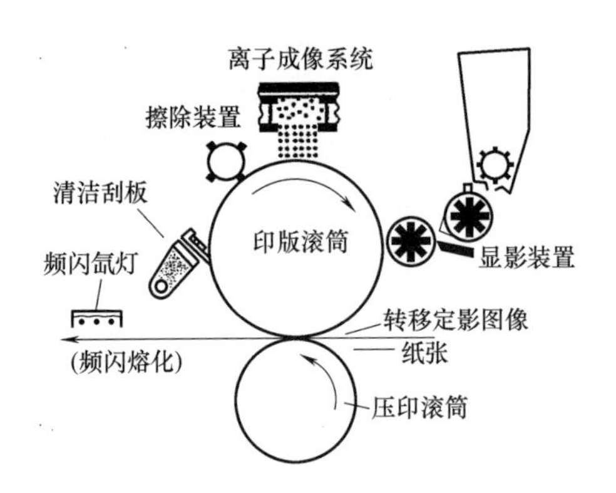

图 4-2-3 离子成像数字印刷机的组成

离子成像数字印刷机由成像系统、显影装置、印刷装置、定影装置和清洁装置组成，如图 4-2-3 所示。离子成像数字印刷机由所印刷的数字图文信息控制高压电信号，在印版滚筒的表面电介质涂层直接形成电荷图像。成像后，由显影装置将色粉涂布在已经加热的印版滚筒电荷图像表面，加热的印版滚筒将色粉熔化，经印版滚筒和压印滚筒的压印力，将色粉转移到纸张上。离子成像数字印刷机一般经过两次定影。首先是加热印版滚筒，熔化涂布在印版滚筒图文部分的色粉，在印版滚筒和压印滚筒的压印带上印刷并完成一次定影。纸张离开压印带后，采用无接触的频闪氙灯，向纸张辐射热，进一步使色粉熔化（频闪熔化），最终使印刷图像色粉完全固定在纸上。离子成像技术的优点是成像滚筒的绝缘涂层表面硬度较高，有利于改善成像系统工作的稳定性和可靠性，使用寿命长。但也存在许多问题，比如需要特定的定影装置，受空气湿度影响较大等。目前离子成像技术已经从单色或专色印刷发展为彩色印刷，主要用于印刷发票、手册、表格、标签和支票等。

以上是对几种主要的数字成像技术的简单介绍，后续项目以市场上主流的静电照相数字印刷机和喷墨数字印刷机为例，介绍它们的特点、系统组成、维护工作。

虽然数字印刷技术有诸多优点，但是其成本相对于传统印刷还是高的，因而要拓展新途径、寻求新突破来扩张数字印刷技术的市场份额。研究报告显示，开拓数字印刷业务能为印刷企业提供新的市场机遇，通过数字环境下多种印刷技术的整合来创造新的商业运营模式，正在成为印刷企业突破发展困境与构建核心竞争力的关键。消费者的需求逐渐多元化与碎片化，意味着只有同时具备数字印刷与传统印刷能力的印刷服务供应商，才能为用户提供最合适的解决方案。

不仅标签产品大量使用数字印刷技术，瓦楞纸箱、包装纸盒、软包装产品也在逐步采用数字印刷方式。尤其随着快递行业的迅猛发展，数字印刷技术在标签印刷、包装纸箱上的应用越来越多。数字印刷技术在包装领域的应用表明，喷墨数字印刷技术在包装领域的市场占有率逐渐超过了静电照相数字印刷技术。静电照相数字印刷设备的印刷效果好，精度高，但是局限于印刷幅面窄，对承印物要求高，其市场正在被喷墨数字印刷设备侵蚀。喷墨印刷技术根据图像信息产生墨滴，经过高精度喷头喷射到承印物上，其幅面可以做到很大，适合多种承印物。

印刷行业与文化产业有着密不可分的联系，近年来，印刷企业拓展思路，对接文化产业，实现文化创意和印刷业务的有机融合，寻求新的增长点。比如各类生肖类文创、红色文化传承、非遗元素的兴起、历史古迹的复刻、虚拟现实技术的融合等。互联网大数据技术的迅猛发展，催生了印刷业的新业态，重构了印刷产业链和产业生态圈，通过互联网定制印刷需求和云平台服务，发展前景被普遍看好，应用市场不断扩大。作为印刷从业人员，应该积极创新，探索新方向，为印刷行业的繁荣发展添砖加瓦。

学号：________________　姓名：________________

任务实施：

1. 调研目前市场上采用各种成像技术的数字印刷设备的占比，应用领域。你所知道的数字印刷机有哪些品牌，国产品牌有哪些？是不是需要高质量发展国产数字印刷设备？

2. 比较各种成像技术的优缺点、适用领域。

总结提升：

自评互评：

序号	评价内容	自我评价	小组互评	真心话
1	学习态度			
2	分析问题能力			
3	解决问题能力			
4	创新能力			

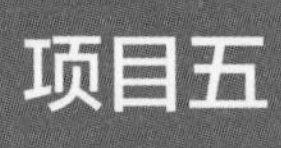

静电照相数字印刷设备结构与维护

问题引入： 这张图片熟悉吗？一本起印！这种普通的黑白或彩色印刷品，一本起印，立等可取，离不开最常见的静电照相数字印刷设备。调研一下，哪些工作场合会配备静电照相数字印刷机，主要完成的工作任务是什么？

教学目标： 掌握静电照相数字印刷的工作原理，熟悉静电照相数字印刷设备的常见类型及其基本结构，能够对常见设备制定维护计划并分析解决故障。

知识目标： 掌握静电照相数字印刷的工作原理，了解静电照相数字印刷设备的常见类型，熟悉静电照相数字印刷设备的基本结构，掌握静电照相数字印刷设备的维护和简单故障的诊断排除方法。

能力目标： 能够运用故障诊断和分析的方法来分析各种静电照相数字印刷设备的故障，并根据操作规程有计划地进行维护工作。根据实际设备使用环境和工作任务补充故障类型，制定适合不同工作场合的维护计划。

任务一　静电照相数字印刷的基本原理

任务发布： 查找市面上有哪些静电照相数字印刷机的品牌，不同品牌静电照相数字印刷机的特点，各自的市场占有率。

知识储备： 静电照相成像原理和成像工艺过程。

静电照相数字印刷技术是目前主流数字印刷技术之一，也是大多数复印机和激光打印机的基础。它是由美国贝尔实验室切斯特·卡尔松最早发明的。静电照相的基本原理是通过激光扫描的方式在光导体表面形成静电潜像，再利用带有和静电潜像相反电荷的色粉与静电潜像之间的库仑力实现显影，最后将色粉转移到承印物上完成印刷。静电成像技术最初被用于静电复印。印刷过程中和传统印刷机不同，不需要借助印刷压力，而利用异性相吸的原理获取图像。因此，依靠异性静电吸引完成图文信息的转移是静电印刷的主要特征。

静电照相数字印刷的基本工艺过程可以分成6步：充电、曝光、显影、转印、定影和清理，如图 5-1-1 所示。

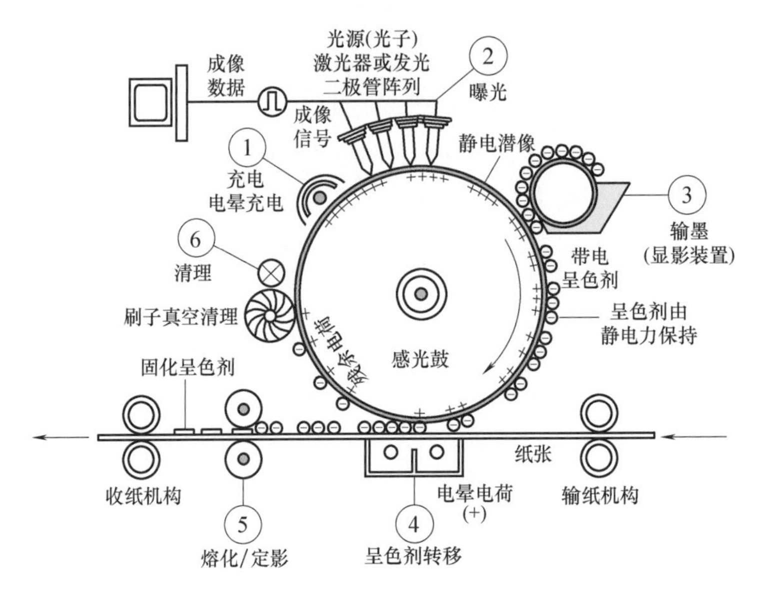

图 5-1-1 静电照相成像与复制工作流程

充电的主要目的是通过充电电极对光导鼓表面充电，为光源在光导体表面曝光做好准备。光导体材料在黑暗处电阻很大，在光亮处电阻急剧下降。充电又包括预充电和主充电。预充电的目的是在上一次印刷过程中，墨粉转印到纸张后，清除光导鼓表面电荷。主充电是使光导鼓表面产生均匀分布电荷，电晕管导线与光导鼓接地极间电压足够时，电晕管附近的空气电离，与充电装置极性相同的离子在电场驱动下移向光导体，形成均匀分布电荷。

曝光的结果是在充电的光导鼓表面成像。用激光或半导体发光二极管阵列对光敏层进行扫描曝光，曝光处的电荷消失或保留，即在光导鼓表面形成了“电荷图像”，也就是“潜像”。有机光导体曝光时成为导体，曝光时产生的光子通过电荷传输层到达电荷生成层，电荷生成层吸收光子能量，产生电子空穴对，负电荷通过基底层逃逸，正电荷通过电荷传输层到达有机光导体的表面，与上面的负电荷中和，形成潜影区域。

显影的作用是把带电荷的呈色剂吸附在潜像上，把潜像变成可见影像的过程，也就是输墨。显影分为充电区显影和放电区显影。充电区显影也叫做写白系统，是非图文区域曝光，墨粉颗粒带与光导鼓相反的电荷；放电区显影也叫做写黑系统，是图文区域曝光，墨粉颗粒带与光导鼓相同的电荷。

转印是把墨粉从光导鼓转移到纸张或中间载体上。通过对纸张背面充电，使墨粉颗粒转移到纸张正面，并使墨粉颗粒粘结到纸面。转移时主要依靠电极对带电油墨的电场力作用，当然也有压力作用的帮助，使油墨转移。对纸张背面充电时将产生两种效应：一是建立使纸张吸引到光导材料表面的引力，促使纸张与墨粉密切接触；二是产生拉力，促使墨粉吸附到纸张表面。为成功实现墨粉颗粒从光导体到纸张的转移，必须保证纸张对墨粉的拉力大于墨粉与光导体的粘结力。墨粉转移方式有两种：直接转移和间接转移。直接转移是使墨粉颗粒直接转移到纸张上，这对纸张要求高，而设备制造成本低。间接转移是通过中间载体转移墨粉，例如光导鼓表面的墨粉颗粒先转移到转印鼓或转印皮带，然后再转移到纸张上，这样设备结构就比较复杂，而对纸张要求低。目前的静电照相数字印刷设备多数采用间接转移的方式，正常情况下，转印到纸张表面的墨粉颗粒尺寸略大于显影过程吸附到光导材料表面的墨粉颗粒平均尺寸，最大转移效率在80%。

定影是使墨粉颗粒熔化并粘结到纸张，产生永久性图像。墨粉加热方法有：电阻加热、辐射加热和闪光加热。对墨粉要求，一是能承受高温作用，熔化后质量不退化，可承受温差应力；二是熔化后容易扩散与渗透。专业的静电照相数字印刷系统通常采用两步熔化工艺：第一步，通过辐射加热使墨粉颗粒产生总体熔化，让其粘结到在纸面，初步形成印刷图像；第二步，基于闪光加热的精细熔化，可以消除辐射熔化产生的锯齿图像边缘，有利于提高印刷质量。

清理的主要目的是清除成像鼓残留墨粉和表面电荷，采用相应手段对光导鼓作放电处理。通常采用机械和电子组合方法。利用刷子和刮刀刮走残留墨粉，并用交变电场对光导鼓等作表面均匀曝光来清除表面电荷。

静电照相数字印刷的主要特点是：

（1）典型的无版无压印刷方式，它在成像印刷过程中，既不需要引版成像，也不要通过压力转移油墨图文。

（2）可以在普通纸张上成像，而且呈色剂与传统的胶印油墨非常相似，既可以实现黑白印刷，也可以实现彩色印刷。

（3）可以实现多值阶调再现，通过调节半导体二极管的发光强度，可输出不同网点强度，而得到多值图像。

（4）印刷质量较好，其综合质量可达到中档胶印水平。

（5）印刷速度较快。

（6）与其他成像系统比较，静电印刷的价格偏高。

根据静电照相数字印刷的基本原理，静电照相数字印刷机由以下几部分组成：成像子系统（包括充电和曝光），显影、转印、定影、清洁子系统，还有一些辅助机构，如图5-1-2所示。

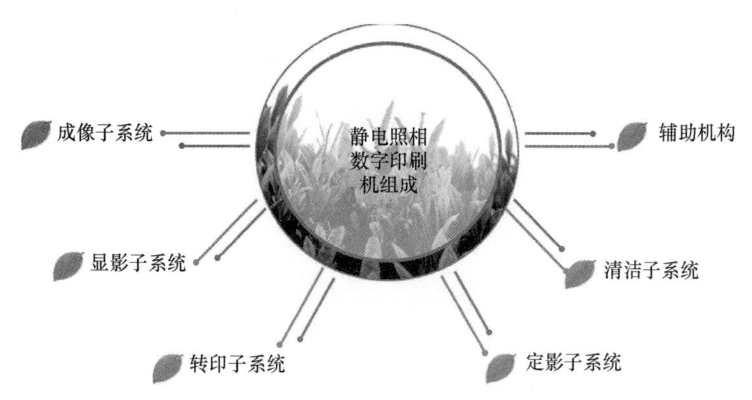

图5-1-2　静电照相数字印刷机的组成

这些子系统通常被称为印刷单元。印刷单元在印刷机中有两种排列方式：顺序排列和卫星排列。顺序排列中的印刷单元沿直线方向依次排列，占用空间大，纸张沿直线方向顺序通过转印间隙。卫星排列中的印刷单元依次沿转印滚筒周向排列，要求采用直径较大的转印滚筒，占用空间小，与顺序排列相比结构更紧凑，纸张沿转印滚筒周向走过转印间隙。

根据纸张通过转印间隙的次数，静电照相数字印刷机的结构又可以分为一次通过系统和多次通过系统。一次通过系统中，纸张需走过多个不同的转印间隙，但每个转印间隙只通过一次，每个印刷单元均包含成像系统与输墨装置，一个成像系统对应一个输墨装置。

对于彩色印刷来说，需要多次成像，多次输墨。多次成像可由一个或多个成像装置实现。但是一般成像装置成本较高，为了降低系统的整体成本，可由一个成像装置与多个输墨装置配对使用。多次通过系统中，纸张多次走过同一转印间隙的彩色系统，成像系统与输墨装置分离，一个成像系统对应多个输墨装置。

本项目主要以三种不同类型的静电照相数字印刷设备为例：黑白、彩色、液态墨粉静电照相数字印刷设备，了解不同类型设备的特点和适用范围，并且掌握不同设备的系统结构和维护步骤以及故障排除方法。

学号：________________　姓名：________________

任务实施： 列出你所知道的静电照相数字印刷机的品牌、类型、性能指标、特点、优势以及适用场合。

____

____

____

____

总结提升： ____

____

自评互评：

序号	评价内容	自我评价	小组互评	真心话
1	学习态度			
2	分析问题能力			
3	解决问题能力			
4	创新能力			

任务二　黑白静电照相数字印刷机结构与维护

任务发布：调研目前市场上有哪些种类的黑白静电照相数字印刷机，它们的结构有什么不同？每种机型有什么与众不同的特点？适合什么样的应用场合？

知识储备：了解黑白静电照相数字印刷机的结构，掌握印刷引擎的工作原理，熟悉设备纸路，熟悉日常维护步骤，卡纸处理方法，并分析印品质量的影响因素。

一、黑白静电照相数字印刷机的结构

黑白静电照相数字印刷机相对于彩色静电照相数字印刷机来说，因为只使用一种黑色墨粉，成像转印也是一次完成，所以结构相对简单，占地面积小，维修和维护工作也相对简单。

黑白静电照相数字印刷机主要采用的是静电照相原理进行数码印刷。光电成像的基本原理是用光栅图像处理器（RIP）控制激光扫描带电的印版滚筒，图文部分曝光后放电，非图文部分保持原有的电荷，从而在印版滚筒表面的光导体上形成静电潜影。再利用带电油墨颗粒在放电区域（图文区域）实现静电潜影显影，接着将油墨影像转移到加热的橡皮布滚筒上，最后将图文部分的油墨转印到承印物上。

黑白静电照相数字印刷机常见的有桌面式的激光打印机和生产型数字印刷机的两类。它们的基本原理是一样的，基本工艺过程也是包括充电、曝光、显影、转印、定影和清理六个步骤，所以印刷机的印刷引擎也是由六个基本结构组成。再加上送纸部分、出纸部分和控制部分，就构成了一台完整的印刷机。

静电照相数字印刷机的充电方式有两种，一种是电晕充电，另一种是充电辊充电。

电晕充电是一种间接充电法，利用感光鼓的导电基层作为一个电极，在感光鼓附近再设置一根金属丝作为另一个电极。在印刷时，给金属丝加上一个很高的电压，金属丝周围的空间就形成很强的电场。在电场的作用下，与电晕丝同极性的离子就流向感光鼓表面。由于感光鼓表面的感光体在黑暗中具有很高的电阻值，电荷不会流走，感光鼓表面电位就不断升高，当电位上升到最高接受电位的时候，充电过程结束。这种充电方式在生产型数字印刷机上使用较多，缺点是容易产生辐射和臭氧。

充电辊充电属于接触式充电方式，不需要很高的充电电压，相对来说比较环保，所以桌面式激光打印机大部分都采用充电辊充电。由高压电路产生高压，通过充电组件给感光鼓表面充上均匀的负电。感光鼓与充电辊同步旋转一周后，感光鼓表面就被充上均匀的负电了。

曝光是围绕感光鼓进行的，利用激光束对感光鼓进行曝光。感光鼓的表面是一层感光层，感光层覆盖在铝合金导体表面，铝合金导体接地。感光层是光敏材料，其特性是遇光导通，未曝光前是绝缘的。在曝光前，由充电装置充上均匀电荷，被激光照射后被照射到的地方会迅速变成为导体，并与铝合金导通，电荷因此对地释放，形成图文区域。没有被激光照射到的地方，仍然维持原有电荷，形成空白区域，由于该图文是不可见的，因此称为静电潜像。在扫描器中有一个同步信号传感器，用于保证扫描间距一致，使照射到感光鼓表面的激光束达到最好的成像效果。带有字符信息的激光束照射到旋转的多面反射棱镜，反射棱镜发射激光束经透镜组照射到感光鼓表面，从而进行感光鼓的横向扫描。电机带动感光鼓不断地旋转，实现激光对感光鼓的纵向扫描。

显影是利用电荷的同性相斥、异性相吸的原理，将看不见的静电潜像变成可见图文。碳粉中含有磁性物质或者带有电荷，感光鼓表面没有被激光照射到的地方不会吸附碳粉，被照射到的地方就吸附碳粉，在感光鼓表面形成了可见的图文。

当碳粉随着感光鼓转到打印纸附近时，在纸张的背面有一个转印装置给纸张施加高压。转印装置的电压要比感光鼓曝光区域所带的电压高，所以碳粉形成的图文在充电装置的电场作用下，碳粉被转印到纸张上。这是一般的激光打印机的转印原理。大部分生产型静电照相数字印刷机采用的是二次转印的方式，就是感光鼓上的图文先转印到橡皮布上，然后橡皮布上的图文在转印到纸张上，这种方式可以提高图文转印的精度，减少废粉转移到纸张的概率。此时碳粉仅是覆盖在纸张表面，很容易脱落，为了保证图文的完整，消电装置可以消除极性，中和所有电荷使纸张呈现中性，保证印品的质量。

加热定影装置是利用加热加压的方法，使纸张上吸附的碳粉熔化在纸张上，在纸张表面形成牢固的图文。碳粉的熔点一般在 100℃左右，定影组件加热的温度一般在 180℃左右，不同厂家的略有不同，高温组件在维护时要注意防烫伤。

在转印过程中，感光鼓上的碳粉不会百分百地完全转移到纸张上，如果不及时清理，残留在感光鼓表面的墨粉会被带入到下一次打印成像过程中去，从而影响后面的印刷质量。清洁装置一般使用刮刀，其材质有橡胶或软玻璃状的，具有一定的耐磨性和柔韧性，既不会刮伤感光鼓表面，还可以重复使用多次，刮下来的废粉进入废粉仓。

静电照相数字印刷机以激光束对光导体曝光时，激光束到达记录位置后形成的光斑尺寸和形状由成像系统的定位机制保证，通常不会有太大的问题。台式激光打印机为了降低设备的制造成本，不太可能提供控制光斑尺寸和形状的功能，再加上激光束水平扫描运动与光导鼓旋转运动匹配不良，则成像精度很难保证。由于显影过程直接利用激光束的曝光结果，水平扫描与光导鼓旋转运动一旦出现问题，则输墨精度就失去了保证。此外，墨粉输送过程涉及更多的可变因素，比如光导体运动速度与墨粉的传输速度是否能正确地匹配，墨粉在静电潜像区域分布的厚度和均匀性等，都可能影响复制密度的均匀性。转印与熔化过程必须连续地进行，与纸张运动规律存在密切的关系，走纸速度稍有变化都会引起墨粉熔化的非均匀性，导致图形的变形。

这些部分组成最基本的静电照相数字印刷机印刷引擎，还有一些特殊的结构类型，比如奥西的双子星结构，为了提高印刷速度，其印刷引擎做成完全对称的左右两部分，双面印刷时，正反面的图文由左右印刷引擎同时完成。而普通的静电照相数字印刷机是：先印刷正面，再通过纸张翻转机构实现纸张翻面，印刷反面。奥西的双子星结构机型的印刷速度至少提高了一倍，而且不需要纸张翻转机构，则减少了纸张翻转的故障和正反印刷对准的问题。

二、黑白静电照相数字印刷机的维护

静电照相数字印刷机一般由充电、曝光、显影、转印、定影和清理六个组件组成印刷引擎，印刷引擎常见的故障也与这六个组件有关。

用充电辊充电的静电照相数字印刷机，因为充电辊一般是橡胶和聚氨酯材料组成的，特点是耐磨、不粘粉、表面光洁。维护时不能使用酒精或其他腐蚀性液体进行清洁，一般用无尘布蘸纯净水进行擦拭，待干燥以后再装回去。充电辊如果出现故障，会存在残余电位，影响打印质量，若残余电位过高会出现打印低灰现象。如果充电辊色泽暗淡、老化损坏甚至出现裂纹，则需要更换。用电晕的静电照相数字印刷机，因为金属丝上的高电压和强电场，金属丝极易被氧化发黑，因此需要经常清洁或更换，不同厂家的机型，金属丝的结构形式不同。

完成曝光功能的机构主要是激光扫描器。激光扫描组件主要由激光灯、多面棱镜、扫描电机、透镜组、平面镜、激光校验单元组成。激光灯一般不会发生故障，基本是工作到寿命时长就更换。多面棱镜由扫描电机带动旋转，完成感光鼓表面的横向扫描。多面棱镜、透镜组和平面镜主要是反射面会变脏，导致激光减弱，会出现打印图文浅淡不一，效果变差，一般用医用棉签擦拭清洁。

显影功能中最主要的是感光鼓，简称 OPC（Organic Photo Conductor，有机光导体）。感光鼓是由导电体铝合金材料及其表面上覆盖的一层感光层和保护层组成。感光层的特点是黑暗中绝缘，遇光导通，导电层铝合金地线相连，使得曝光后对地放电。保护层是防止 OPC 磨损，提高使用寿命。OPC 是印刷引擎的核心部件，最常见的问题是磨损或划伤，导致印品出现黑条杠。纸张边缘不齐整也会导致 OPC 的划伤。一般 OPC 正常使用的情况下也会出现磨损，OPC 的寿命是以印数来计算的，购买 OPC 的时候，厂商会告知其最大印数是多少。当印品出现图像变浅、碳粉不均匀，如果没有其他故障，基本是感光鼓寿命已到，需要更换。一些流程软件里也会设置印数提醒，到期更换 OPC。更换 OPC 时，要注意避免强光，垫上保护纸，避免被硬物划伤。

静电照相数字印刷机大多采用的是二次转印的方式，就是感光鼓上的图文先转印到橡皮布上，然后橡皮布上的图文在转印到纸张上，这种方式可以提高图文转印的精度，减少废粉转移到纸张的概率。

清洁装置有不同的类型，有用清洁纸或者清洁辊，也有用刮刀的。主要功能就是清除转印过程中残余的碳粉，如果未被清理干净，会影响下一张的印刷质量。刮刀一般为橡胶材质，软硬适中，不会刮伤转印皮带。刮刀长时间使用后也需要手动清洁刮刀，如果刮刀磨损严重，就需要更换。

除了印刷引擎的故障以外，进纸出纸装置的故障率也比较高，比如卡纸，双张纸，双面印刷的纸张翻转机构，纸张对位机构等。所有纸张走过的地方连起来称作纸路，纸路的所有部位都有可能出现卡纸，根据经常卡纸的位置可以判断可能相关部件出现问题，如果卡纸的位置随机出现，就可能是纸张本身有问题。

对于单张纸印刷机，输纸部分一般是由电机带动搓纸轮转动，依靠搓纸轮表面的橡胶与纸张之间靠摩擦力带动纸张进入纸路。也有类似传统平版印刷机的上纸机构。印刷机发出上纸命令，通常会有光敏传感器检测有没有纸张进入上纸机构，缺纸的就会发出警告。当然，当光敏传感器被灰尘或纸毛或其他异物遮挡时，也会出现误报现象，因此日常也需要对传感器进行清洁维护。纸路的传感器作用很多，依靠传感器判断是否有双张，并有斜向引导装置，使得纸张靠某一边定位，双面印刷的时候完成纸张的翻转等。

三、黑白静电照相数字印刷机的维护案例

本节以 OCE 6160 为例，介绍黑白静电照相数字印刷机维护工作。

1. OCE 6160 的特点

OCE 6160 是一款黑白静电照相数字印刷机，特别适合书刊类的印刷工作。为了提高数字印刷机的印刷速度， OCE 6000 系列采用了双子星即时双面打印技术，也就是使用一个引擎同时驱动两组转印带，纸张完成双面打印但只在引擎通过一次，速度更快更可靠。它可以处理混合介质、标签纸、插页纸等。可以在最短的时间内完成工作， A4 输出速度为 170 ~ 314cp/min，比市场上同类型机型快 60%。

OCE 6160 特点——1
双面同时印刷

OCE 6000 系列具备不停机打印、脱机打印以及变 RIP 打印等技术。每个纸盘都具有处理插页纸的能力，不需要专门配备一个插页系统，就可以实现彩色插页功能。它可以完成无线胶装、封面装订、折页以及打孔。而且不仅可以打印单张纸，还可以使用卷筒纸印刷。

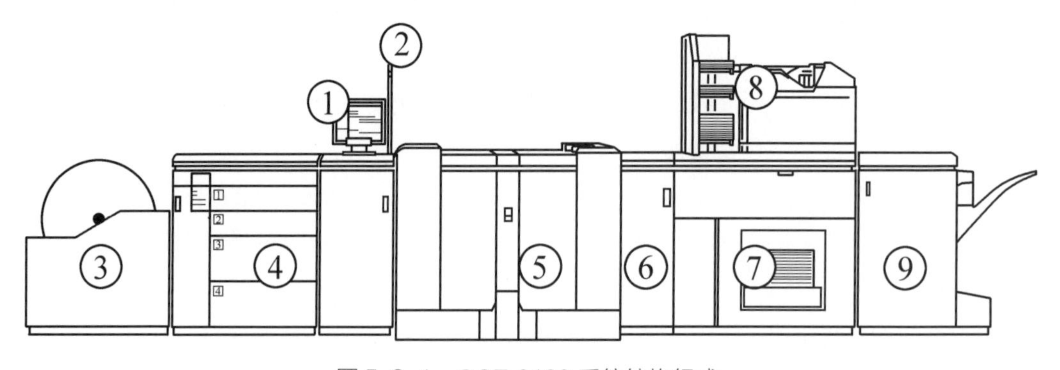

图 5-2-1 OCE 6160 系统结构组成

1—操作面板 2—操作员注意灯 3—卷送纸器 4—输纸模块 5—引擎模块
6—打孔机 7—堆叠器 8—出纸处理器 9—订书机

2. OCE 6160 的结构

OCE 6160 特点——2 纸路、插页、卷筒纸视频

OCE 6160 系统结构组成如图 5-2-1 所示，它一共有九个模块组成。

① 操作面板：用于处理日常工作，纠正错误，执行维修任务等。

② 操作员注意灯：用于远距离查看系统状态，有红橙黄三种颜色代表三种状态，红色亮是印刷机由于某种错误已经停止，橙色亮是印刷机因为某种原因比如堆叠器将满而产生告警，绿色亮表示印刷机正在打印，所有灯都不亮表示印刷机处于空闲状态。

③ 卷送纸器：是可选设备，使得印刷机可以使用卷筒纸进行印刷。

④ 输纸模块：系统默认配置一个输纸模块，包含 4 个纸盒，最多可以再添加两个输纸模块，达到 12 个纸盒。

⑤ 引擎模块：包含打印介质的组件，是印刷机的核心模块。

⑥ 打孔机：可以在打印稿上打孔，是可选模块。

⑦ 堆叠器：是默认配置的输出位置。

⑧ 出纸处理器：位于堆叠器顶部，是可选模块，用于装订作业。

⑨ 订书机：是可选模块。

图 5-2-2 是输纸模块的控制面板，分别对应 4 个纸盒。其中：

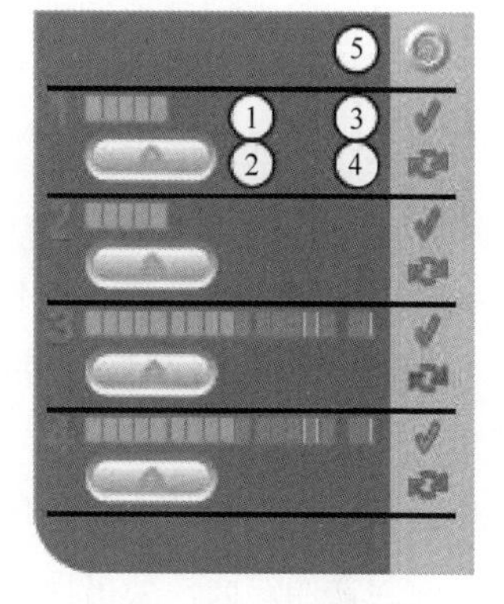

图 5-2-2　输纸模块的控制面板

① LED 灯用于指示当前纸盒中纸张的多少，每一格代表 100 张纸。

② 按该按钮可以打开对应的纸盒。

③ 勾选为绿色是表示纸盒中的介质已经被定义。

④ 灯亮时，表示循环使用该纸盒中的纸张。这个功能在某些情况下很有用，比如印刷一本很厚的书本，需要超过一个纸盒的纸张。如果纸盒 1 和纸盒 2 里分别装着不同品牌的同样尺寸和克重的纸张，但是有色差，如果不点亮此灯，纸盒 1 中的纸张用完之后，就会自动搜索到同样尺寸和克重的纸盒 2 中的纸张，这样会造成一本书的前后纸张有色差。如果点亮该灯，就会一直使用纸盒 1 中的纸张，用完后会提醒用户添加，这样就能避免可能出现的色差问题。

⑤ 表示刚刚放入介质，还未分配。

输纸模块，显示屏操作模块，引擎模块，收纸模块是印刷机的最小配置。

图 5-2-3 是 OCE 6160 数字印刷机的引擎模块打开前门和上盖板后的实物照片。可以看到印刷引擎的基本结构和静电照相数字印刷的工艺过程是相对应的，也是分为充电、曝光、显影、转印、定影、清洁六大部分。

引擎模块中的几个重要模块及其位置如图 5-2-3 所示。左右两边的墨粉仓、充电曝光单元、感光体单元、转印皮带、清洁单元都是完全对称的，这也是双子星的名称的来源。纸

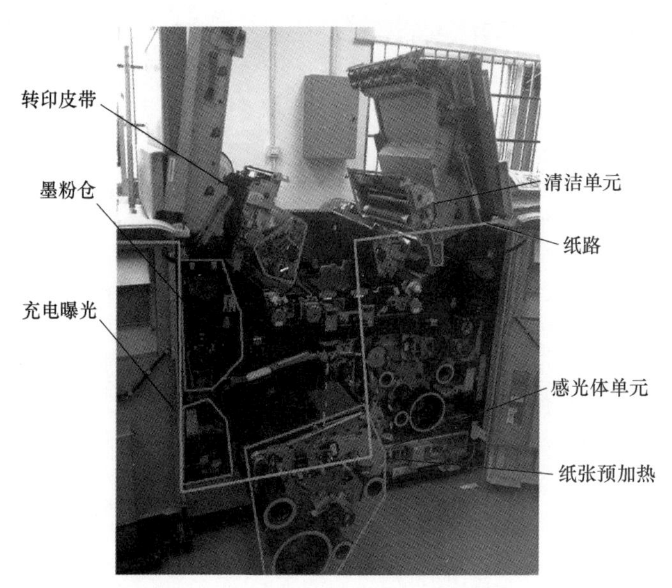

图 5-2-3 OCE 6160 的引擎模块

路显示纸张从纸盒出来到收纸模块堆叠完成所经过的路径，在路径的每一个地方都有可能出现卡纸。

3. OCE 6160 的维护工作

印刷机正常工作时，日常需要更换维护的有哪些？哪些部分容易出故障，需要定期维护和排除故障？

最常更换维护的主要是耗材，如墨粉、纸张、订书钉等。以更换墨粉为例，当墨粉仓快空的时候，操作面板会出现提示。只能使用 OCE 6000 系列的专用墨粉，一次添加的量不能超过 3 瓶。将碳粉瓶摇匀，取下碳粉瓶上的螺帽，注意先不要去除碳粉瓶上的封口。打开要填充的墨粉仓的前门。打开墨粉仓的盖子，将碳粉瓶放在墨粉仓的开口上，确保碳粉瓶的开口和墨粉仓的开口对接，将碳粉瓶向右旋转半圈，碳粉完全进入墨粉仓后，取出碳粉瓶，关闭墨粉仓的盖子，关闭墨粉仓的前门。

维护任务分为两个等级，一级维护包括更换清洁器；二级维护包括解决打印机发热区域的卡纸问题和清洁有机感光带。

图 5-2-4 操作界面的“系统”视图的维修部分显示了必需的或者建议的维修任务。按下“开始维修”按钮时，显示实际维修屏幕。红色表示必需的任务，黄色表示建议的任务，这些任务很快就会成为必需的任务。选择所要做的维修任务，点击“开始”。

（1）一级维护：更换清洁器

图 5-2-3 中的清洁单元包括纸张清洁器和螺旋清洁辊，它们均为耗材。纸张清洁器上包裹着若干圈清洁纸，主要是清除转印皮带和纸张上残余的墨粉，螺旋清洁辊是一个有很多细小缝隙的圆柱形辊子，用于吸附飞溅的墨粉。清洁单元上有计数器，计数器信息会定期更新。在必须立即或尽快维修时，维护图标的颜色将改变。在操作面板上，维修图标为橙色时，表示在更换清洁单元前还可以打印 20000 幅图像；维修图标为红色时，清洁器上的计数

图 5-2-4　操作界面

器已经为 0，必须马上更换清洁单元。维护之前，要先准备 2 个新的螺旋清洁辊和 2 个新的纸张清洁器。再准备好必需的工具：D 型扳手、套筒扳手、耐热手套和耐热胶带。因为左右是完全对称的结构，所以左右的清洁单元基本是同时更换。维护的操作步骤如下：

步骤一：打开门和盖板，如图 5-2-5 所示。①用套筒扳手松开前门的螺栓；②打开下面的门，再打开前门；③抬起右边顶部盖板；④抬起左边顶部盖板；⑤戴上耐热手套，解开左边上盖板，抬起左边内板到高处，确保左边下盖板锁在高位；⑥解开并放下右边顶部盖板；⑦抬起右边下盖板到高位。确保右边下盖板锁定在高位。这里要注意，打开盖板的顺序不能错，不然无法正确打开盖板，这一步骤在后续维护时会多次使用。

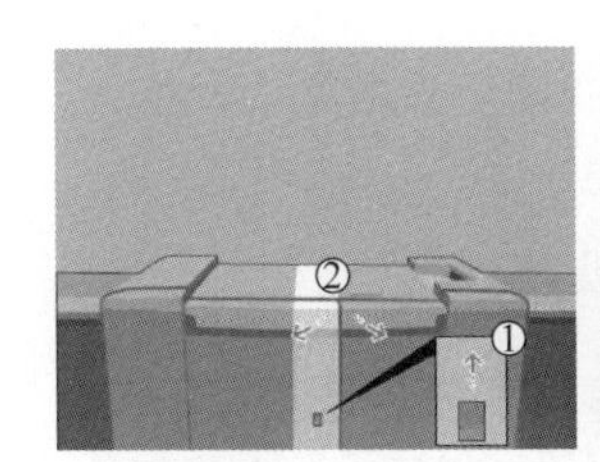

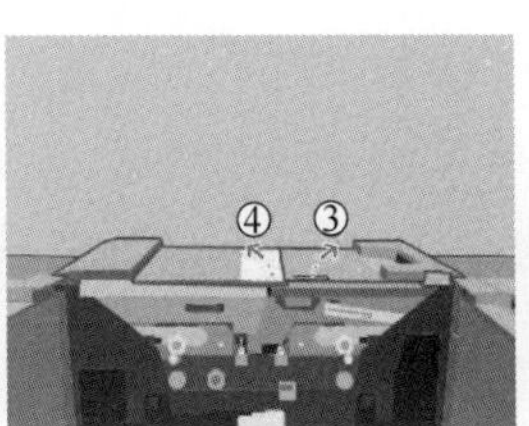

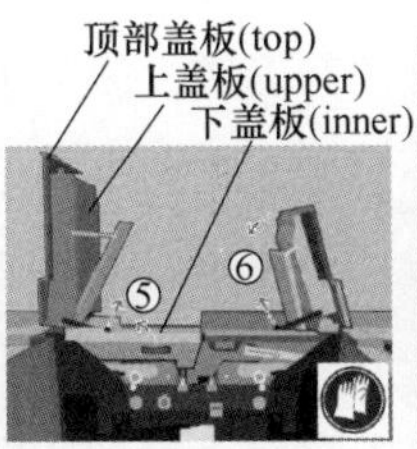

图 5-2-5　打开门和盖板

步骤二：如图 5-2-6 所示，用 D 型扳手逆时针旋转 N1、M1，解锁清洁单元。

步骤三：如图 5-2-7 所示，用红色手柄分别抬起右边和左边的清洁单元，抬起清洁单元，并确保抬到位，处于稳定状态。

步骤四：如图 5-2-8 所示。①按压右边纸张清洁器两端的红色片弹簧。②移走右边纸张清洁器。③重复步骤①和②，移走左边纸张清洁器。

步骤五：如图 5-2-9 所示。①按压右边螺旋清洁辊两端的红色片弹簧。②移走右边螺旋清洁辊。③重复步骤①和②，移走左边螺旋清洁辊。

步骤六：如图 5-2-10 所示，重新放置纸张清洁器。①剪掉一整个周长加 2 ~ 3cm 的被

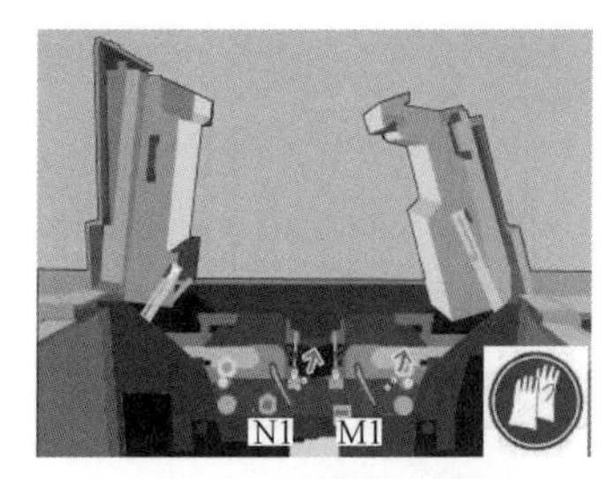

图 5-2-6 解锁清洁单元

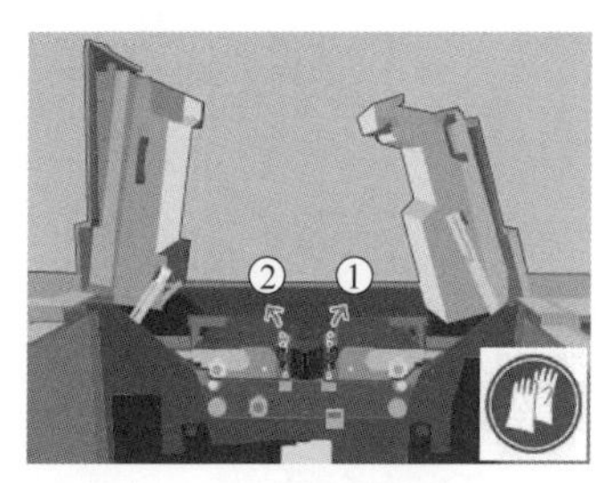

图 5-2-7 抬起清洁单元

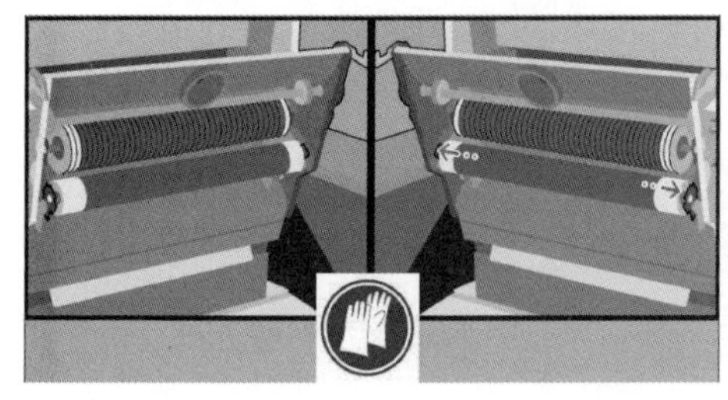

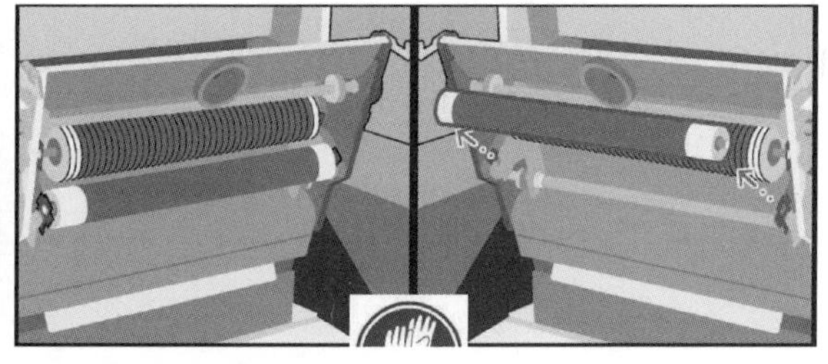

图 5-2-8 移走纸张清洁器

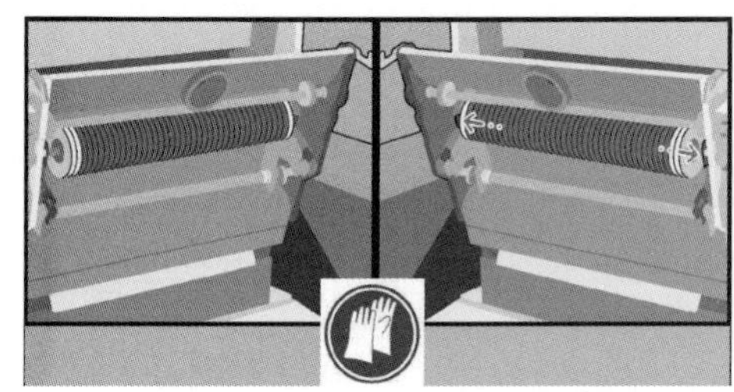

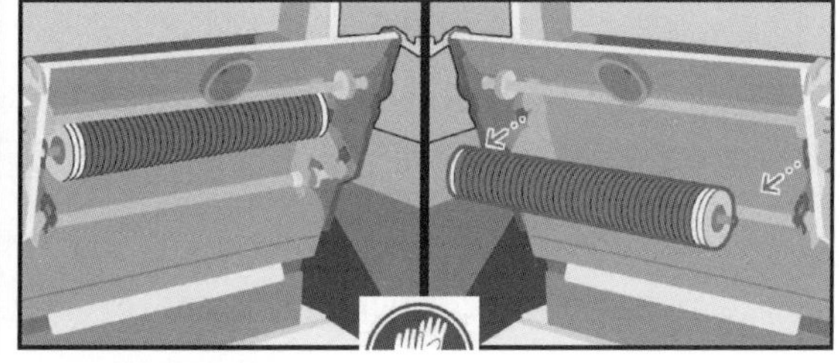

图 5-2-9 移走螺旋清洁辊

污染过的清洁纸，包括旧的双面胶。②用耐热型双面胶在干净的清洁纸的末端均匀的贴三个位置（如果清洁纸已经不够了，需要更换一个新的纸张清洁器）。

步骤七：如图 5-2-11 所示，用红色片弹簧锁住左右两边的螺旋清洁辊。

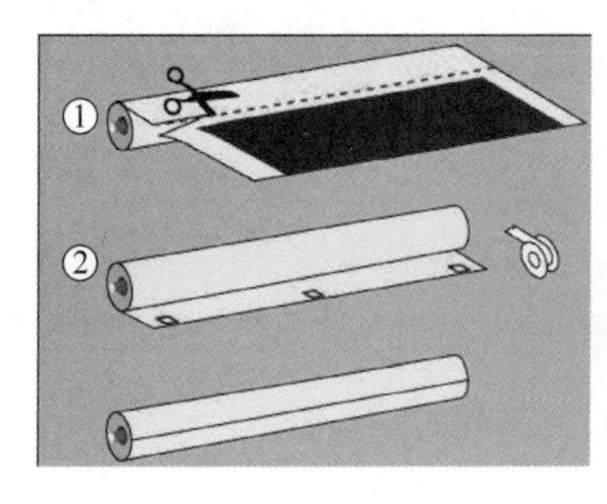

图 5-2-10 重置纸张清洁器

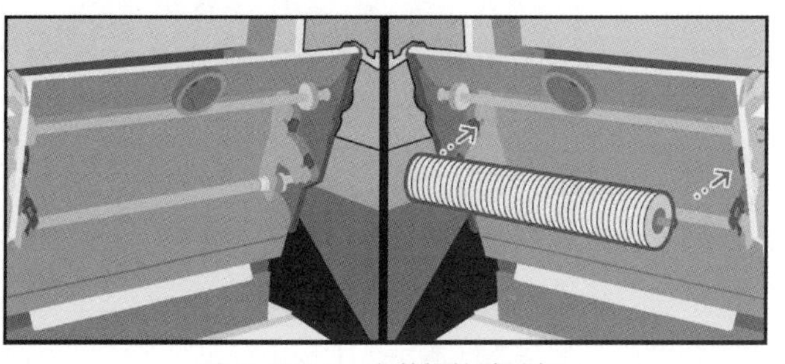

图 5-2-11 安装螺旋清洁辊

步骤八：如图 5-2-12 所示。①用红色片弹簧锁住右边的纸张清洁器；②重复①安装左边纸张清洁器；③抬起左边清洁单元，推开红色手柄，解锁锁定机构；④放下左边清洁单元到锁定位置。用同样的方法安装右边的纸张清洁器，并放下右边清洁单元。

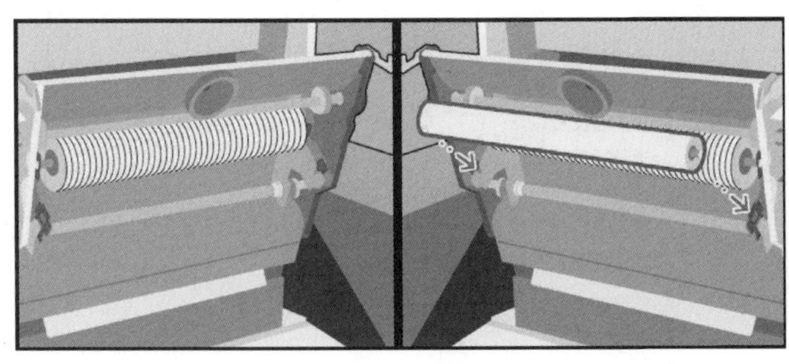

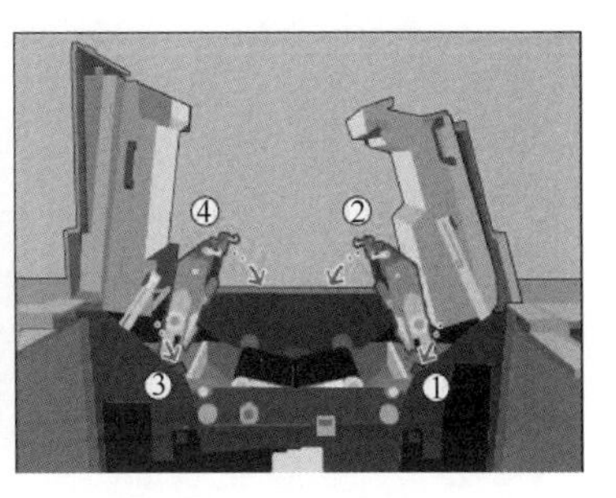

图 5-2-12　安装纸张清洁器

步骤九：如图 5-2-13 所示，用手柄顺时针旋转 N1、M1，锁定清洁单元。

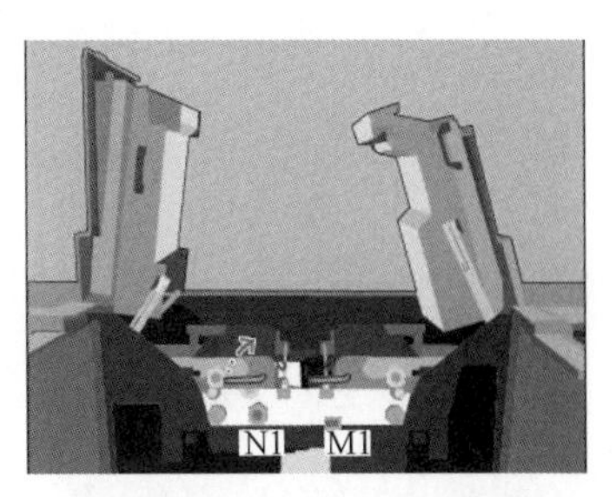

图 5-2-13　锁定清洁单元

步骤十：关闭盖板，如图 5-2-14 所示。①解锁并放下右边内盖板；②抬起右边上盖板到高位；③解锁并放下左边内盖板；④关闭左边上盖板；⑤关闭右边上盖板。

步骤十一：完成维护工作。①关闭前门；②用扳手锁上前门螺栓；③关闭下面的门；④到操作面板上，确认完成维护工作。

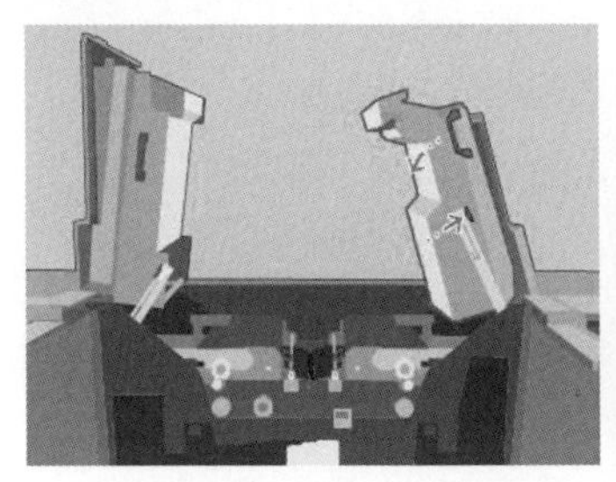

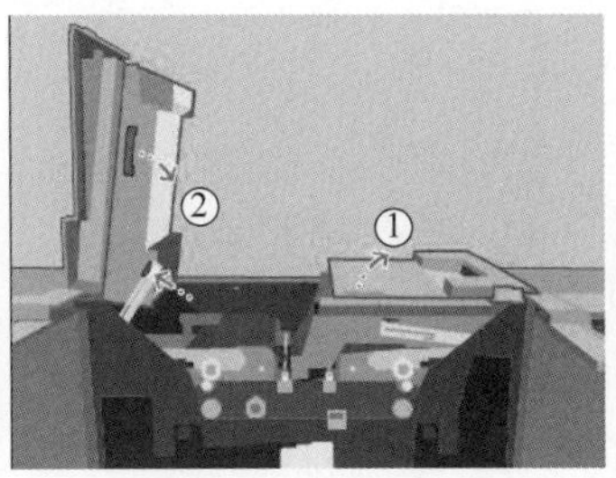

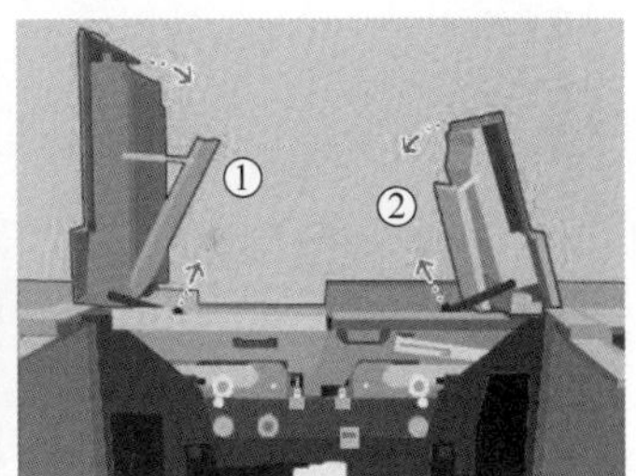

图 5-2-14　关闭盖板

当完成更换清洁器的任务以后，要重新启动机器，看印刷机启动是否正常。步骤一（打开门和盖板）、步骤十（关闭盖板）、步骤十一（完成维护工作），后续维护工作中会多次用到，其后仅用标题说明，具体步骤不再赘述。

（2）二级维护：解决卡纸问题

在印刷过程中，纸张可能会卡在一个或多个地方，所有纸经过的地方都有可能出现卡纸问题。当纸张卡在预加热单元的时候，由于高温，要注意戴好防热手套，只有关机才能拿出纸张。打印机发热区域发生卡纸时，步骤如下：打印机停止；操作面板显示带有此维修任务的维修屏幕；选择维修任务并按“开始”；输入维修 PIN；按照操作面板上的说明解决卡纸问题。准备工具：钥匙、D 型扳手、防热手套。下面逐一说明可能出现卡纸位置的处理办法。

★连接处卡纸，如图 5-2-15 所示。①打开连接处前门；②移除 B4 处的纸张；③关闭 B4；④关闭连接处前门。

图 5-2-15 移除连接处的纸张

★内盖板中卡纸，如图 5-2-16 所示。①打开前门，取出图中 1 处的纸张；②抬起右盖板和左盖板；③抬起右侧内板到高位；④抽出接收单元中的纸张，通常沿着水平方向直着抽出纸张；⑤用 D 型扳手顺时针旋转转印合压机构的轴，解开转印合压机构；⑥拿出转印合压机构中的纸张。

★下纸路中卡纸，如图 5-2-17 所示。①顺时针旋转手柄 C1，拉开抽屉 C1；②移除 C2 \ C3 \ C4 中的纸张；③拿走预热单元下的纸张；④关闭 C1，注意不要转动手柄 C1。

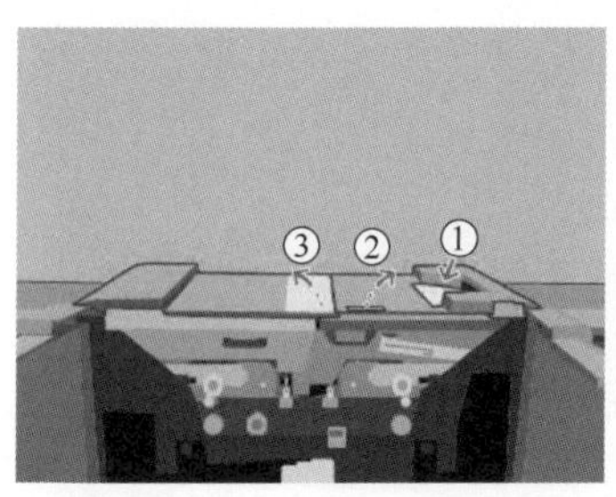
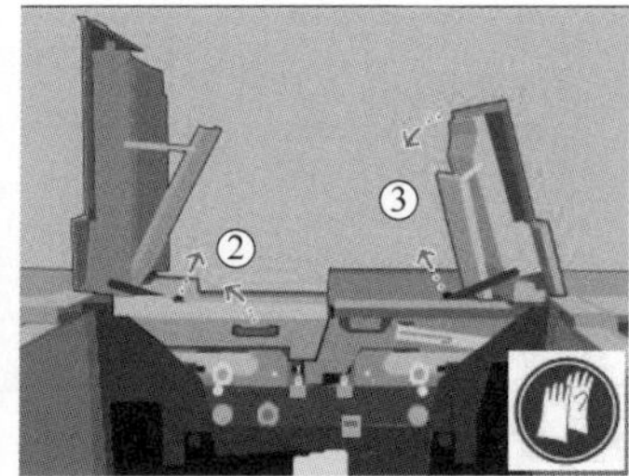
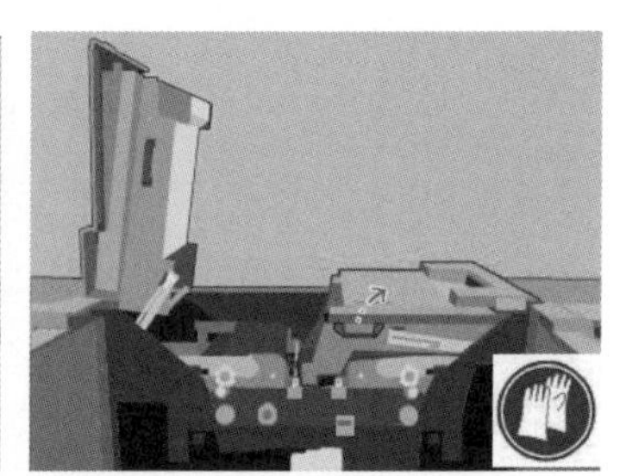

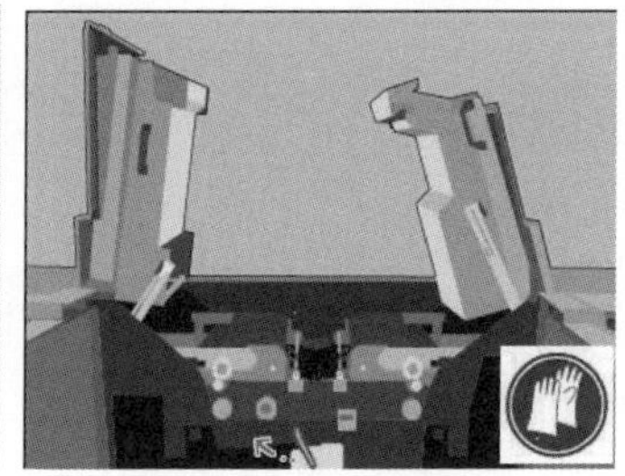
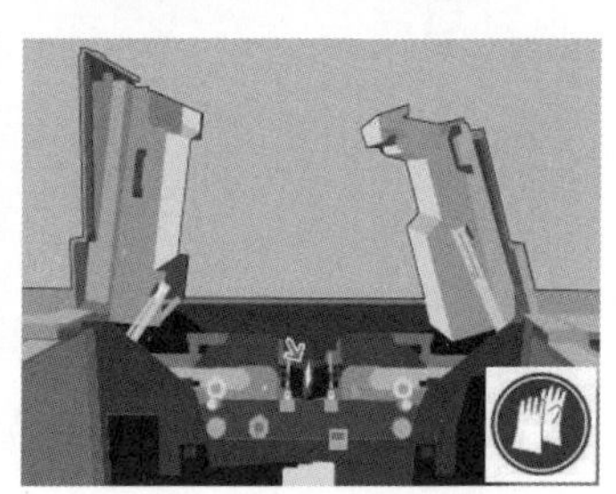
图 5-2-16 移除内盖板中的纸张

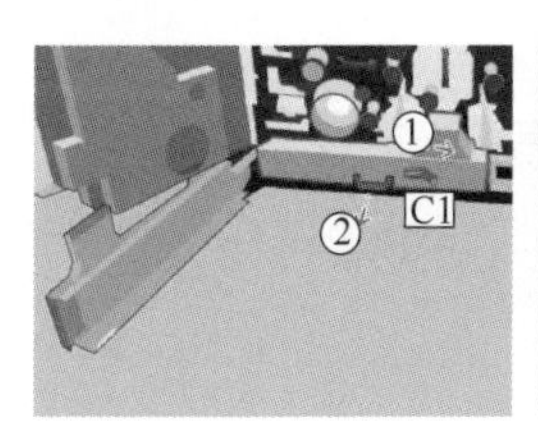

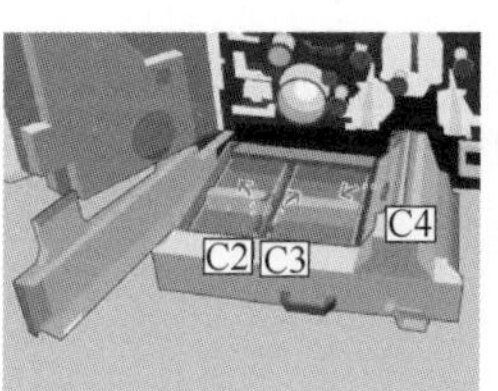

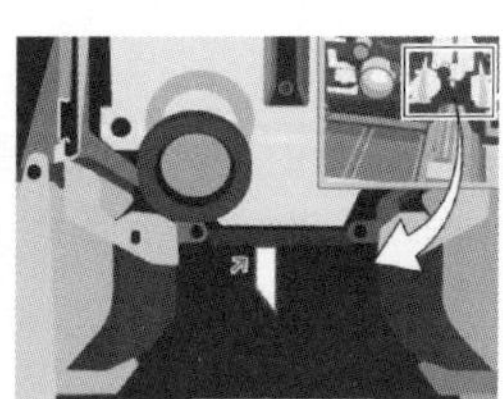
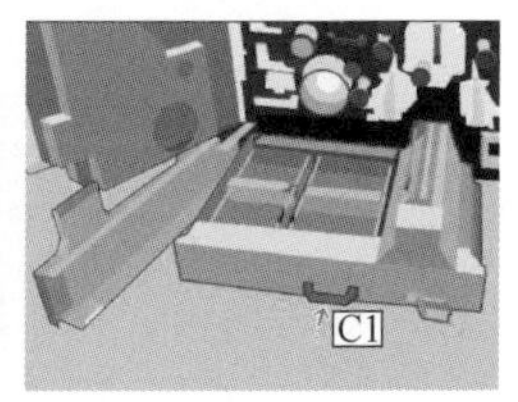

图 5-2-17 移除下纸路中的纸张

★预热单元中卡纸，首先要移除预热单元，如图 5-2-18 所示。①移除预热单元的螺栓并解锁；②尽量拉出预热单元；③抬起红色手柄，把预热单元进一步拉出来，放在耐热的地方，确保左侧在上面。然后移除预热单元中的纸张，如图 5-2-19 所示。①压住预热单元盖板两侧的红色弹簧片，拉出盖板；②转动皮带，移除预热单元中的纸张；③把预热单元盖板放回；④移除转移单元中的纸张。再把预热单元安装回原位，如图 5-2-20 所示。①把预热单元的滑轮放入印刷机中；②把预热单元放平，并推进印刷机中；③放回并拧紧预热单元的螺栓；④逆时针旋转 C1，并锁住。按和打开时相反的顺序关闭所有的门，锁上所有手

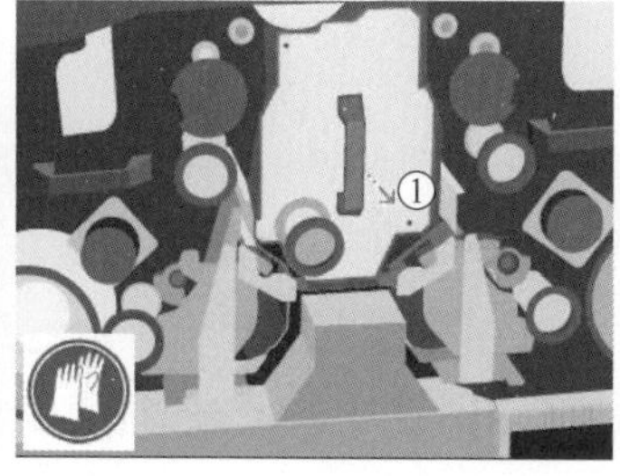

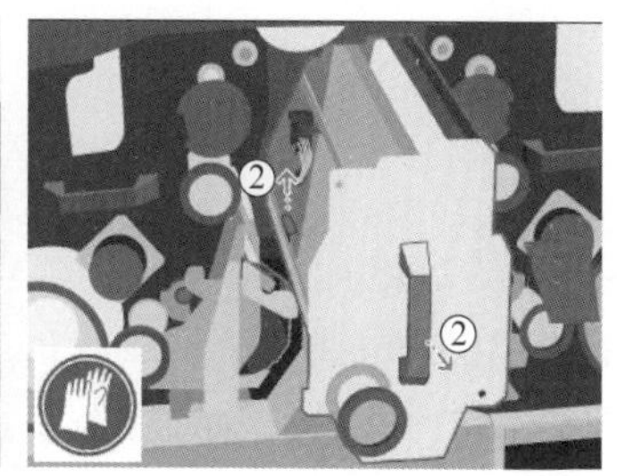

图 5-2-18　移除预热单元

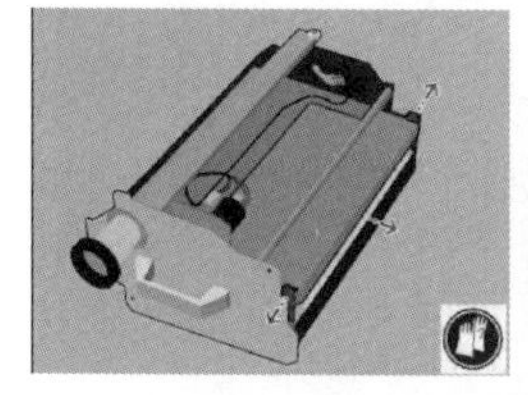
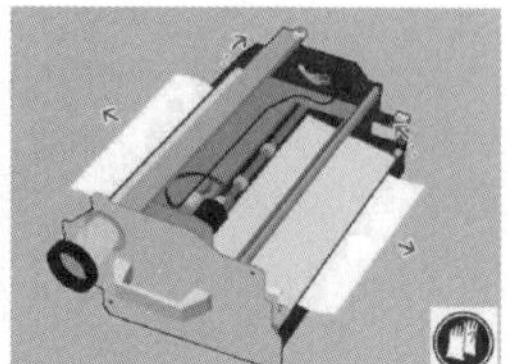
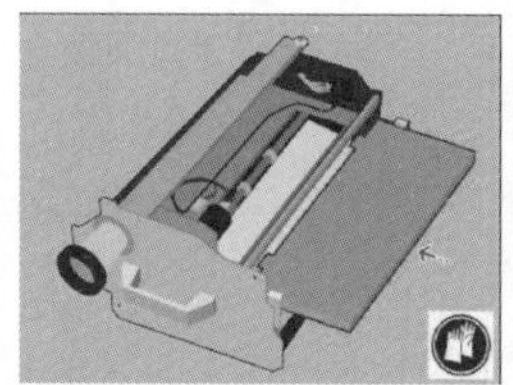

图 5-2-19　移除预热单元中的纸张

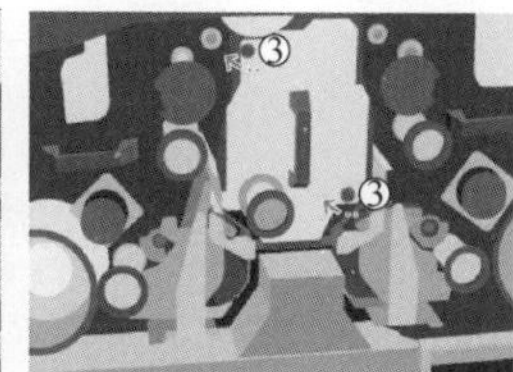

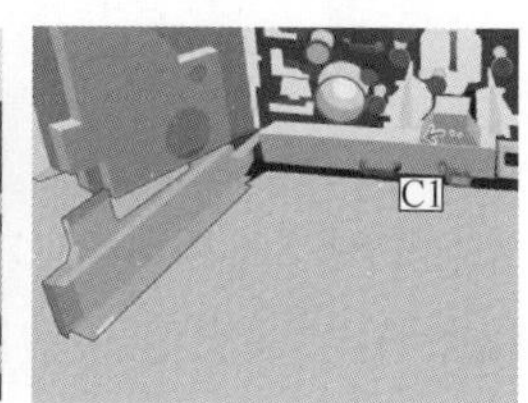

图 5-2-20　安装预热单元

柄，到操作面板上，确认已经成功取出被卡住的纸张。

在取出卡纸后，要继续分析卡纸的原因，消除可能存在的隐患。

a. 如果每次卡纸都在同一位置，就要检查该位置的相关部件，是否机构上有不平整或者送纸线路上有电机转动不均匀的情况。

b. 如果是卡纸位置是随机的，就要确认纸张的本身是否有褶皱，纸张边缘是否整齐，是否纸毛过多，含水量是否合适，纸张的克重与设置是否一致。

c. 如果取出来的纸张上有破损，要检查转印皮带上是否有不平整，比如长时间使用后，转印皮带上有鼓包或者破损，造成纸张受损。

d. 整个纸路上有若干传感器，用于检测纸张是否按系统要求到达指定位置，是否正常对齐。这些传感器由于长时间的使用，纸张上的纸毛或者灰尘难免会遗留在纸路上，从而造成传感器被遮挡而造成误报警，因此需要定期用无纺布清理纸路传感器上的灰尘。这个问题在大多数数字印刷机上都会频繁出现。

e. 如果取出的纸张有缺失，一定要找到缺失的部分，沿着纸路查找所有的位置，不然会影响后续的印刷。而且找到的缺失部分必须和取出的纸张拼接完整。

（3）二级维护：清洁有机感光带

如果印刷品每次都在同一位置出现同样的受到污染的部分，才需要清洁有机感光带

（OPC）。首先准备工具：清洁剂、 D 型扳手、清洁手套。

步骤一：打开前门。

步骤二：解锁 OPC 单元（左），如图 5-2-21 所示。①用 D 型扳手按次序逆时针转动 L1/L2/L3/L4 手柄，顺时针转动 L5 手柄，每次转动要保证转到位，不然会影响下一个手柄的动作；②用红色手柄尽可能把 OPC 单元完全拉出来。注意：如果拉动过程中感觉有阻碍，有可能是前一步的 L1/L2/L3/L4/L5 的手柄没有释放到位，此时如果硬拉，会损坏 OPC 单元。

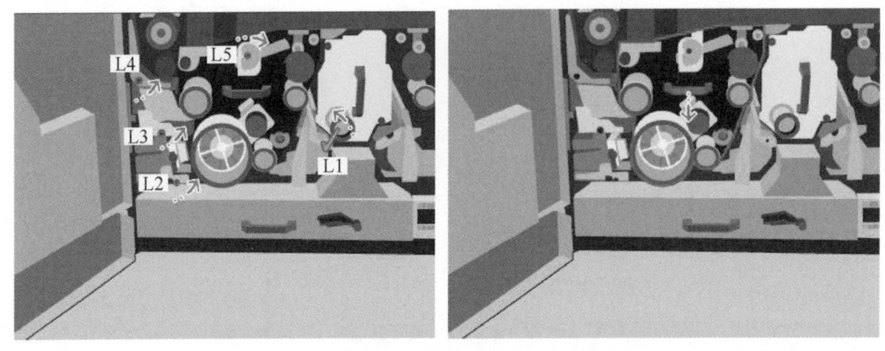

图 5-2-21　解锁左边 OPC 单元

步骤三：清洁 OPC 单元，如图 5-2-22 所示。注意：不要用手指直接接触 OPC 带，要戴上清洁手套。①转动滚轮，找到 OPC 上脏污点的位置；②把脏污点转到箭头所指区域，在这个区域， OPC 有一个比较硬的底面，使得在做清洁工作的时候不容易损坏 OPC 带；③在清洁布上倒少量清洗液，擦拭并清洁 OPC；④完成后，用一块新的清洁布把 OPC 上的清洗液擦干净。

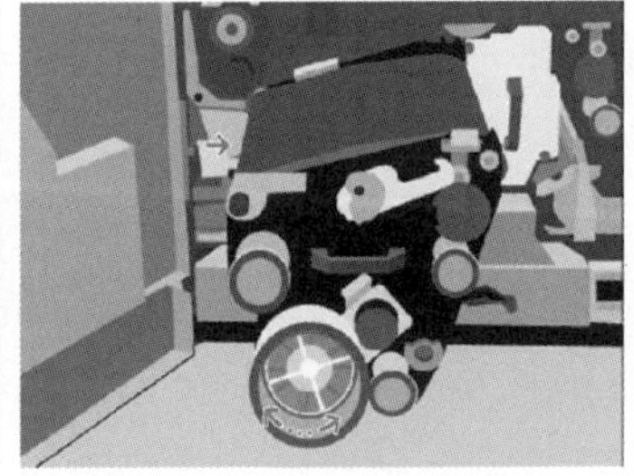
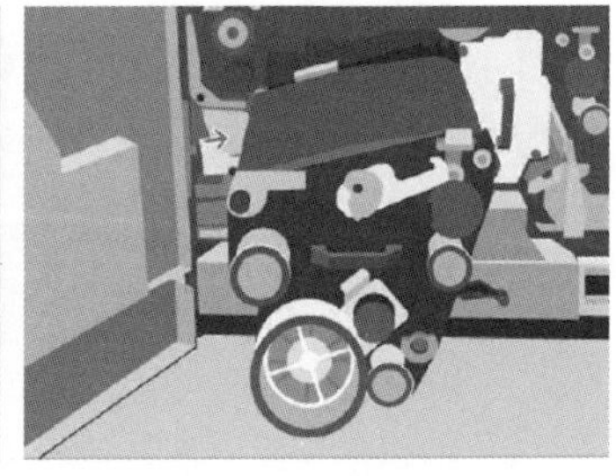
图 5-2-22　清洁 OPC 单元

步骤四：锁定 OPC 单元，如图 5-2-23 所示。①转动滚轮，直到 OPC 带的背面末端接近黄色板的箭头；②用红色手柄把 OPC 单元完全推进去；③逆时针转动 L5 到锁紧位置，顺时针转动 L4/L3/L2/L1 到锁紧位置。

步骤五：清洁右侧 OPC 单元，如图 5-2-24 所示，与清洁左边 OPC 带步骤一样，只是锁紧手柄变成了 K1/K2/K3/K4/K5，按照箭头方向转动。

步骤六：完成维护工作。①关闭前门；②用扳手锁上前门螺栓；③关闭下面的门；④到操作面板上，确认完成维护工作。

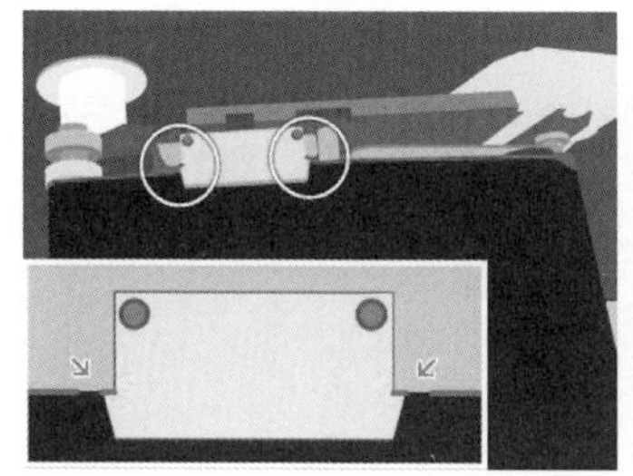

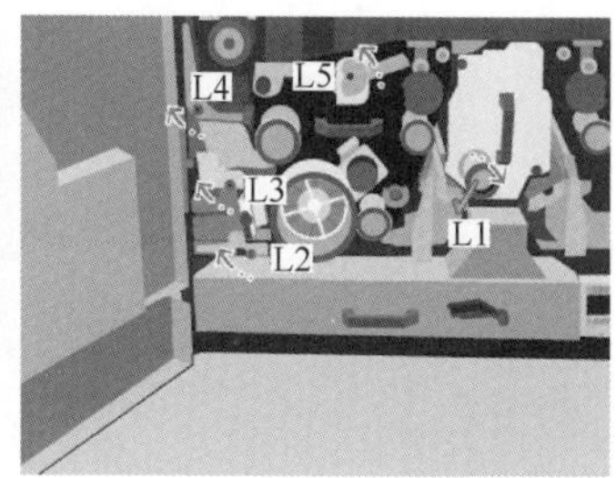

图 5-2-23　锁定 OPC 单元

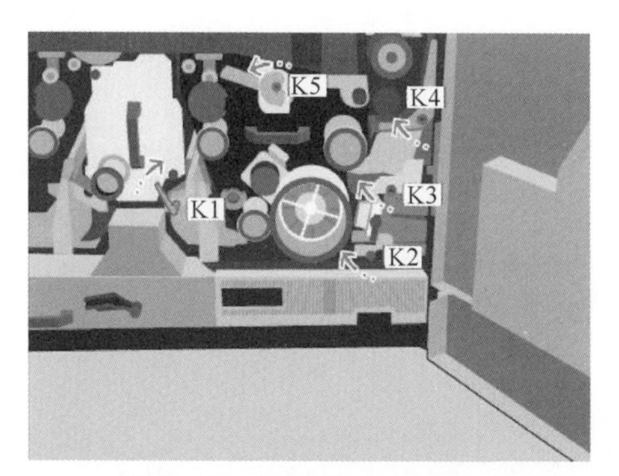

图 5-2-24　右侧 OPC 单元

具体的维护步骤可以扫描二维码观看视频。

OCE 6160 的维护

学号：________________　姓名：________________

任务实施： 1. 动手完成黑白静电照相数字印刷机的维护任务，如果出现未见过的故障，小组间相互讨论，大家一起解决问题，最后请记录该故障现象和解决方案。

____

____

____

____

2. 画出 OCE 6160 印刷引擎的机构示意图，并标注走纸路线。

总结提升： ____

____

自评互评：

序号	评价内容	自我评价	小组互评	真心话
1	学习态度			
2	分析问题能力			
3	解决问题能力			
4	创新能力			

任务三　彩色静电照相数字印刷机结构与维护

任务发布： 查找不同品牌的彩色静电照相数字印刷机，了解它们结构形式的差异，与黑白静电照相数字印刷机结构的区别和联系。

知识储备： 分析彩色静电照相数字印刷机印刷引擎的结构组成，不同结构的优缺点，了解彩色色粉的特点，印刷色序对印品色彩表现的影响，掌握日常维护步骤，卡纸处理方法，印品质量分析。

一、彩色静电照相数字印刷机的结构

彩色静电照相数字印刷机和黑白静电照相数字印刷机相比，不再是黑色色粉一种了，一般是青/品/黄/黑四色色粉。增加了色粉是不是就是重复黑白静电照相数字印刷机的结构，多几种色粉就多几套完全一样的印刷引擎机构呢？此时就要考虑设备的结构不能过于庞大和复杂，设备成本也要尽可能降低。不同的厂家有不同的设备结构。通常市面上常见的结构有两种，一种是成像部件水平排列，一种是成像部件垂直排列，其他进纸、定影、转印、清洁、收纸部件共用，两类设备的结构尺寸明显差异较大，适用于不同的印刷要求。每种设备可能还会为了适应更广泛的承印物类型而提供一些二次定影部件。

二、彩色静电照相数字印刷机的维护案例 1

成像部件垂直排列的典型机型是柯尼卡美能达公司的系列彩色静电照相数字印刷机。图 5-3-1 是常见机型的印刷速度和产量，图 5-3-2 是 KMC8000 基本组成，图 5-3-3 是 KMC8000 印刷引擎中的内部结构，图 5-3-4 箭头所指是 KMC8000 的纸路。

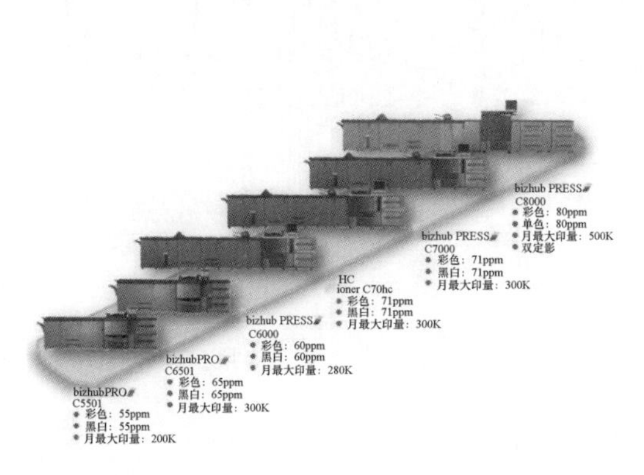

图 5-3-1　柯美常见机型印刷速度和产量

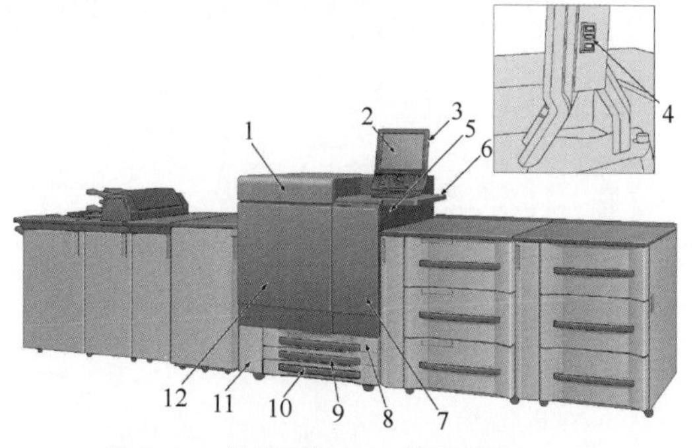

1—粉仓　2—触摸面板　3—控制面板　4—端口
5—副电源开关　6—工作台　7，12—侧门
8，9，10—纸盒　11—碳粉回收盒门

图 5-3-2　KMC8000 基本组成

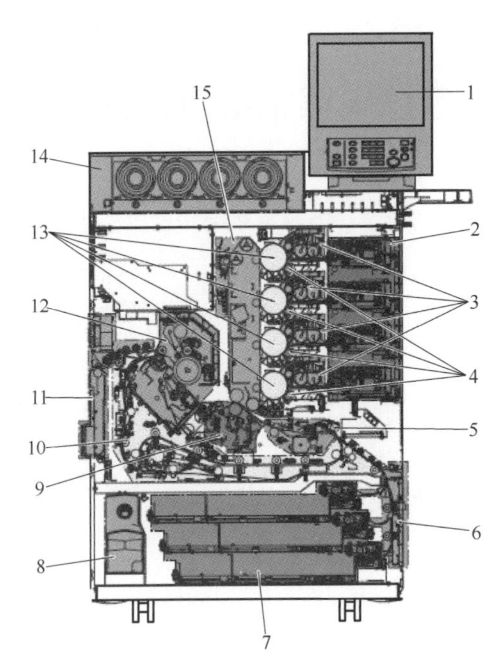

1—操作面板 2—写入 3—显影 4—充电 5—对位 6—垂直传送 7—进纸 8—废粉
9—二次转印 10—双面翻转 11—出纸 12—定影 13—光导体 14—粉仓 15—转印

图 5-3-3 KMC8000 印刷引擎内部结构

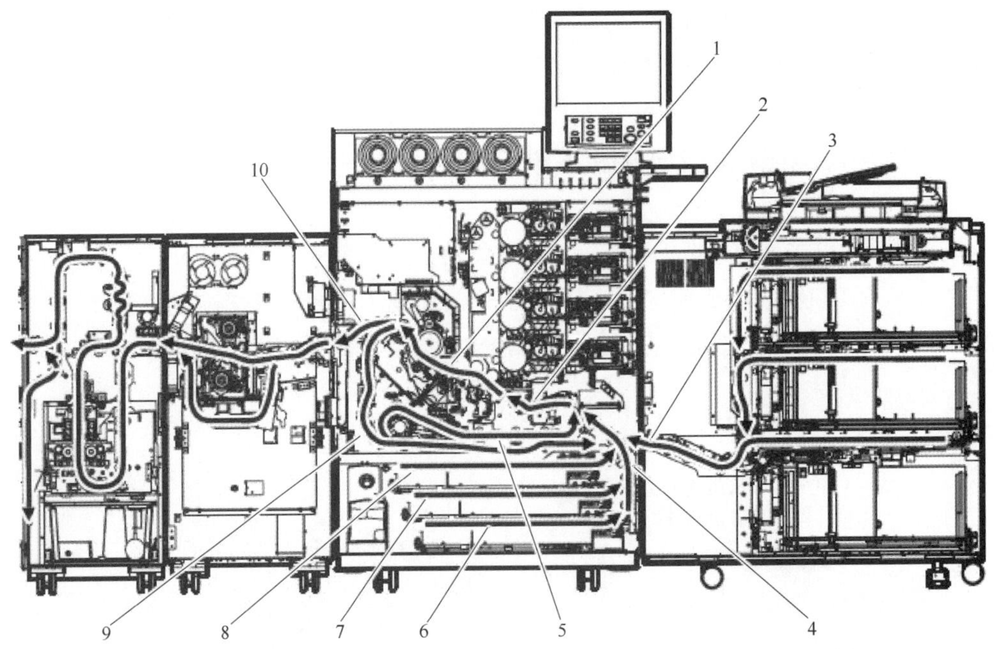

1—转印/定影传输 2—对位进纸 3—PF 进纸 4—垂直传输 5—双面 ADU 进纸
6，7，8—纸盒进纸 9—双面 ADU 反向输出 10—出纸传输

图 5-3-4 KMC8000 纸路

维护的常用工具有：感光鼓清洁剂，辊清洁剂，清洁垫，吸水擦拭纸，润滑脂。日常维护的项目非常多，本节仅介绍作为操作人员常用的维护操作。

1. 外部维护

更换防尘过滤器、臭氧过滤器，它们的位置如图 5-3-5 所示。

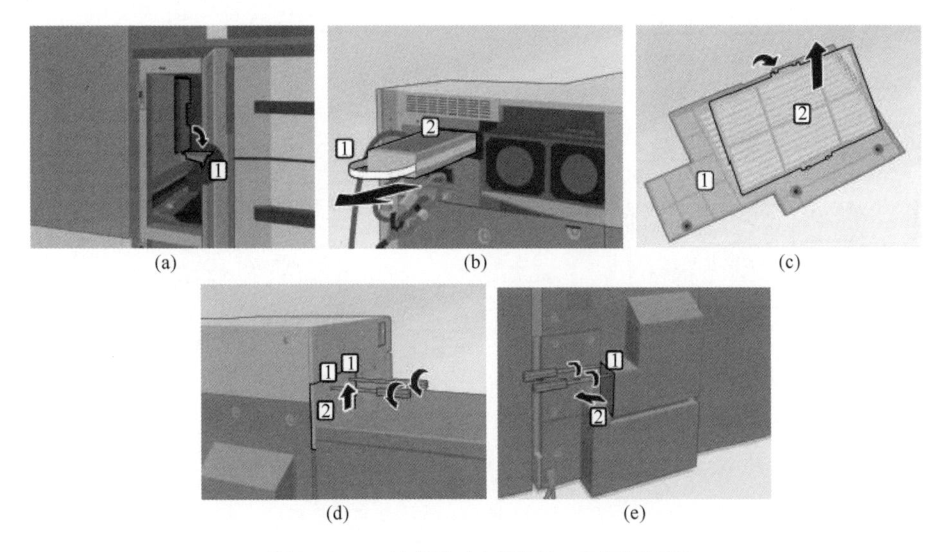

图 5-3-5　外部防尘过滤器、臭氧过滤器

（a）图 1—过滤器固定支架　（b）图 1—手柄　2—臭氧过滤器　（c）图 1—过滤器盖板　2—臭氧过滤器

（d）图 1—螺钉　2—过滤器盖板　（e）图 1—螺钉　2—过滤器盖板

（a）PF 内防尘过滤器 A　（b）后部臭氧过滤器　（c）后部防尘过滤器 B

（d）左侧防尘过滤器 C　（e）后部防尘过滤器 C

2. 写入部件的维护

清洁防尘玻璃，如图 5-3-6 所示。打开碳粉料斗单元，拉出防尘玻璃 Y1/M2/C3/K4，使用吸水擦拭纸清洁每个防尘玻璃 1 的玻璃 2，然后恢复原状。

3. 光导体部件维护

（1）打开碳粉料斗单元，如图 5-3-7 所示。打开前门 1 和 2；按下释放按钮 3，打开碳粉供应盖 4；拧开螺钉 5，然后打开碳粉单元。

（2）拉出处理单元，如图 5-3-8 所示。为了防止主机跌落，处理单元和双面器无法同时拉出。打开碳粉料斗单元，同时向内推安装手把 1 和 2，以解除对处理单元 3 的锁定，然后握住手把拉出处理单元 3。

（3）更换感光鼓单元。先拆下旧感光鼓单元，如图 5-3-9 所示。一共有四个感光鼓单元， Y/M/C 为共用部件，黑色为专用部件，已经使用过的感光鼓盒不能用于另一种颜色，否则新旧碳粉混合，会影响打印质量。拉出处理单元，拆下中间转印单元，握住图像校正单元 1 的边缘 2，然后打开下侧；提起感光鼓支架 4 的两边 5，抓住边缘，拆下感光鼓单元，四个感光鼓单元同样方式全部拆下。重新安装每个感光鼓单元时，必须保证感光鼓单元的两边卡入感光鼓安装挡块 9 和 10 的凹槽，且感光鼓单元的标记 11 与处理单元的标记 12 对齐。不能用裸手触摸或损坏光导体，拆下感光鼓单元后，要用遮光纸盖住感光鼓单元，存放在阴暗处。

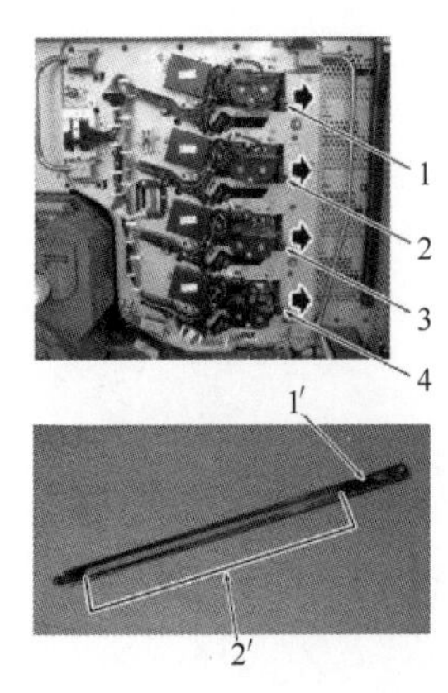

1—防尘玻璃/Y 2—防尘玻璃/M
3—防尘玻璃/C 4—防尘玻璃/K
1′—防尘玻璃 2′—防尘玻璃的玻璃

图 5-3-6 清洁防尘玻璃

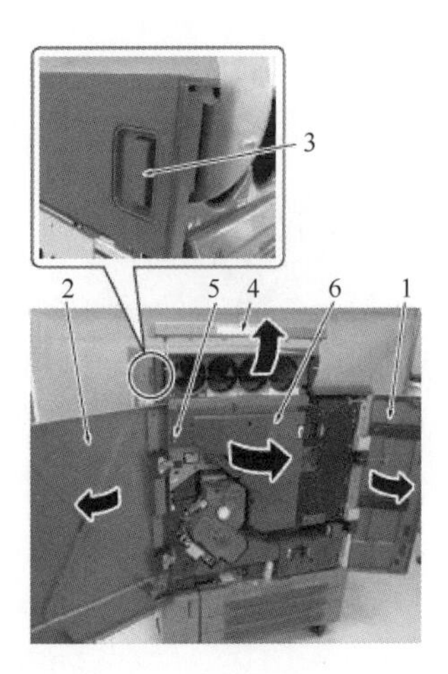

1—前门/右 2—前门/左 3—释放按钮 4—碳粉供应盖 5—螺钉
6—碳粉料斗单元

图 5-3-7 打开碳粉料斗单元

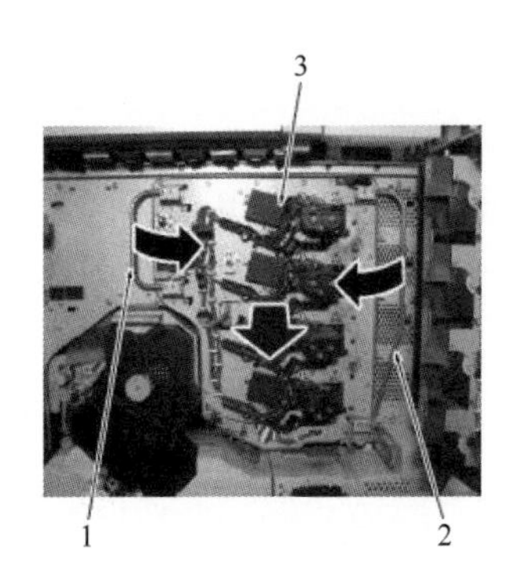

1—安装手把/左
2—安装手把/右
3—处理单元

图 5-3-8 拉出处理单元

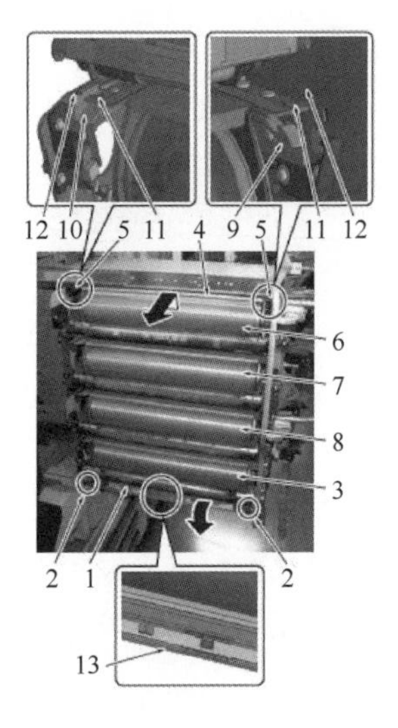

1—图像校正单元 2—图像校正单元的边缘 3—感光鼓单元/K
4—感光鼓支架 5—感光鼓支架的两边 6—感光鼓单元/Y
7—感光鼓单元/M 8—感光鼓单元/C 9—感光鼓安装挡块/前
10—感光鼓安装挡块/后 11—感光鼓单元的标记
12—处理单元的标记 13—图像校正单元的板

图 5-3-9 拆下旧感光鼓单元

如图 5-3-10 所示，安装新的感光鼓单元。图 5-3-10（a）：拆下新的感光鼓单元的 2 个螺钉 1，拆下刮板固定板 2 和 3，拆下固定胶带 4；图 5-3-10（b）：拆下螺钉 1，拆下耦合 2，拧松螺钉 3，释放刮板的压力，把图 5-3-10（a）中拆下的 2 个螺钉装入刮板固定板 5 和 6，拧紧螺钉 3，用螺钉 1 安装耦合 2；图 5-3-10（c）：将安装粉均匀涂抹在感光

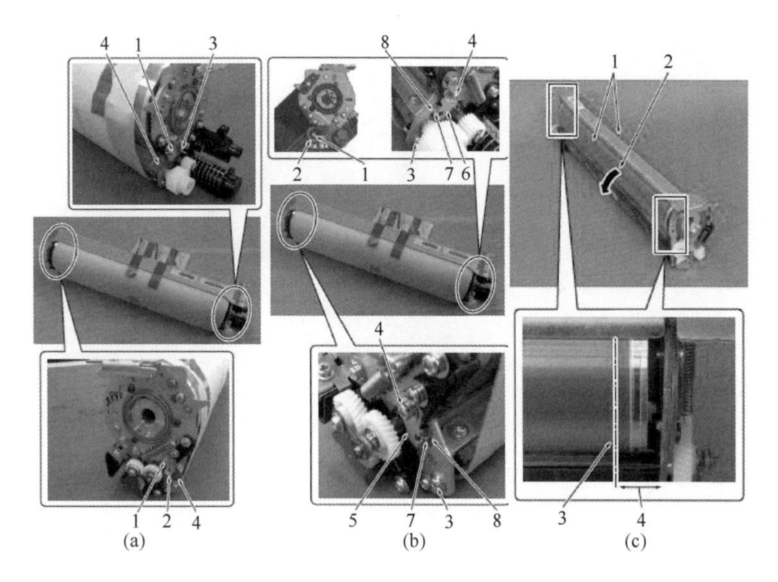

（a）图　1—螺钉　2—刮板固定板/前　3—刮板固定板/后　4—固定胶带

（b）图　1—螺钉　2—耦合　3—螺钉　4—螺钉　5—刮板固定板/前

6—刮板固定板/后　7—凸起部位　8—凹口的凸角

（c）图　1—感光鼓　2—箭头标记方向　3—边缘　4—外法兰

图 5-3-10　安装新感光鼓单元

(a) 拆下新感光鼓上刮板、胶带　(b) 拆下耦合　(c) 涂抹安装粉，翻转感光鼓

鼓 1 的两侧，然后用手指按照箭头标记的方向 2 翻转感光鼓的两端，直到看不见安装粉为止。必须用边缘 3 的外法兰 4 翻转感光鼓，不能触摸图像区域，并且必须沿正向 2 翻转，沿反向翻转会造成清洁刮板和平整刮板开裂。最后按照与拆卸相反的步骤重新安装感光鼓。

4. 充电部件的维护

更换充电电晕，如图 5-3-11 所示。一共有四个充电电晕，均为共用部件，已经使用过的充电电晕不能用于另一种颜色，否则新旧碳粉混合，会影响打印质量。打开碳粉粉斗单元，将充电电晕 1 的杆 2 向下推至右侧，然后将其拉出 3 以便拆下。重新安装充电电晕 1 时，必须检查充电电晕的凸起部分 4 是否与臭氧管 5 的凹槽对齐。按照拆卸相反的步骤重新安装充电电晕。更换充电电晕以后，要清洁防尘玻璃。

如果充电电晕还没有到需要更换的时候，只是脏了，可以执行清洁步骤，如图 5-3-12 所示，图（a）中，拆下充电电晕，拆下充电电晕清洁夹具 1。图 5-3-12（b）中，将每一种颜色的充电电晕 1 的插入口 2 插入充电电晕清洁夹具 3，然后沿着导轨 4 前后移动 5。充电电极丝 6 会被充电电晕清洁材料的绒面部位 7 擦拭，达到清洁的目的。注意不同颜色不能混用清洁材料。最后安装与拆卸相反的步骤重新安装。

5. 中间转印部件的维护

（1）拆卸中间转印单元，如图 5-3-13 所示，（a）打开碳粉料斗单元，拧松螺钉；(b)逆时

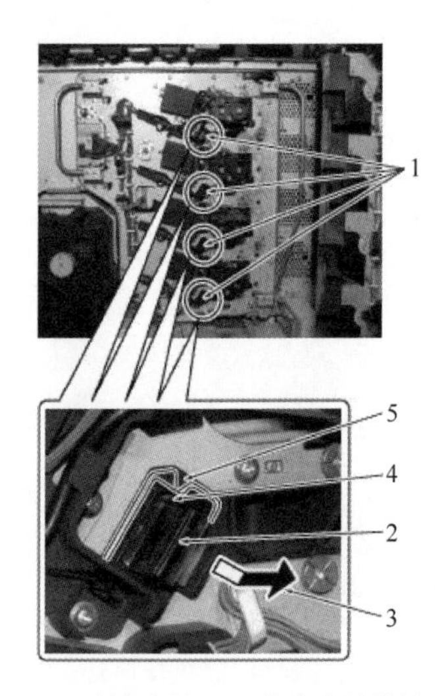

1—充电电晕 2—充电电晕的杆
3—拉出充电电晕的方向 4—充电
电晕的凸起部位 5—臭氧管

图 5-3-11 更换充电电晕

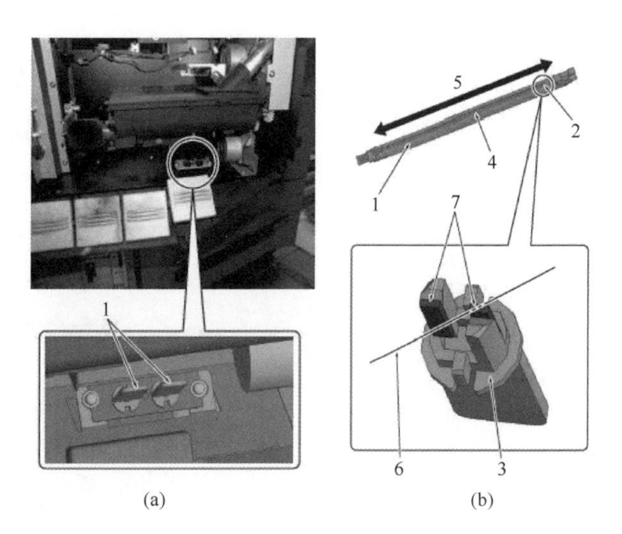

（a）图 1—充电电晕清洁夹具
（b）图 1—充电电晕 2—充电电晕的插入口 3—充电
电晕清洁夹具 4—导轨 5—前后移动 6—充电电极丝
7—充电电晕清洁材料的绒面部位

图 5-3-12 清洁充电电晕

（a）拆下充电电晕清洁夹具 （b）清洁充电电晕

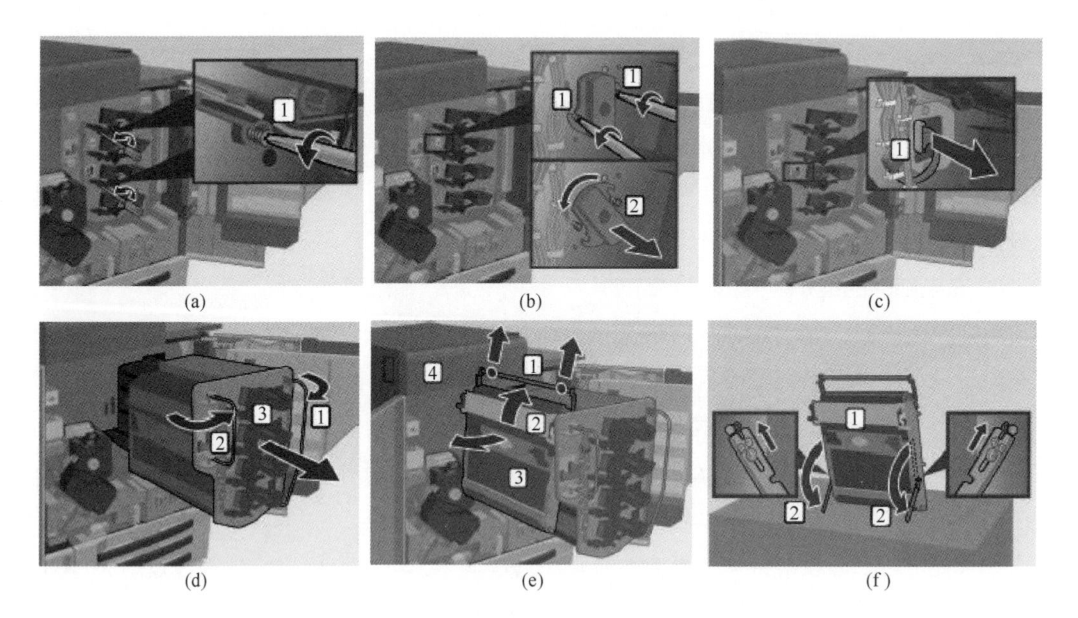

（a）图 1—螺钉 （b）图 1—螺钉 2—皮带定位轴 （c）图 1—连接头
（d）图 1—安装手把/右 2—安装手把/左 3—处理单元 （e）图 1—把手
2—中间转印单元 3—中间转印带 4—碳粉供应盖 （f）图 1—中间转印单元 2—底座

图 5-3-13 拆卸中间转印单元

（a）打开碳粉料斗单元 （b）拆下皮带定位轴 （c）断开连接头 （d）拉出处理单元
（e）拆下中间转印单元 （f）立起中间转印单元

针转动皮带定位轴，然后拆下轴；（c）断开连接头；（d）拉出安装手把，然后拉出处理单元；（e）提起把手，然后拆下中间转印单元；（f）转动中间转印单元的底座，使得中间转印单元独立站立起来。最后安装与拆卸相反的步骤重新安装。

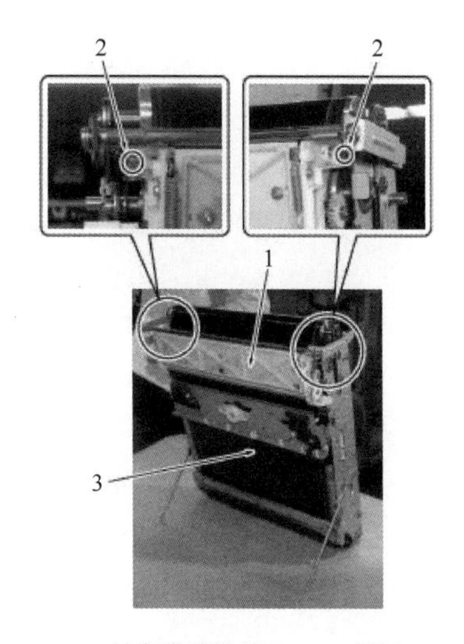

1—转印带清洁单元　2—螺钉
3—中间转印带的部位
图 5-3-14　更换转印带清洁单元

（2）更换转印带清洁单元，如图 5-3-14 所示，拆下中间转印单元；拆下转印带清洁单元。安装时与拆卸相反的步骤执行。

（3）更换转印带清洁刮板，如图 5-3-15 所示，图（a）中，拆下转印带清洁单元，拆下 4 个螺钉，然后拆下转印带清洁刮板盖；图（b）中，拆下左右两个弹簧 1，拆下 C 形夹 2，拉出刮板支撑轴 3，然后拆下转印带清洁刮板 4。按照相反的步骤安装转印带清洁刮板，然后更换转印带清洁密封垫。

（4）更换碳粉收集板，如图 5-3-16 所示，拆下转印带清洁单元，拆下 3 个螺钉 1 和碳粉收集板 2，然后拆下碳粉收集板 3。按照相反的步骤安装碳粉收集板。

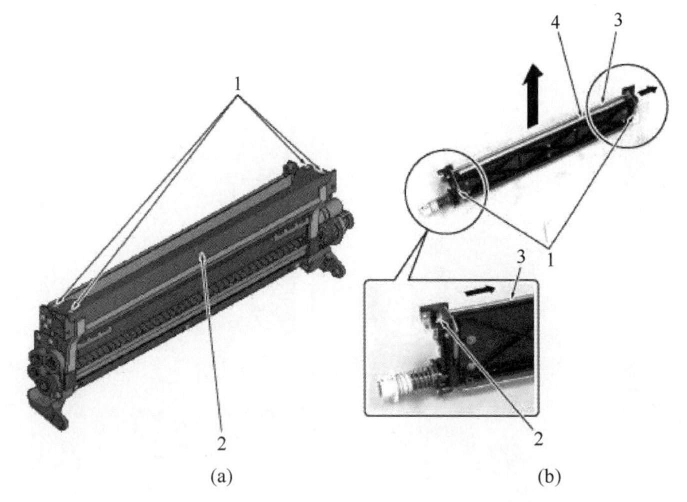

（a）图　1—螺钉　2—转印带清洁刮板盖
（b）图　1—弹簧　2—C 形夹　3—刮板支撑轴　4—转印带清洁刮板
图 5-3-15　更换转印带清洁刮板
（a）拆下转印带清洁单元　（b）拆下转印带清洁刮板

（5）更换转印带分离爪，如图 5-3-17 所示，图（a）中，拆下中间转印单元，拆下螺钉 1，然后拆下分离爪单元 2，不要用裸手触摸或损坏中间转印带 3；图（b）中，分别拆下螺钉 1，然后拆下 3 个转印带分离爪 2。按照相反的步骤安装转印带分离爪。

（6）更换中间转印带，如图 5-3-18 所示，图（a）中，拆下中间转印单元，拆下转印带清洁单元，拆下转印带分离爪，断开连接头 1，然后从两个线束夹 2 拆下线束，拆下螺钉 3，

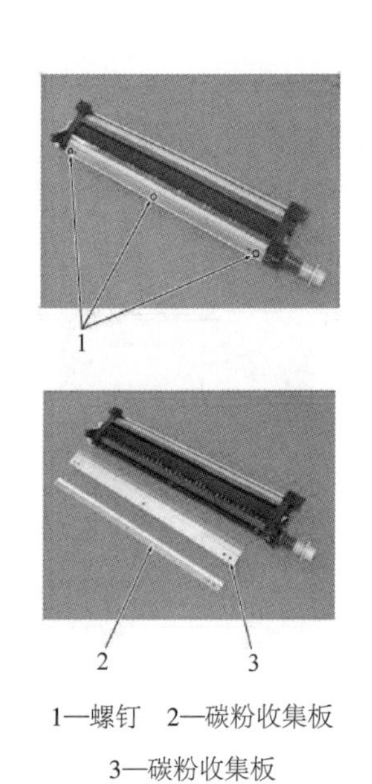

1—螺钉　2—碳粉收集板

3—碳粉收集板

图 5-3-16　更换碳粉收集板

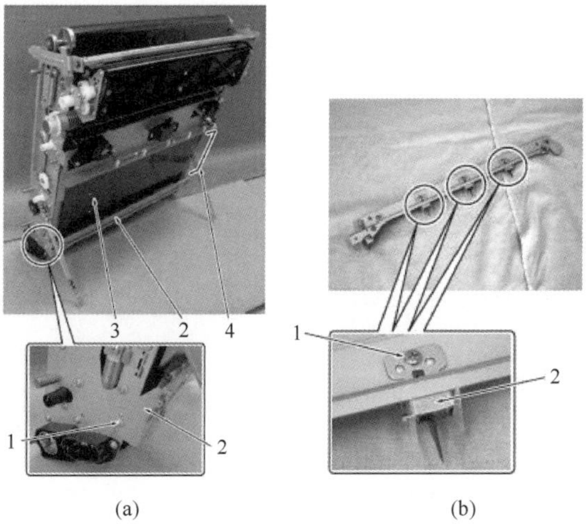

(a)　(b)

（a）图　1—螺钉　2—分离爪单元　3—中间转印带　4—中间转印带的半个区域

（b）图　1—螺钉　2—转印带分离爪

图 5-3-17　更换转印带分离爪

（a）拆下分离爪单元　（b）拆下转印带分离爪

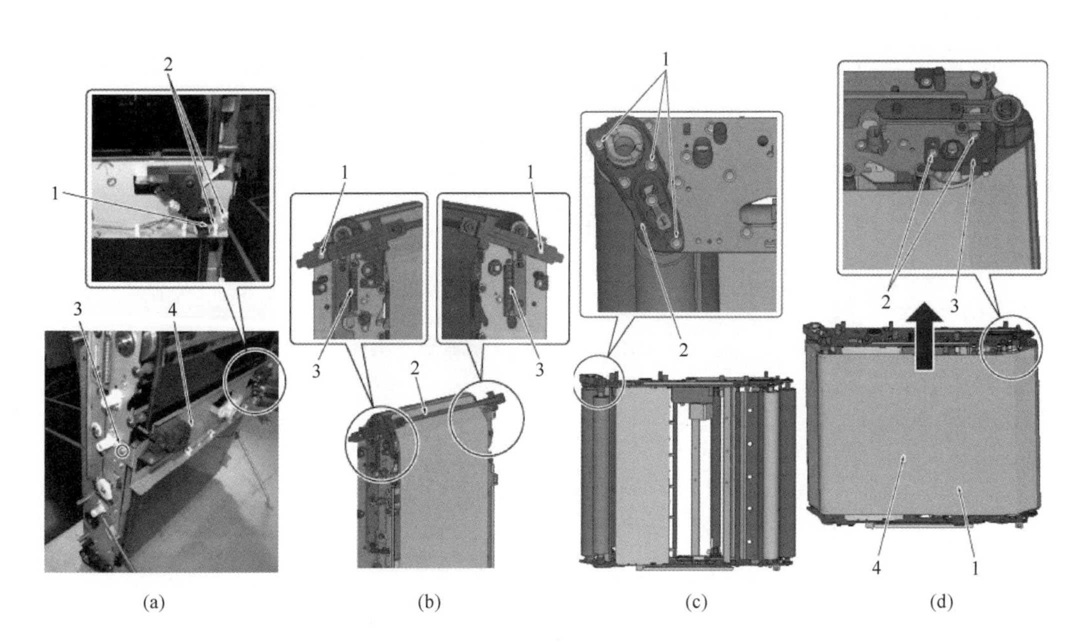

（a）图　1—连接头　2—线束夹　3—螺钉　4—传感器单元

（b）图　1—螺钉　2—把手　3—弹簧

（c）图　1—中间转印带单元螺钉　2—电源盖

（d）图　1—中间转印带单元　2—螺钉　3—转印板　4—转印带

图 5-3-18　更换中间转印带

（a）拆下传感器单元　（b）拆下螺钉、把手、弹簧　（c）立起中间转印单元　（d）拆下转印带

然后拆下传感器单元4；图（b）中，拆下2个螺钉1，然后拆下把手2，拆下2个弹簧3；图（c）中，直立放置中间转印单元，并使得其前侧朝下，拆下3个螺钉1和电源盖2；图（d）中，拆下2个螺钉2，然后拆下转印版3，通过朝上拉转印带4将其拆下。按照相反的步骤安装中间转印带。

（7）更换第一、第二转印辊，如图5-3-19所示，图（a）中，拆下中间转印带，立起中间转印单元，拆下C形夹1，拆下轴承2，然后滑动压力轴3，以松开转印释放臂4的顶部，滑动并拆下第一转印辊K5，接着拆下第一转印辊Y/M/C6；图（b）中，拆下2个爪7，然后拆下8个转印辊轴承8；图（c）中，拆下中间转印带，拆下3个螺钉1和电源盖2；图（d）中，暂时提起第二转印辊1，然后通过向下倾斜拆下辊，从第二转印辊1拆下2个轴承2。按照相反的步骤安装第一、第二转印辊。

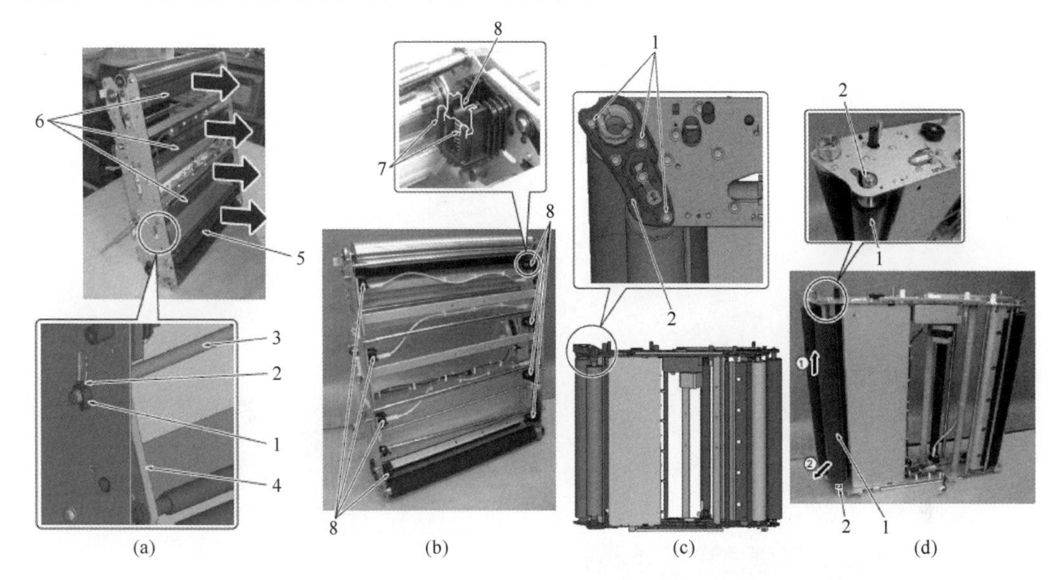

（a）图 1—C形夹 2—轴承 3—压力轴 4—转印释放臂 5—第一转印辊/K 6—第一转印辊/Y/M/C
（b）图 7—爪 8—转印辊轴承 （c）图 1—螺钉 2—电源盖 （d）图 1—第二转印辊 2—轴承

图5-3-19 更换转印辊

（a）立起中间转印带 （b）拆下爪和转印辊轴承 （c）拆下螺钉和电源盖 （d）拆下第二转印辊及其轴承

（8）清洁传感器，如图5-3-20所示，拆下中间转印单元，朝箭头所示的方向2滑动传感器挡板1，容纳后使用吹气球清洁传感器3～7，对于吹气球无法清理的碳粉污垢，用异丙醇和清洁垫进行清洁，不能用干布清洁，因为干布无法有效清除吸附的碳粉。

更换第二转印部件、显影部件、碳粉、废粉盒、进纸部件、对位部件、双面器部件、出纸部件等就不赘述了。

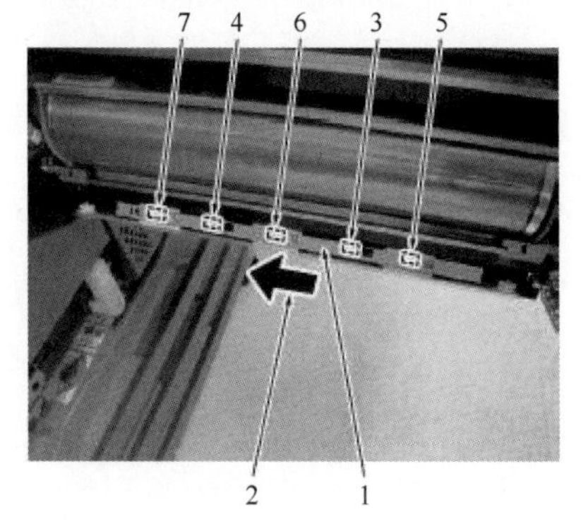

1—传感器挡板 2—滑动方向 3～7—传感器

图5-3-20 清洁传感器

6. 定影部件的维护

（1）拆卸定影单元，如图5-3-21所示，（a）打开出纸导板；（b）拧松螺钉，然后拉出定影固定板；（c）需要两人握住定影单元前部和后部的把手，进行滑动，直至将定影单元向前滑动到底，然后拆下定影单元。

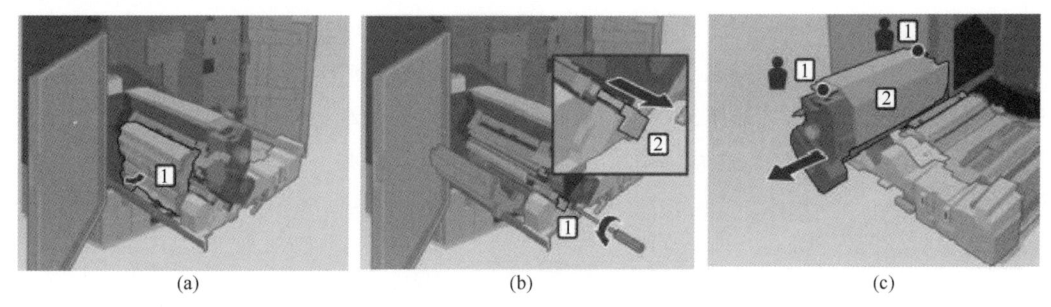

（a）图　1—出纸导板部　（b）图　1—螺钉　2—定影固定板　（c）图　1—定影单元把手　2—定影单元

图5-3-21　拆卸定影单元

（a）打开出纸导板　（b）拉出定影固定板　（c）拆下定影单元

（2）更换定影清洁带单元，如图5-3-22所示，图（a）中，从主机拉出双面器部件，

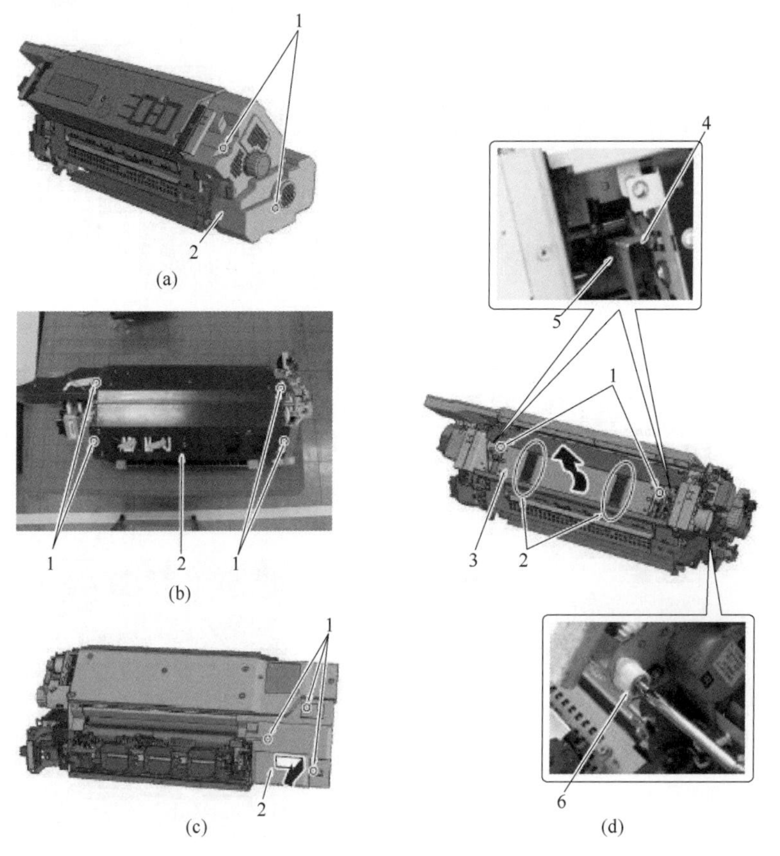

（a）图　1—螺钉　2—定影盖板/前　（b）图　1—螺钉　2—定影盖板/上　（c）图　1—螺钉　2—定影盖板/右

（d）图　1—螺钉　2—固定把手　3—定影清洁带单元　4—定影清洁带单元的弹簧　5—定影单元　6—螺钉

图5-3-22　更换定影清洁带单元

（a）拆下定影盖板/前　（b）拆下定影盖板/上　（c）拆下定影盖板/右　（d）拆下定影清洁单元

拆下定影部件，拆下 2 个螺钉 1，然后拆下定影盖板（前） 2；图（b）中， 拆下 4 个螺钉 1，然后拆下定影盖板（上） 2；图（c）中，拆下 3 个螺钉 1，然后拆下定影盖板（右） 2；图（d）中，拆下 2 个螺钉 1，然后按箭头所示方向拆下固定把手 2 的定影清洁单元 3。

定影外部加热单元、定影温度传感器组件、定影加热器、定影辊组件、定影带单元、定影出纸导板组件、定影出纸辊、定影清洁辊组件等都按需更换。

三、彩色静电照相数字印刷机的维护案例 2

RICOH Pro C7100X 彩色静电照相数字印刷机的成像部件水平排列，因此印刷机相对柯美的机型占地面积比较大。柯达 NX3000 的成像部件也呈水平排列。

1. RICOH Pro C7100X 的特点

C7100X 的常规纸张的印刷速度为 90 页每分钟，打印分辨率可达 1200dpi ×4800dpi。除了正常的 CMYK 四色以外，还加了一个第 5 色组， 可选颜色为透明、白色、荧光粉、荧光黄色粉，用于特殊效果的制作。其外形如图 5-3-23 所示。

图 5-3-23　RICOH Pro C7100X 外观

C7100X 除了基本配置以外，有很多可选配置，比如横幅纸选件、介质识别套件、小册子制作工具等，可以根据需要选配，如图 5-3-24 所示。每个送纸装置由两个纸盘，一个纸盘的最大容量为 2500 张，所以每个送纸装置最大容量是 5000 张，系统最多可连接三个送纸装置，送纸装置之间需要配备桥接单元。

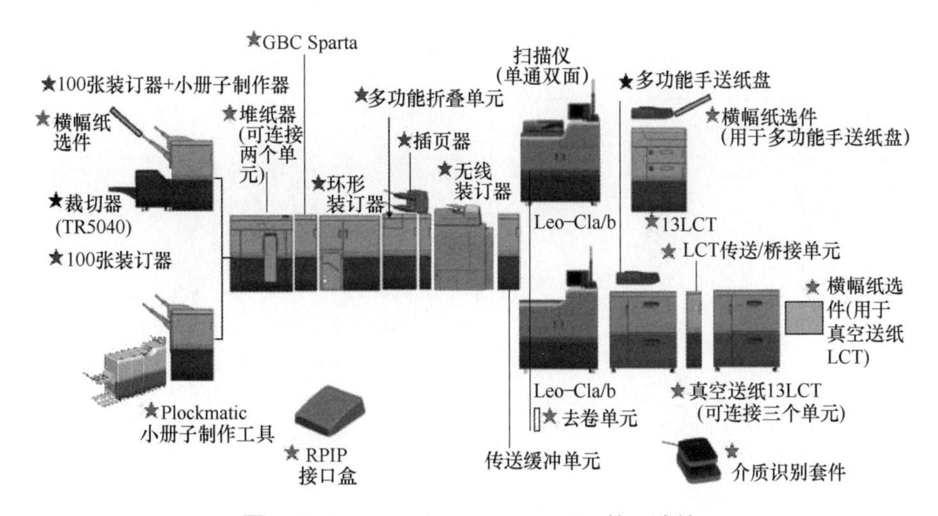

图 5-3-24　RICOH Pro C7100X 的可选件

C7100X 有如下特点：新化学色粉；AC 转印电流；弹性定影带；定影带平滑辊；显影电场调制系统；冲击抖动消除；第 5 色组；横幅打印。

（1）采用新化学色粉，色彩再现得以改进；色粉堆积高度降低；新色粉熔点低，更节能。由于色彩再现得以改进，用较少的色粉即可展示较高的色彩浓度及饱和度。与旧色粉相比，相同图像的色粉量对于普通纸少用了 10%，对于铜版纸少用了 20%。还可以根据纸张类型自动更改色粉粘附量。在光面纸上打印时，色粉粘附量比在普通纸上少 10% 左右。这样可防止在铜版纸上过度光亮输出，针对各种纸张类型产生合适的光泽度。新色粉的堆积高度低于旧色粉产品，打印在纸张上的粗糙度将降低。

（2）在该机型中，AC 用于转印电流。这会将更多色粉转印到纹理纸，可确保对此类型纸张具有更佳的粘附力，如图 5-3-25 所示。AC 将部分色粉吸引到纸张，当极性反接时，色粉移回。但是，该色粉仍残留在皮带上的色粉时，将影响粘附到皮带的能力。然后，当极性再次反接时，转印到纸张的色粉量会比第一次多。

（3） C7100X 中，定影带具有更厚的弹性层，可使色粉到达纹理纸的压痕区域，如图 5-3-26 所示。

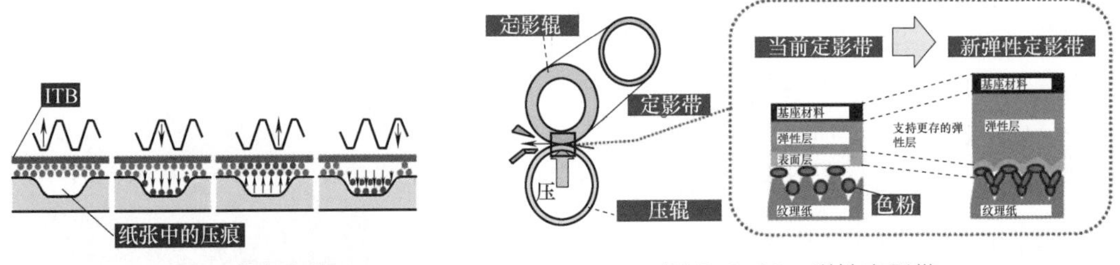

图 5-3-25 转印电流　　图 5-3-26 弹性定影带

（4）连续送入边缘粗糙的纸张时，定影带表面可能损坏。尤其是在所用纸张比边缘粗糙的纸张更宽的情况下，此类损坏将导致打印件上出现划痕。为去除这些划痕，机器安装有定影带平滑辊，如图 5-3-27 所示。定影带平滑辊按压并摩擦皮带表面，以使纸张边缘导致的粗糙部分变得平滑。利用此项技术，无需针对不同类型的纸张使用数个定影单元。

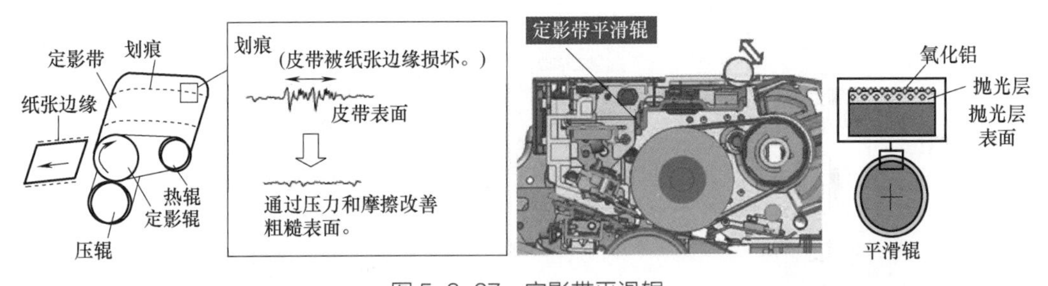

图 5-3-27 定影带平滑辊

（5）印刷品上经常会出现条带，出现条带的其中一个原因在于鼓与显影辊之间的距离发生变化。这是由鼓、充电辊及显影辊旋转的较小偏心率所导致，从而造成鼓上的电荷发生变化。显影辊与 OPC 鼓之间的间隙改变时，由于粘附到潜像的色粉量改变，将出现图像浓度不均匀，从而会出现条带。C7100X 使用显影电场调制系统，简称为 DEMS，来调整转印到潜像的色粉量，如图 5-3-28 所示。

当鼓、充电辊及显影辊转动时， ID 传感器监控图案浓度变化。然后，在打印过程中，根据ID传感器读数，针对鼓和显影辊的转动调整显影偏压及充电电压。评估期间，观察到DEMS浓度变化降低约40%时，机器通过鼓原位传感器和显影辊原位传感器监控和调整鼓和显影辊的转角。

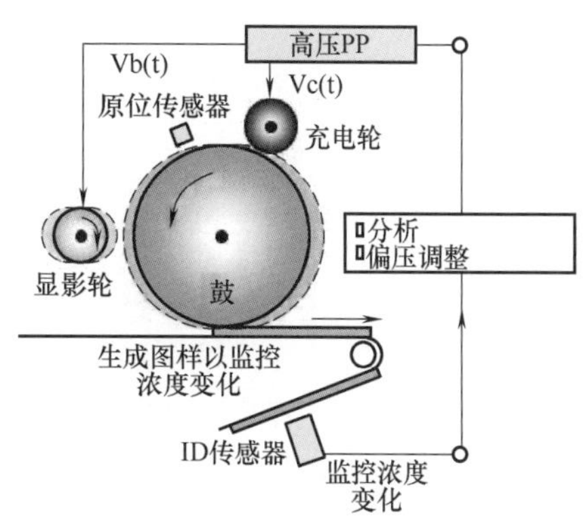

图5-3-28　显影电场调制系统

（6）纸张转印单元处辊间的空隙可由系统根据设定的纸张重量自动调整，消除冲击抖动该设置也可以手动调整，如图5-3-29所示。

（7）C7100X的有一个很大的优势就是第5色组。图5-3-30中，上面的粉仓里面是YMCK，下面红色圈内就是第五色。

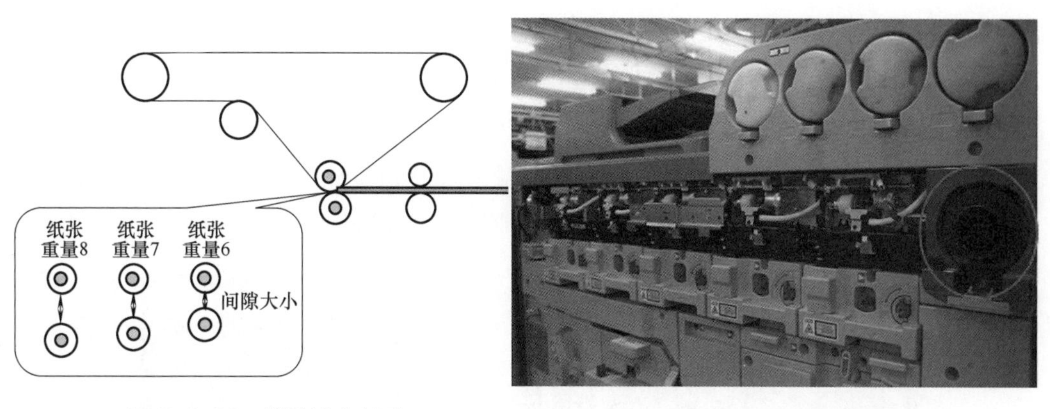

图5-3-29　消除冲击抖动

图5-3-30　第五色组

第5色组可以是透明色粉或者白色色粉。透明色粉可以做出特殊的设计效果。比如局部上光、泛光、表面保护、水印，主要应用在明信片、名片、海报、包装上。白色色粉可以在彩色承印物或者透明承印物打印。比如很多高端礼品的包装中，在硫酸纸上用白色色粉印图案，有朦胧效果。

使用透明色粉的目的是提高光泽度，并与上光漆相同，生产具有竞争力的图像。白色的白度和亮度受所用介质及色粉量的影响，如图5-3-31所示。对于较暗的介质，需增加色粉用量，以使其与打印在浅色介质上的白度和亮度相同。白色色粉使用量可由操作员调整，默认用量的设置应使透明介质具备足够的白度。

(a)

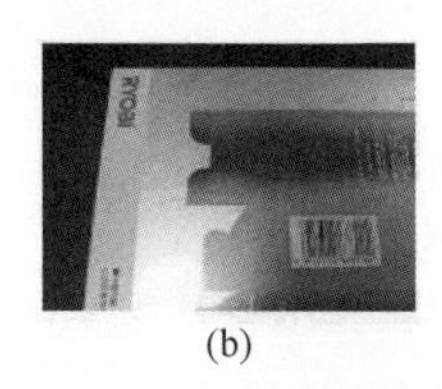

(b)

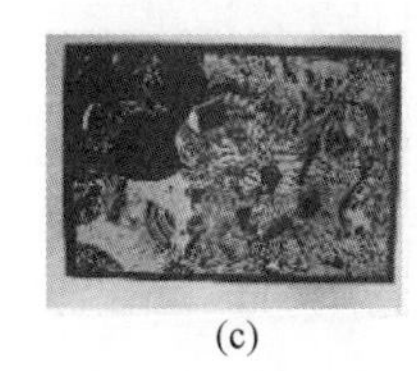
(c)

图5-3-31　不同介质与色粉量

（a）透明介质　（b）金属介质　（c）黑色介质

要用好第五色组，需要准备插图的插件，如图5-3-32所示。通过该插件，有3个不同的工具可供使用：局部上光工具，图片工具，框架工具。局部上光工具可以通过在一个区域的周围进行点击，实现对该区域上光。图片工具可对文件内的单个图片或区域涂色。框架工具可以对整张纸进行泛光处理。

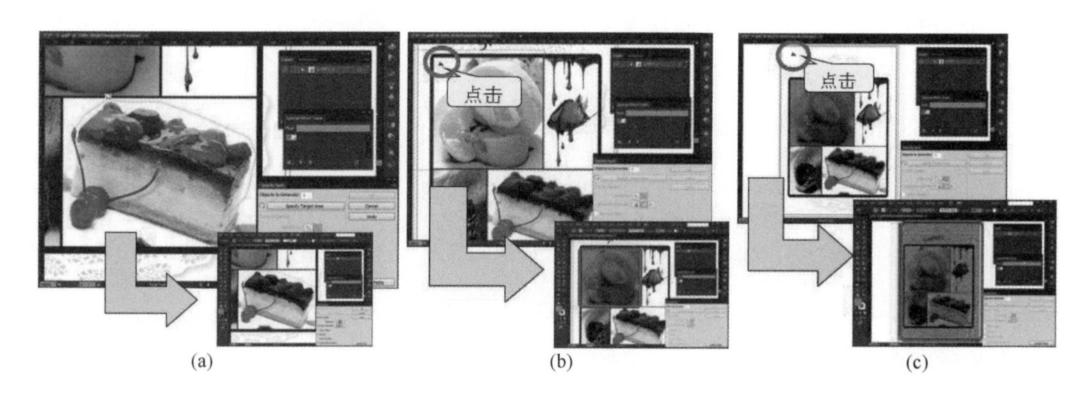

(a) (b) (c)

图 5-3-32 插件

（a）局部上光工具 （b）图片工具 （c）框架工具

（8） C7100X 可以配备多功能手送横幅纸纸盘，来实现横幅打印，印品如图 5-3-33 所示。通过横幅纸纸盘选件，横幅纸打印支持最大纸张 700mm。通过手动横幅进纸，可以打印书籍封面、多功能折叠菜单、多功能折叠宣传册、横幅等应用。

图 5-3-33 横幅纸印品

2. RICOH Pro C7100X 的系统结构

RICOH Pro C7100X 和其他数字印刷机一样，主要由送纸装置、印刷引擎、收纸装置和控制台组成。印刷引擎的结构图如图 5-3-34 所示。本节主要介绍纸路、激光单元、光电导体和显影单元（PCDU）、定影单元和清洁单元。

（1）纸路

图 5-3-35 中的红线显示了纸张在印刷机中经过的路径。印刷引擎下方有两个纸盒，右侧输纸模块有三个纸盒，输纸模块上方是横幅进纸模块，纸张从纸盒出来以后，进入扫描复印区域，或者单面印刷，或者双面印刷。整个纸路部分都有可能发生卡纸，所以一定要对纸路非常熟悉。

图 5-3-36 中所指位置是图 5-3-35 中的 10—纸张对位单元。数字所指都是各类供纸来源，所有供纸源的纸张，都要先到达纸张对位单元。该单元的作用是通过纸张拱起来调整修正纸张的歪斜，并通过传感器和滑动移动辊对纸张完成横向对位。

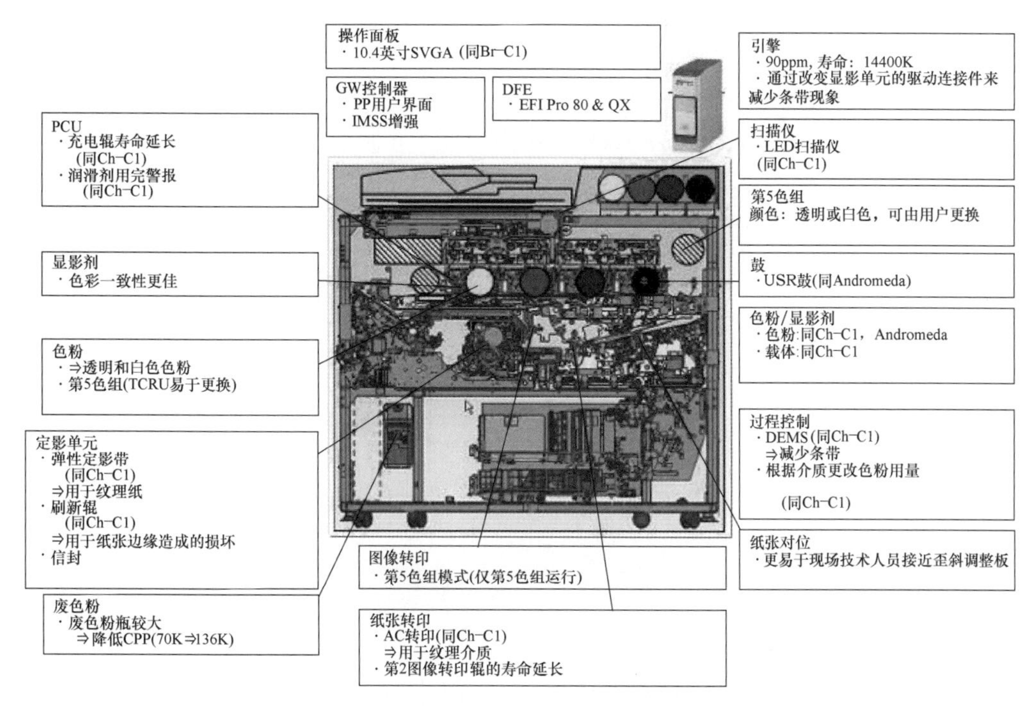

图 5-3-34 RICOH Pro C7100X 的印刷引擎

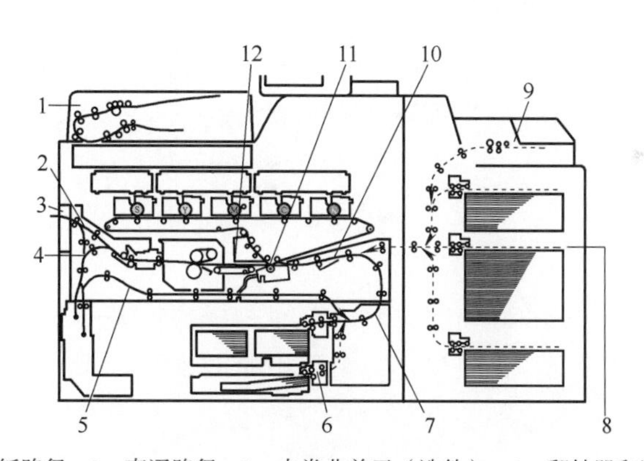

1—原稿送纸路径 2—直通路径 3—去卷曲单元（选件） 4—翻转器和清除路径
5—双面纸张路径 6—纸盘 7—垂直纸张路径 8—桥接单元（选件）
9—多功能手送（选件） 10—纸张对位区域 11—图像转印区域 12—传送皮带

图 5-3-35 纸路

图 5-3-37 是单面印刷的送纸路径，数字分别是：1—歪斜和横向修正的纸张对位；2—色粉图像转印到纸张；3—通过传送带传送至定影单元；4—定影单元；5—纸张冷却单元，在出纸活接门上方；6—出纸，面朝上传送。

图 5-3-38 是双面印刷的送纸路径，数字 1 ~ 5 和单面印刷路径一样，数字 6 ~ 11 是双面路径。接着图 5-3-37 的 5—纸张冷却单元，后面是：6—翻转活接门；7—翻转器/双面纸盘；8—双面路径；9—送入垂直传送路径；10—出纸；11—进入收纸单元。过程是：纸张退出纸张冷却单元 5 时，出纸活接门打开并将纸张引到 6 处的翻转活接门。此活接门将纸张

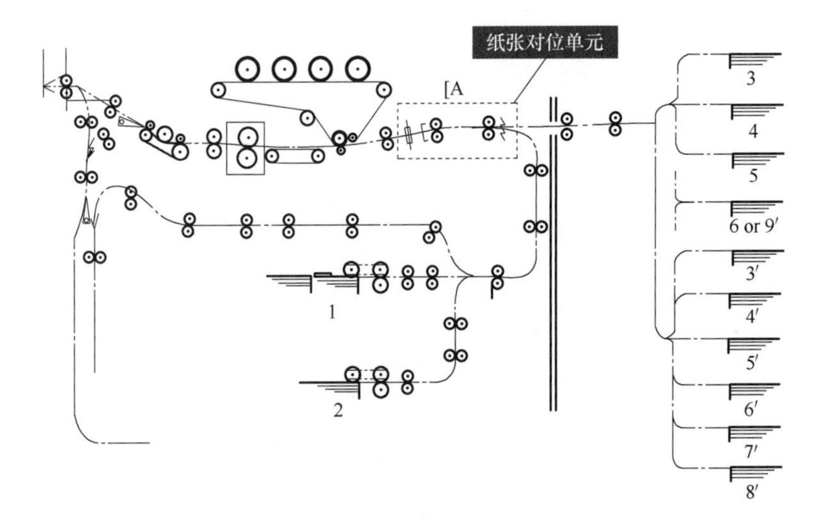

1～6，3′～9′各个供纸源

图 5-3-36 纸张对位单元

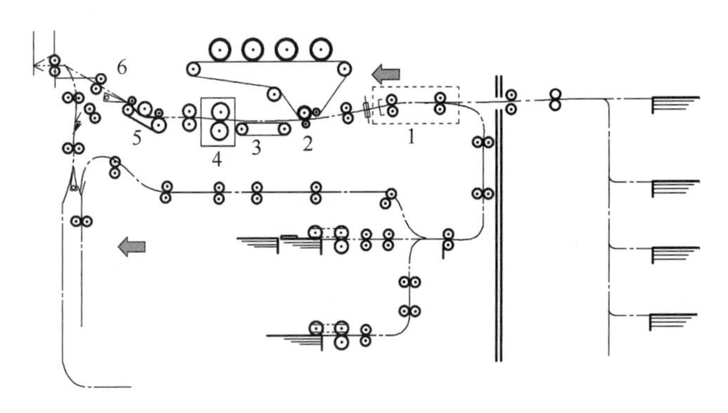

1—纸张对位单元 2—图像转印 3—纸张传送 4—定影单元 5—纸张冷却单元 6—出纸

图 5-3-37 单面印刷的送纸路径

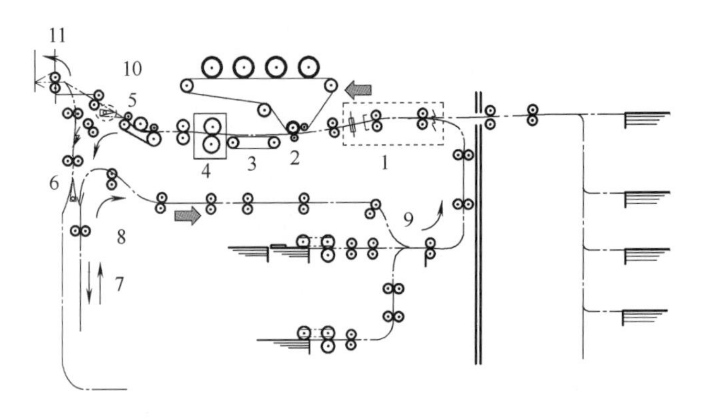

1—纸张对位单元 2—图像转印 3—纸张传送 4—定影单元 5—纸张冷却单元 6—翻转活接门

7—翻转器/双面纸盘 8—双面路径 9—垂直传送路径 10—出纸 11—收纸单元

图 5-3-38 双面印刷的送纸路径

引到翻转/双面纸盘 7，在此处停止并反向送入双面路径 8。在 9 处，纸张下降并送入垂直纸张路径。在 1 处再次对位之后，将打印并定影纸张反面。纸张在 10 处离开纸张冷却单元后，出纸活接门保持关闭，纸张在 11 处退出。

（2）激光单元

C7100X 有三个单独的激光单元，分别对应 YM，CK，S，如图 5-3-39 所示。YM 和 CK 激光单元各有两个激光束，每种颜色有一个。在 YM 和 CK 单元中，各激光单元的一个多角镜电机处理两种颜色的激光反射。各激光单元有一个热敏电阻，用以监控单元周围的温度。

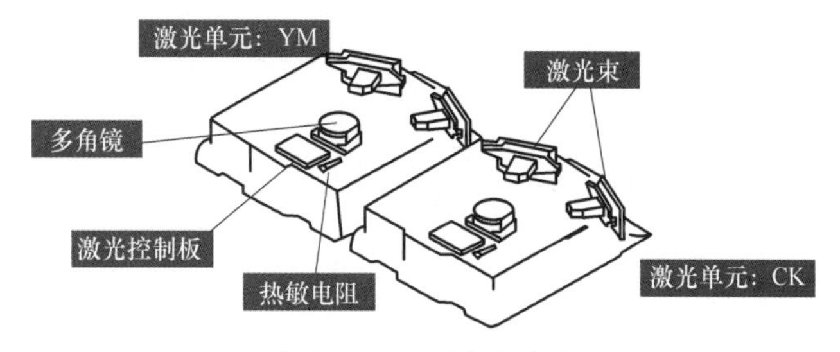

图 5-3-39　激光单元

（3）光电导体和显影单元

图 5-3-40 是光电导体和显影单元，简称 PCDU。KCMYS 五种颜色，每种颜色有一个 PCDU。第 5 色组 PCDU 低于其他色粉色组 3mm，从而降低白色或透明色粉在仅通过第 5 色组打印时粘附在其他鼓上的可能性。因此，第 5 色组充电辊清洁辊电磁铁的连杆较长，电位传感器的形状也与 KCMY 不同。

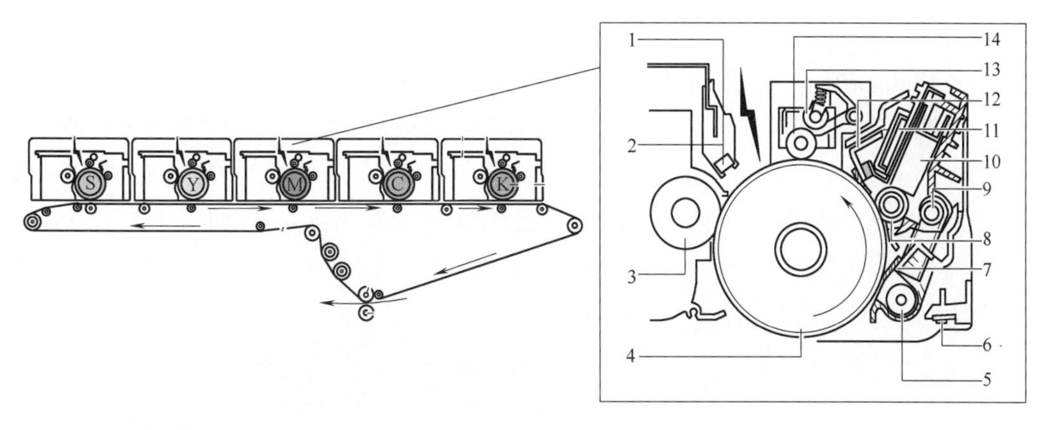

1—温度/湿度传感器（仅用于 K）　2—电位传感器　3—显影辊　4—鼓　5—第一收集盘管　6—消电灯　7—清洁刮板　8—润滑辊　9—第二收集盘管　10—润滑棒　11—润滑剂用完检测　12—润滑刮板　13—充电辊清洁辊　14—充电辊

图 5-3-40　光电导体和显影单元

显影在鼓上的图像转印至 ITB（转印单元）。所有四种颜色均在相同 ITB 循环中转印。彩色图像按顺序 S，Y，M，C，K 从 PCDU 转印至 ITB。鼓、清洁单元和充电单元可互换（所有颜色都由相同部件组成）。显影单元有两种类型，一种针对 CMY，一种针对 KS。

所有 PCDU 均使用充电辊对鼓表面充电，无充电电晕单元，如图 5-3-41 所示，充电辊将均匀负电荷施加到鼓表面；鼓电位传感器测量鼓表面的电荷；消电灯在每次打印周期结束后消除鼓表面的电荷；充电辊清洁辊根据打印次数设置间隔清洁充电辊。

充电辊和鼓之间有一个小间隙，如图 5-3-42 所示，每个 PCDU 都有一个充电辊对鼓进行充电。

1—充电辊 2—鼓电位传感器

3—消电灯 4—充电辊清洁辊

图 5-3-41 鼓充电

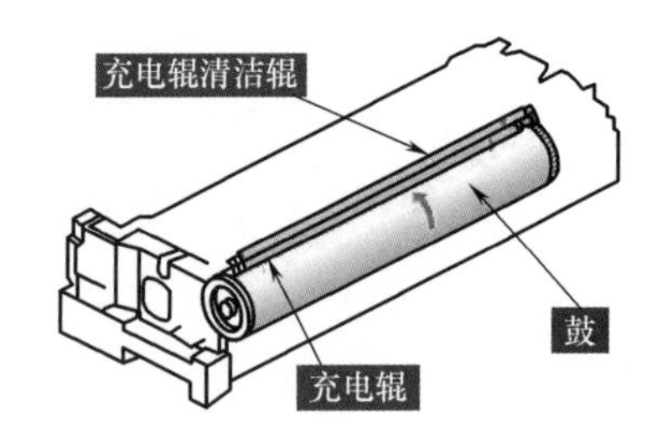

图 5-3-42 充电装置

充电辊也需要清洁，如图 5-3-43 所示。一个弹簧使充电辊的清洁辊平时不接触充电辊。打印一定量的纸张后，控制充电辊的清洁辊的电磁铁激活，并拉动致动器臂压紧弹簧，从而使充电辊的清洁辊与充电辊接触。清洁辊可以清除充电辊上的小微粒、色粉及纸屑。

若要提高清洁效率，需对鼓进行清洁和润滑，如图 5-3-44 所示。鼓清洁刮板刮掉鼓上的色粉，收集到的色粉落入一次收集管内，该盘管吸起从鼓上收集到的色粉移动至 PCDU 后部的端口，导入废色粉传送路径。废色粉传送盘管上方有一片聚酯薄膜。背对聚酯薄膜转动时，螺旋钻造成的轻微振动可防止废色粉在盘管内聚集。润滑剂棒将干燥润滑剂涂到鼓润滑剂毛刷辊上，鼓润滑剂刮板使润滑剂均匀涂在鼓上。润滑剂收集盘管收集多余润滑剂或其他

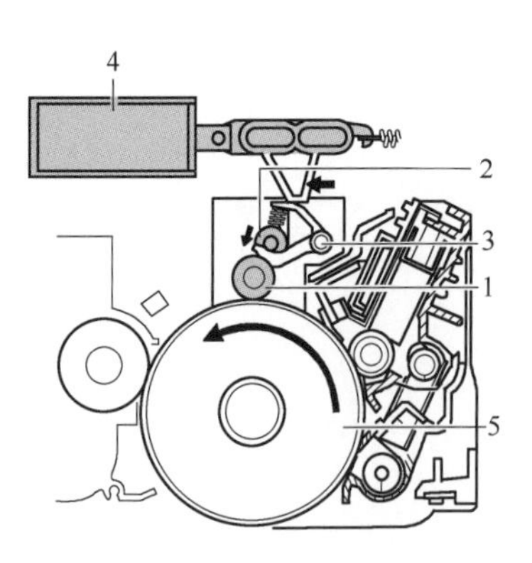

1—充电辊 2—充电辊清洁辊

3—致动器臂 4—致动器 5—鼓

图 5-3-43 充电辊清洁

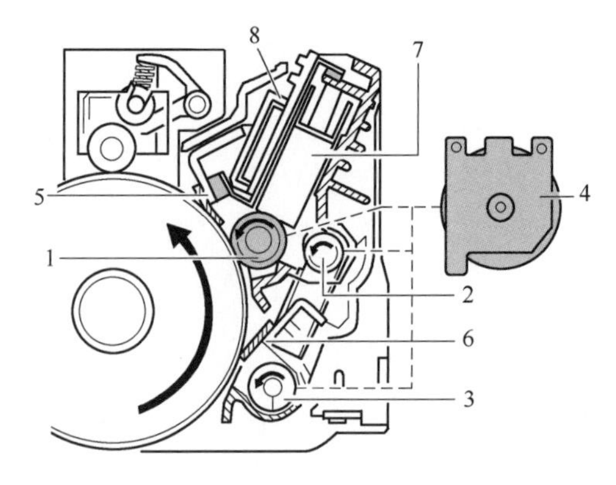

1—鼓润滑剂毛刷辊 2—润滑剂收集盘管 3—废色粉收集盘管

4—鼓清洁电机 5—鼓润滑剂刮板 6—鼓清洁刮板

7—润滑剂棒 8—润滑剂用完检测传感器

图 5-3-44 鼓清洁和润滑

废料，并将其移动至单元后部。润滑剂用完检测传感器实时检测润滑剂的余量，防止鼓因润滑剂用完而磨损。每个 PCDU 里面都有一个鼓清洁电机，用于驱动 PCDU 清洁单元内的所有移动部件。

每个 PCDU 均有一个显影单元，如图 5-3-45 所示。三个螺旋钻移动该单元内的色粉。除散热片外，单元后部的冷却板冷却 PCDU，以使色粉显影剂混合物保持最佳温度。冷却板接触流过 PCDU 后方管子的液体冷却剂。单元顶部的通风过滤器允许空气逸出，并释放单元内积聚的压力。溢出管道和色粉收集器为显影辊下方增加的新设备，可防止色粉散落。溢出管吸取少量从显影辊上方落下的多余色粉，并将其存在色粉收集器内。

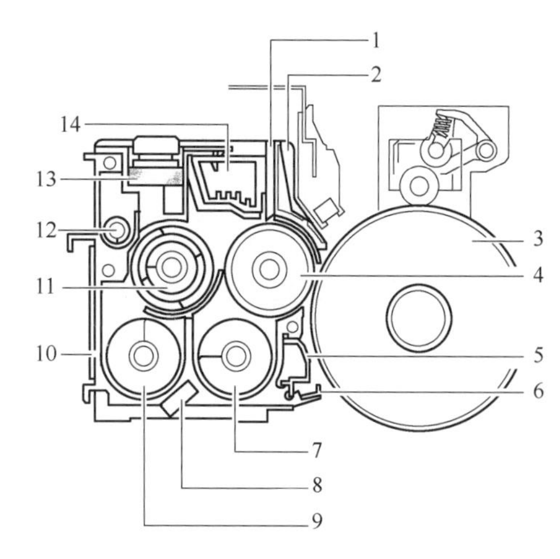

1—刮墨刀　2—入口密封件　3—鼓　4—显影辊　5—溢出管道　6—色粉收集器　7—右传送螺旋钻　8—传感器　9—左传送螺旋钻　10—冷却泵　11—上传送螺旋钻　12—显影剂收集盘管　13—通风过滤器　14—散热片

图 5-3-45　显影单元

显影单元有两种类型：CMY 单元和 KS 单元。CMY 显影单元中，鼓和显影辊之间的间隙，刮刀间隙，都比较大，以降低出现条带的可能性。KS 的显影单元上有一个标记 A，如图 5-3-46 所示。

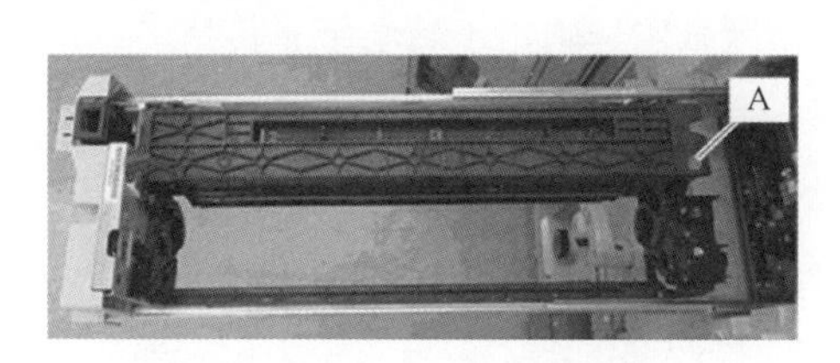

图 5-3-46　KS 的显影单元

（4）定影单元

C7100X 的定影组件如图 5-3-47 所示。加热辊为铝辊，带一套定影灯。加热辊将热施加到定影带上，当机器在待机模式时，它还保持定影带的热量，加热辊内有一个热管，用以提供热转移并防止沿轴的温度偏差。

压辊有一个金属芯提供硬度，并由铁氟龙覆盖，以防止色粉粘着于其表面，当机器在待机模式时，通过定影灯施加热量，以保持压辊温度。压辊和定影辊之间是压力驱动定影带。当纸张在定影辊和压辊之间退出时，折状卡纸传感器可以检测到卡纸。通过检查纸张在正确的时间到达定影出纸口，定影出纸传感器在定影出纸口可以检测到卡纸。恒温器含双金属元件，如果定影单元过热，则这些元件变形并切断定影单元的电源，恒温器必须在定影单元电源切断后才能更换。

热敏电阻含金属元件，其电阻随温度变化而变化。热敏电阻用于监控定影辊和压辊温度，以便于定影温度控制。如果检测到过热，热敏电阻也会触发报警。与恒温器不同的是，热敏电阻在过热时不需要更换。

NC 传感器为遥控的非接触温度传感器，含有两个精密热敏电阻并采用红外技术。与金属热敏电阻不同，NC 传感器不接触辊轮或定影带，由红外温度传感器将热能转换为电能。

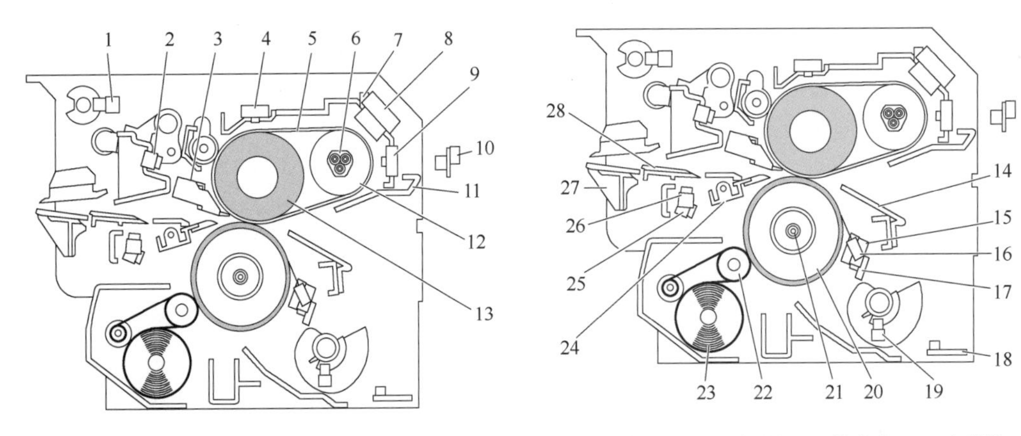

1—定影带平滑辊接触传感器 2—折状卡纸传感器 3—定影带分离爪 4—定影辊 NC 传感器 5—定影带 6—加热辊定影带 7—加热辊热敏电阻 8—加热辊恒温器 9—加热辊 NC 传感器 10—加热辊热敏电阻（安装在主机上，监控皮带表面的温度） 11—进纸导板（上部） 12—加热辊 13—定影辊图 14—进纸导板（下部） 15—压辊恒温器 16—压辊热敏电阻 17—压辊 NC 传感器 18—定影单元 ID 板 19—压辊凸轮位置传感器（A/B） 20—压辊 21—压辊定影灯 22—清洁网接触辊 23—清洁网供应辊 24—压辊分离爪 25—压辊纸张传感器 26—定影单元出纸传感器 27—出纸导板-下部 28—出纸导板-中继

图 5-3-47 定影单元

如果传感器检测到过热，则机器停止，发出错误信息。

定影单元通过定影电机驱动，如图 5-3-48 所示纸张传送辊用于转动纸张传送带，从而将纸张送纸定影元进纸口。加热辊不是由电机直接驱动，它是空转辊。定影辊辊隙宽度无调整，但有三个压力设置，可通过用户工具根据纸张类型来选择。

压辊提升机构紧靠定影辊和定影带提升压力单元和压辊，如图 5-3-49 所示，并在作业结束时将其降低。提升量取决于纸张类型和尺寸，较厚较宽的纸张需要的压力比较薄较窄的纸张多。 所有压辊提升位置均可在用户程序模式下调整。压辊提升电机顺时针转动以升起压辊，逆时针转动以降低压辊。当机器空转时，压辊向下回到原位，它不接触定影辊和定影

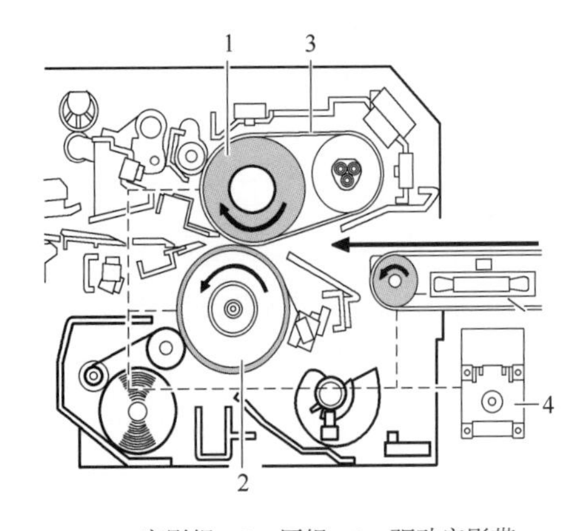

1—定影辊 2—压辊 3—驱动定影带
4—定影电机

图 5-3-48 定影单元的驱动

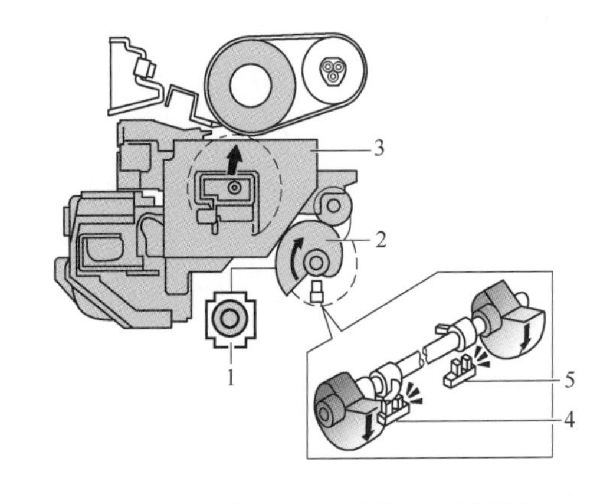

1—压辊提升电机 2—凸轮 3—提升压力单元 4—传感器 A 5—传感器 B

图 5-3-49 压辊提升机构

带，这能防止压辊在机器不运行时损坏软定影辊，还能延长两个辊的寿命。当作业开始时，压辊提升电机开启，并顺时针转动凸轮，凸轮紧靠提升压辊臂和压辊抵住定影辊和定影带。提升电机（步进电机）在与纸张类型相应的时间停止并保持处于向上位置，直至作业完成。提升电机的时间计数开始于致动器进入压辊凸轮位置传感器 A 的间隙。在作业结束时，电机反转，降低压辊，使其离开定影辊，并在致动器离开压辊凸轮位置传感器 B 时停止。如果定影单元被拉出，则辊自动转到原位。因此，如果有问题，应立即拉出定影单元，以防止因持续增压而造成的定影辊损坏。

图 5-3-50 是定影清洁单元。清洁网电机转动清洁网卷取辊片刻，然后停止。清洁网卷取辊拉动清洁网接触辊和压辊之间的清洁网，浸有硅油的布料收集压辊表面的纸屑。在打印的固定间隔，清洁网电机开启一段时间，完成辊之间新进的清洁网的拉动工作。

如果清洁网供应辊和清洁网接触辊之间有织物展开，则致动器臂停留在清洁网织物上，如图 5-3-51 所示。当致动器保持在清洁网用完传感器上时，机器继续运行。当清洁网用完时，致动器落入清洁网用完传感器，则发出清洁网用完信息，此时，必须更换定影清洁单元。

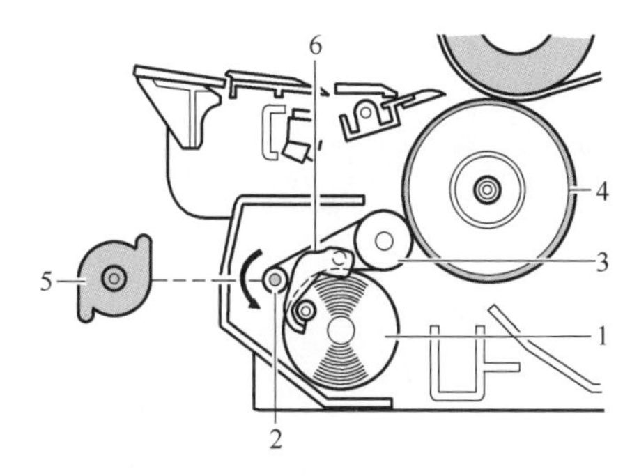

1—清洁网供应辊　2—清洁网卷取辊　3—清洁网接触辊　4—压辊　5—清洁网电机　6—致动器

图 5-3-50　定影清洁单元

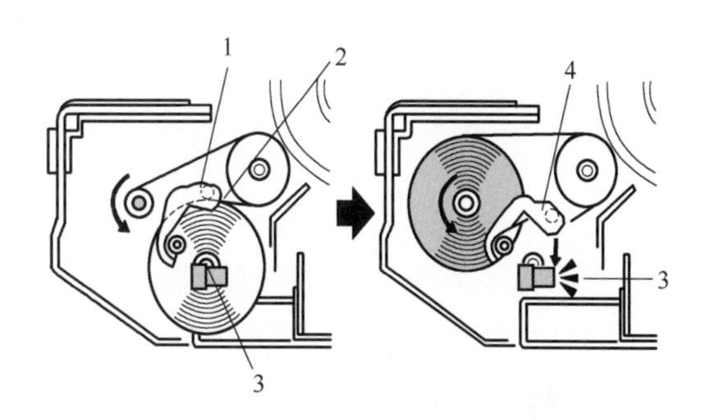

1—致动器臂　2—清洁网织物　3—清洁网用完传感器　4—致动器

图 5-3-51　定影清洁单元的致动器

定影带分离爪和压辊分离爪通过小弹簧固定在适当位置。如果纸张未与定影带和压辊分离，分离爪将卡住纸张并使其保持在纸张路径中。这样可防止纸张缠绕在定影带或压辊周围。定影单元出纸传感器检测各纸张的前后端，如果纸张未在正确时间到达或离开，则机器检测到卡纸。如图 5-3-52 所示，折状卡纸传感器在机器开启后不久和检测定影带分离爪处是否有卡纸。如果纸张穿过传感器并卷绕在压辊周围，则压辊纸张传感器检测到纸张。折状卡纸传感器和压辊纸张传感器均为光电传感器。

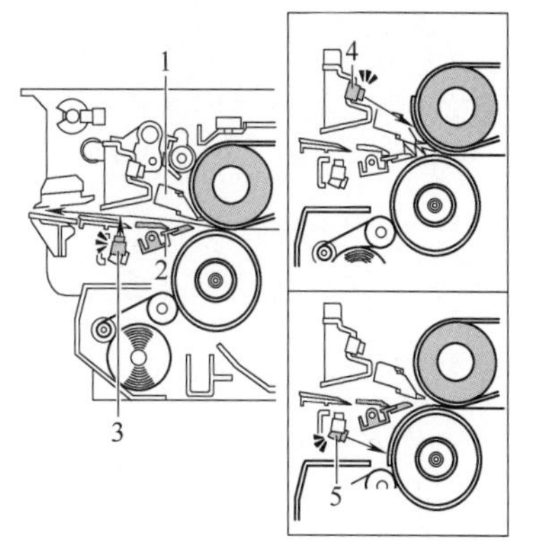

1—定影带分离爪　2—压辊分离爪　3—出纸传感器　4—折状卡纸传感器　5—压辊纸张传感器图

图 5-3-52　卡纸检测

定影单元的冷却是通过横穿定影单元顶部的热管来吸收热量，并将其传送至后部散热片。散热片进气风扇将冷却空气吸入散热片。散热片排气风扇，排出散热片的热空气。

小尺寸纸张边缘可引起定影皮带出现粗糙的条痕，如图 5-3-53（a）所示，所以要对定影带进行平滑化。平滑辊可以防止小尺寸厚纸边缘引起的皮带损坏。平滑辊磨光定影带表面，以去除纸张边缘造成的粗糙，并防止打印出现泛光条痕，如图 5-3-53（b）所示。平滑辊以不同的速度转动定影皮带，以提高平滑度。驱动电机转动平滑辊。接触电机通过凸轮移动平滑辊，以接触并脱离定影皮带，如图 5-3-53（c）所示。传感器利用触发器监控平滑辊的位置。

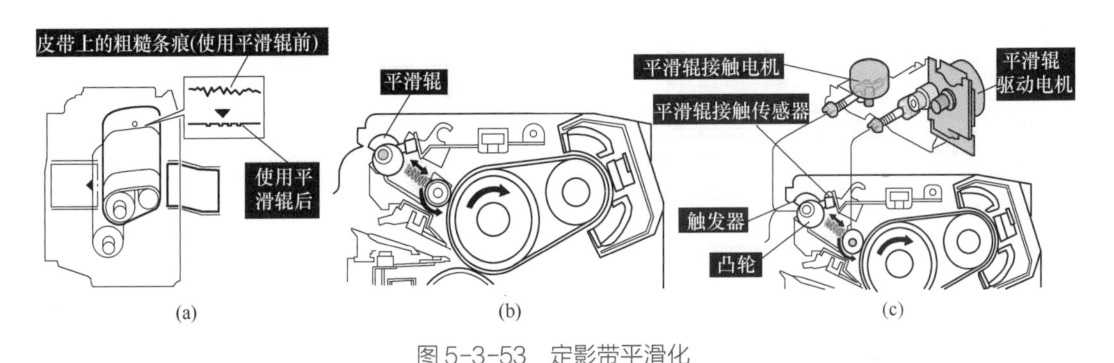

图 5-3-53 定影带平滑化

（a）粗糙条痕 （b）平滑辊磨光定影带 （c）平滑驱动部件

使用平滑辊后，由于皮带转动一圈可能会将定影带表面磨损产生的灰尘粘附到图像上。为此，在执行定影皮带平滑辊功能后，立即确定送入大张纸并检查图像，确保不出现灰尘。自动清洁后不需要进行该操作，因为仅执行了 10min，不会产生较多的灰尘。

3. RICOH Pro C7100X 的维护工作

RICOH Pro C7100X 的维护工作主要包括以下几个方面：激光单元、PCDU 单元（充电单元、硒鼓、显影单元）、定影单元、送纸装置、送粉单元、第 5 色组、废色粉收集、储罐和冷却剂处理。

拆除任何部件之前，在机器前部或者桌子上铺一些纸或一块干布，以便接住拆除 PCU 时从中掉出的少量色粉或干式润滑剂，做好保护工作，这是维护工程师的基本素养。在后部盒（尤其是冷却盒）打开的情况下检查机器，如图 5-3-54 所示，运行时，灰尘或气体会粘附于鼓，并造成图像问题（如白色块状图样）。通常，过程控制可处理这些小问题，但是如果想要尽快恢复打印质量，则可以打印几张单色图像。在开始维修机器前，交流电源开关必须始终保持关闭。

（1）激光单元

该机器有三个单独的激光单元：YM，CK，S。激光单元中需要清洁的唯一部件是激光单元底部与鼓之间的挡色粉玻璃，如图 5-3-55 所示。多角镜电机和激光单元内部的其他部件不可在现场维修。如果出现问题，应更换整个激光单元。

（2） PCDU 单元

如图 5-3-56 所示，5 个 PCDU 单元位于 ITB 组件上部。拆除 PCDU 之前降低 ITB 释放

图 5-3-54　后盖打开

图 5-3-55　挡色粉玻璃

杆，如图 5-3-57 所示，这将使 ITB 从鼓底部分离，因此拆除 PCU 时 ITB 或鼓的表面不会出现划痕。取出 PCDU 时：将 PCDU 竖立放置在干净的平整表面上，鼓面和桌面之间间隙较小，所以应保持其表面平滑整洁，切勿将 PCDU 放到地毯或粗布上，以免损坏鼓面。如果机器电源在作业中出现故障导致机器停止，此时 ITB 依旧接触鼓。在这种状态下，当降低 ITB 释放杆时， ITB 移离 K 鼓，但仍接触 CMY 和 S 鼓。因此，在尝试取出 CMY 或 S 的 PCDU 或 ITB 单元前，需采取附加步骤以将 ITB 和这些鼓分离。

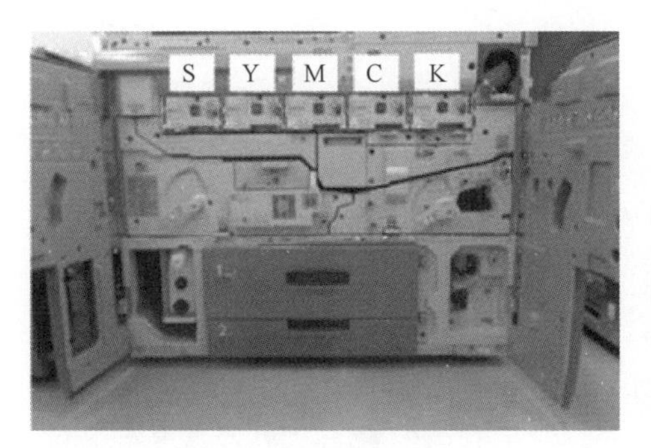

图 5-3-56　PCDU 单元

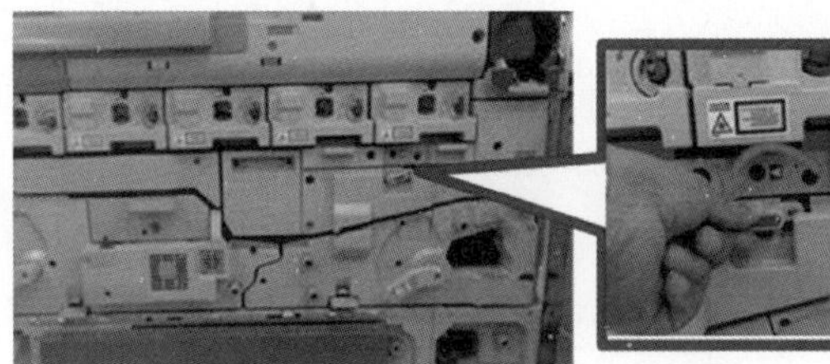

图 5-3-57　降低 ITB 释放杆

重新安装 PCDU 时，缓慢推进 PCDU，最后再用力的一推，如图 5-3-58（a）所示。若无法将 PCDU 推进，可尝试将充电单元拆除，逆时针微微转动鼓，然后试着再按一次，如图 5-3-58（b）所示。切记不可转动太多，否则鼓会失准。

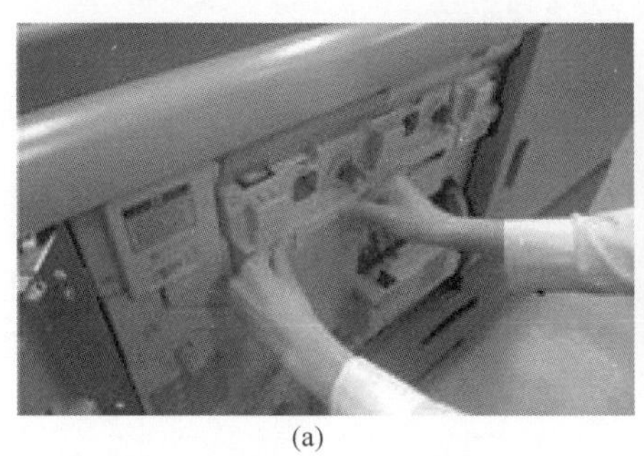

(a)

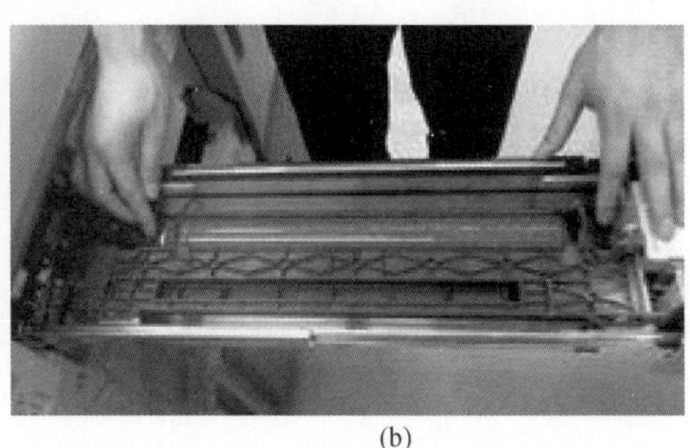

(b)

图 5-3-58　安装 PCDU 单元

（a）重装 PCDU　（b）逆时针转动鼓

拆除充电单元，把拆除的充电单元辊面朝上放到干净的表面上。在更换 PCU 清洁单元或其组件时，不可同时更换其他单元的组件。更换 PCU 清洁单元或其组件后，如要更换其他组件，须按“PCU 清洁单元更换/清洁后”步骤进行。否则，可能会出现刮板卷曲。在更换或清洁鼓后，必须对鼓进行润滑和手动转动。即使只是把鼓取出，未进行清理即放回，仍然须对其进行手动转动。

更换显影单元，显影单元有两种：CMY 单元和 KS 单元。CMY 显影单元上没有标记，如图 5-3-59 所示。KS 显影单元不含有预装入的显影剂。在更换 KS 显影单元时，一定要装入显影剂。CMY 显影单元备用组件内含有预装入的显影剂。

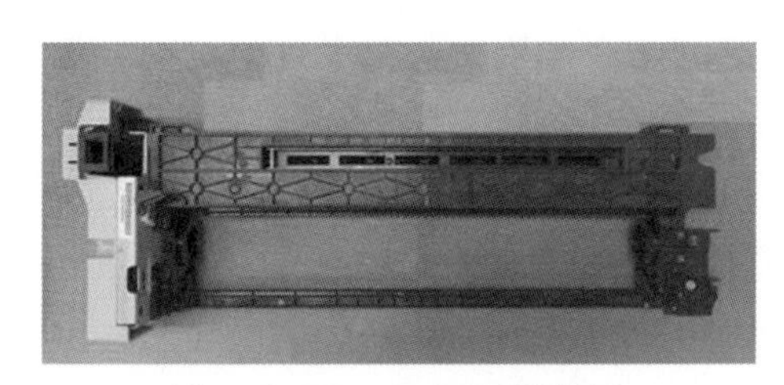

图 5-3-59 CMY 显影单元

显影剂更换时会卸掉色粉，降低色粉浓度。若色粉浓度足够低，则不会进行任何操作。反之，需要提高显影剂流动性，以更容易将其从显影单元里清除。使色粉浓度接近标准值，即使显影单元并未完全清空（仍含有小部分残留的显影剂）。清除残留显影剂：由于显影接头改变，所以准备一个新的耦合旋转夹具。清除残留的显影剂后，仍然会有少量的残留。确保其不超过 50g，若超过 100g，就会产生问题。

在开始安装新显影剂前，为准备更换的显影剂重置计数。装入新的显影剂后，关闭显影单元的开口。若成功装入显影剂后，会开始程序控制设置的初始设定。 显影剂的更换大概需要 10 ~ 15min。把倾倒显影剂的夹具 A 放到传送螺丝上，如图 5-3-60 所示，逆时针转动传动螺丝 5 ~ 10 下，以排出显影剂。

图 5-3-60 显影剂夹具

机器右下角的盖板后部有一个漏斗，拆除盖板并取下漏斗，如图 5-3-61 所示。需要用漏斗来装入显影剂。每个 PCDU 的前部均有一个盖板，可盖住显影剂端口盖，如图 5-3-62 所示。需要添加显影剂时，拆除端口盖并将漏斗插入端口，如图 5-3-63 所示。漏斗须和机器顶部边缘平行。

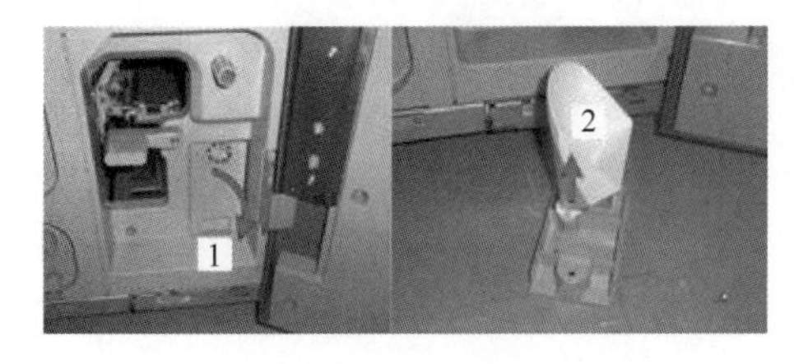

1—盖板 2—漏斗

图 5-3-61 漏斗

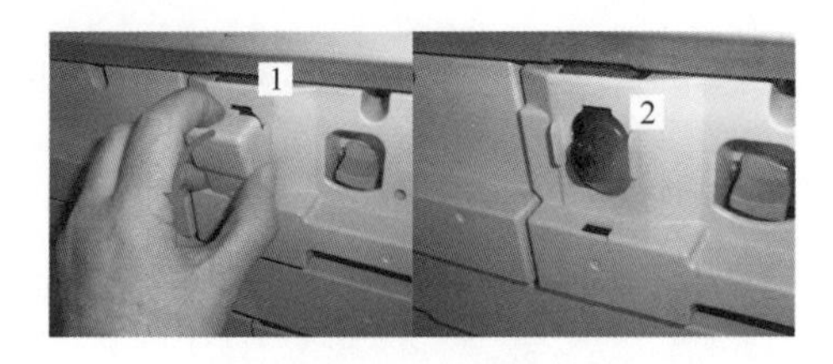

1—盖板 2—显影剂端口盖

图 5-3-62 显影剂端口盖

接下来装入新显影剂：打开两个前门。将机器连接电源并打开电源开关。每次装入显影剂时，须从 PCDU 拆除显影剂端口盖并插入漏斗。摇晃显影剂袋，打开显影剂袋，通过漏斗加入显影剂，轻轻摇晃显影剂袋以确保所有显影剂均倒入机器。移除漏斗，下次使用前注意

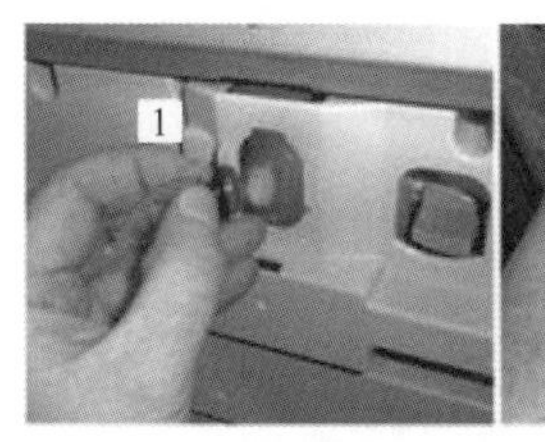

1—显影剂端口盖　2—漏斗

图 5-3-63　添加显影剂

清洗。关闭前门，机器预热并自动执行程序控制序列。序列完成后，执行在维修手册中列出的程序，以检查是否操作成功。

清洁刮刀，如图 5-3-64 所示。从一边移动工具进行清理，再次移动，插入工具的另一端，移动回来。移动工具到右边进行清理时，在插入端 B 旁有个孔 C。移动工具到左边进行清理时，插入端 A。在固定或再次移动夹具时，只移动其左边/右边；不可用力过大。避免损坏该工具的弯曲部分或刮破显影套筒的表面。同样，小心不要用力摩擦套筒的表面。使用干布或拧干的湿布清理显影冷却板、显影箱、放电灯，用吹气刷清洁电位传感器，切勿使用吸尘器，如图 5-3-65 所示。

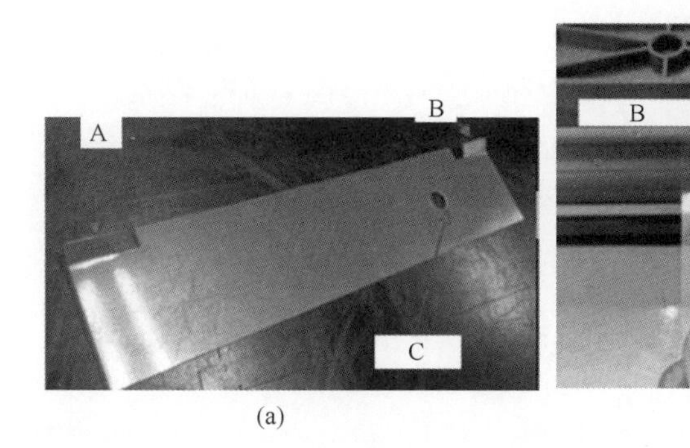

(a)　　(b)

图 5-3-64　清洁刮刀

（a）清洁刮刀　（b）移动清理

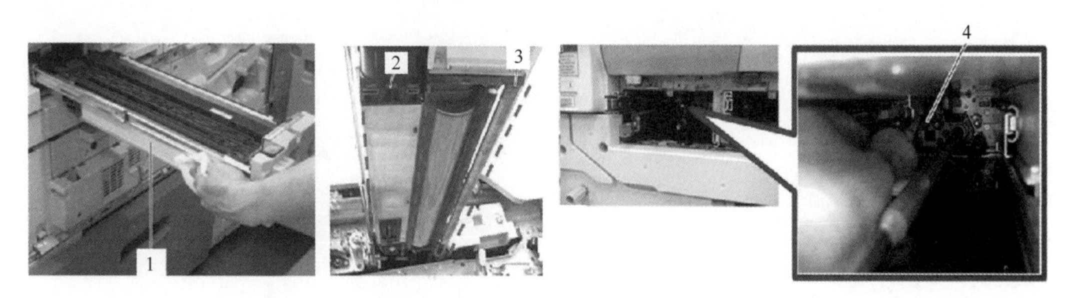

1—显影剂冷却板　2—显影箱　3—放电灯　4—电位传感器

图 5-3-65　清洁其他部件

（3）定影单元

定影单元的清洁和润滑必须在拆除定影单元后进行，但不需要拆开定影单元。

更换加热辊定影灯时，要小心后导线盖板，盖板底部由凸耳和支柱固定在适当位置。凸耳 1 极易损坏，如图 5-3-66（a）所示。重新安装盖板时，凸耳必须位于支柱 2 后部。盖板位置定位正确，从而可重新固定盖板螺丝。确保在加热辊内部的正确位置安装定影灯。为此，确保灯套如图 5-3-66（b）所示正确插入。另外，标记出接头以确保正确连接定影灯。

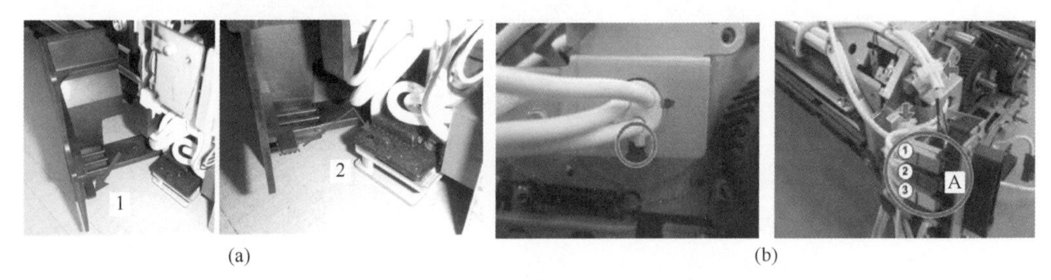

（a）图　1—凸耳　2—支柱　　　（b）图　1—3 接头

图 5-3-66　更换定影灯

（a）更换加热辊定影灯　（b）插入灯套

重新安装加热辊前，不断检查并清洁其上的油脂污染物。油脂污染物可导致辊轮表面上的不均匀加热并在定影期间引起问题。用干布清洁加热辊的整个表面，再用蘸水（而非酒精）湿布清洁整个表面，最后再用干布清洁整个表面。检查轴承座圈是否能自由转动。如果座圈不能自由转动，则必须更换。定影带两边缘必须与凸缘卡圈重叠。

重新安装定影辊之前，务必检查并清洁其上的油脂污染物。若要重新安装已拆除的辊轮，此操作尤为重要。定影辊表面上的油脂可使辊轮表面剥落。如果剥落的粒子落在加热辊的表面，则可导致打印件上出现有光泽的斑点或条痕。用干布清洁定影辊的整个表面，再用蘸水（而非酒精）湿布清洁表面，最后再用干布清洁整个表面。用小毛刷将润滑脂涂到前后轴承座圈上。

重新组装定影清洁网，如图 5-3-67 所示。小心的从致动器下方的供应辊开始布置清洁网，并使其越过接触辊到达卷取辊。将润滑脂涂到红色箭头标记的两个定影单元主驱动齿轮

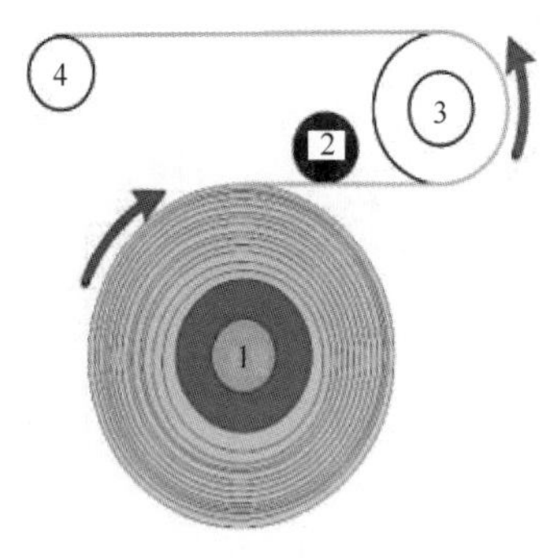

1—清洁网供应辊　2—致动器

3—接触辊　4—卷取辊

图 5-3-67　重新组装定影清洁网

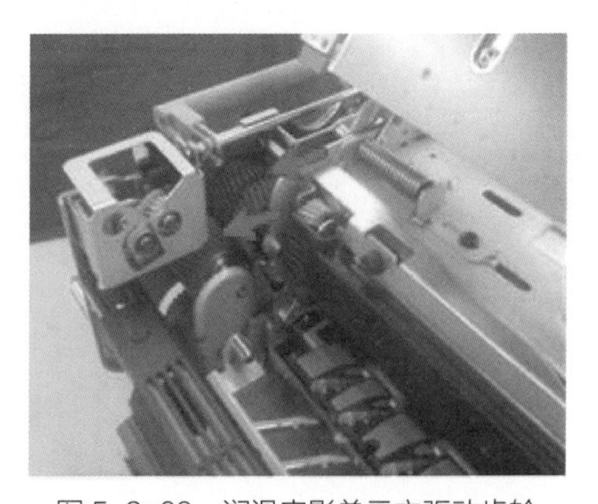

图 5-3-68　润滑定影单元主驱动齿轮

上，两个地方大约涂 2g，如图 5-3-68 所示。 用干布清洁定影辊分离板、压辊分离板、上进纸导板、加热辊热敏电阻、压辊热敏电阻，如图 5-3-69 所示。

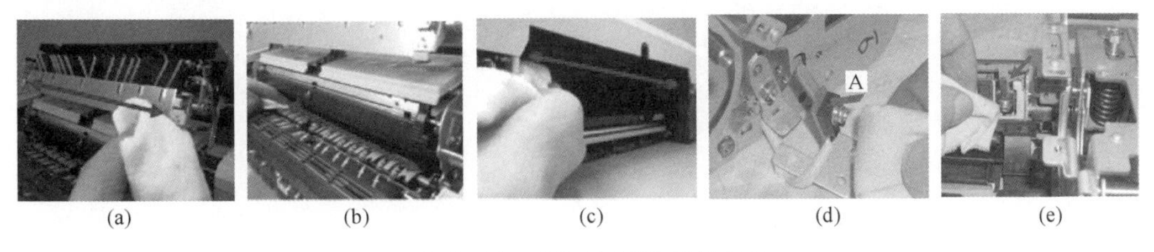

(a)　(b)　(c)　(d)　(e)

图 5-3-69　用干布清洁其他部件

(a) 定影辊分离板　(b) 压辊分离板　(c) 上进纸导板　(d) 加热辊热敏电阻　(e) 压辊热敏电阻

（4）送纸辊

更换主机中的送纸辊，确保送纸辊在送纸方向上以逆时针旋转。用干布清洁送纸路径中辊轮，不得用手触碰轮子表面。用吹气刷清洁传感器，不能使用布或纸巾。大部分传感器低于板上的孔，因此很难看到，将吹气刷的尖端插入到孔中，并挤压其以将纸尘吹离传感器，纸路中的辊轮如图 5-3-70 所示。

对位定时辊处的双重送纸传感器检查有多少光线穿过纸张，如图 5-3-71 所示。如果读数小于当前作业的纸张类型值，或小于之前张数，则机器检测到双重送纸。如果检测到双重送纸，该页及将被送入的页面转到清除纸盘。机器停止作业，出现卡纸错误信息。

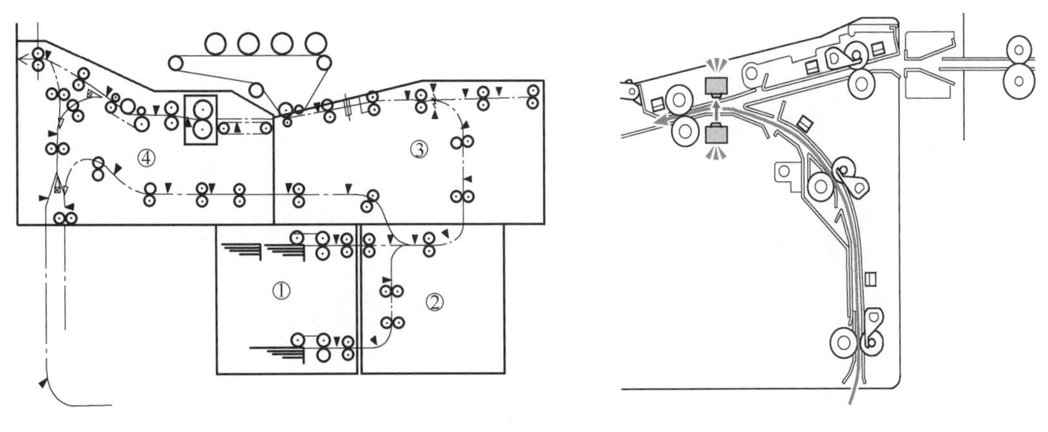

1—纸盘　2—送纸路径　3—纸张对位　4—出纸路径

图 5-3-70　送纸辊

图 5-3-71　双重送纸检测传感器

（5）供粉单元

安装色粉瓶时，机器自动打开色粉瓶，并在检测到色粉接近用完时关闭色粉瓶，为更换色粉瓶做准备。在色粉没有用完的时候需要拆除色粉瓶时使用以下步骤。拆除 CMYK 色粉瓶，如图 5-3-72 所示，推锁定杆然后再移动色粉瓶。若无法移动色粉瓶，可能是由于解锁过程还未完成。用户可看到 S 的端口，但看不到 CMYK 的端口。因此，仅提供 S 色粉瓶端口的清洁步骤。拉出色粉瓶。在色粉瓶架 S 底部，推回弹簧喷嘴盖，露出喷嘴，如图 5-3-73 所示。用真空清洁器拉松色粉。 为避免色粉散落，绝不要使用吹气刷。

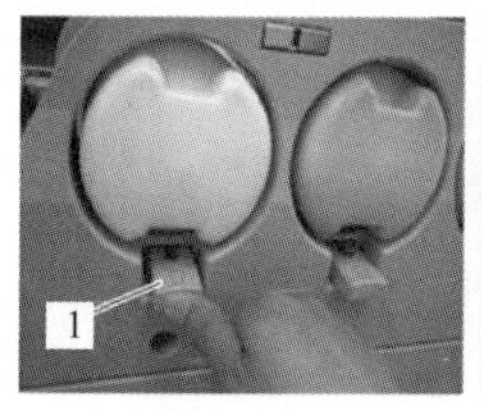

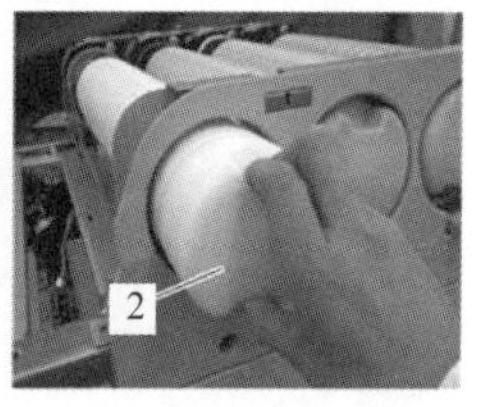

1—锁定杆 2—色粉瓶

图 5-3-72 拆除 CMYK 色粉瓶

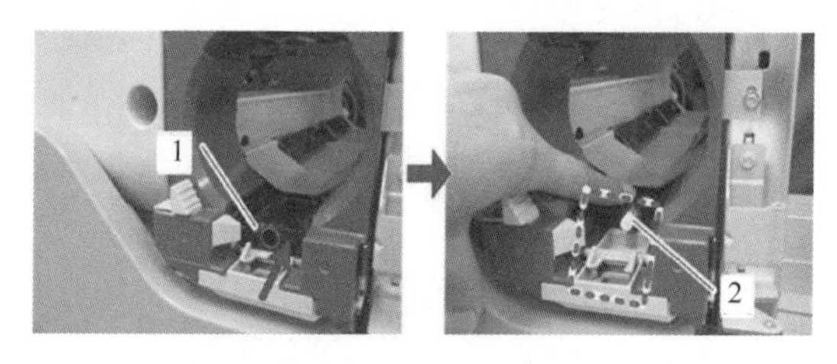

1—弹簧喷嘴盖 2—喷嘴

图 5-3-73 清洁色粉瓶 S 端口

每个 PCDU 上均有一个供粉单元，如果需要维修供粉单元，必须拆除 PCDU。供粉管必须闭紧，以防色粉落下。色粉还可能会从软管连接口漏出，因此应用一块布保护地板或其他工作区域。确保副贮斗上供粉管和连接口之间的连接平直紧密。

（6）第 5 色组

维护第 5 色组的步骤如图 5-3-74 所示。色粉管清洁：去除色粉瓶，从操作面板激活清洁模式；更换为新色粉瓶；取出 PCDU：先拆除 PCDU，再拆除 PCDU 的充电辊、清洁单元、 OPC；取出副贮斗并装上一个新的副贮斗；安装 PCDU：在新 PCDU 中安装充电辊、清洁单元、 OPC，再安装新的 PCDU；过程控制：执行过程控制（PCDU 充满新色粉）。

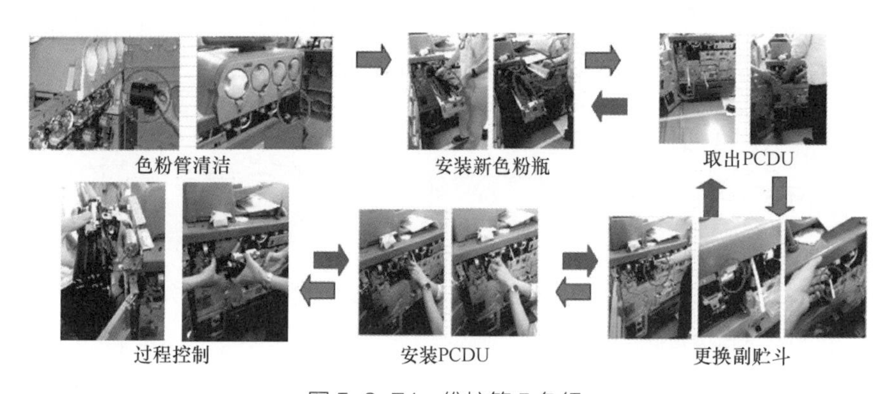

图 5-3-74 维护第 5 色组

第 5 色组的 PCDU 单元和色粉贮斗部件同 CMYK 单元，但是第 5 色组的供粉机构和 CMYK 的供粉机构不同。当安装第 5 色组更换套件时，先固定色粉盒更换工具，通过执行“选择特殊色粉的颜色”来清洁色粉管（选择色粉类型）。然后安装新色粉瓶，安装套件中的供粉单元和显影单元。最后添加显影剂，如果显影剂成功添加，则初始化自动进行。 Fiery 控制器必须重新启动，否则新颜色将不能被识别。

（7）废色粉传送路径

图 5-3-75 是废色粉的传送路径，废色粉传送电机驱动废色粉传送路径中的所有活动部件。废色粉电机传感器监控废色粉传送电机的旋转，如果电机旋转停止（因任何传送路径堵塞），会出现错误提示。YM 两色的 PCDU 的显影单元收集盘管和清洁单元收集盘管将废色粉导入上部水平路径 1。CK 两色的 PCDU 的盘管将其导入上部水平路径 2。两个盘管将废色粉导入垂直的废色粉溜槽。废色粉传送电机驱动废色粉溜槽内的竖直板，该板振动，使废色

粉向下流动。ITB 清洁单元收集盘管将其在清洁单元接口处收集到的废色粉倒入中间水平路径。中间水平路径将色粉送到右侧，并将其倒入废色粉溜槽。PTR 清洁单元收集盘管将其在清洁单元接口处收集到的废色粉直接倒入宽口废色粉溜槽。三个废色粉路径盘管收集到的所有色粉均落入下部水平路径。废色粉从（12）处被送至废色粉瓶。

图 5-3-76 是废色粉瓶的结构。废色粉瓶驱动过程如下：下部传送路径的盘管将色粉导入废色粉瓶储粉器。废色粉瓶电机驱动储粉器搅拌器、储粉器螺旋钻和色粉瓶螺旋钻。搅拌器防止色粉聚集，储粉器螺旋钻将色粉运至色粉瓶螺旋钻，色粉瓶螺旋钻将色粉倒入色粉瓶。当累积的色粉向上推动色粉瓶接近已满传感器的致动器时，显示器显示色粉瓶几乎已满。当累积的色粉向上推动色粉瓶已满传感器的致动器时，显示器显示色粉瓶已满，必须倒空或更换。当新的废色粉瓶放入机器并发出信号表明存在新废色粉瓶时，废色粉瓶放置开关关闭。

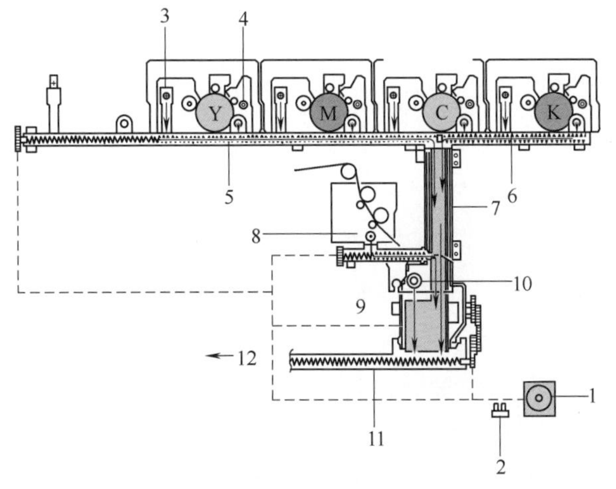

1—废色粉传送电机　2 废色粉传送电机传感器　3—显影单元接口　4—PCDU 清洁单元接口　5—上部水平路径 1　6—上部水平路径 2　7—废色粉溜槽　8—ITB 清洁单元接口　9—中间水平路径　10—PTR 清洁单元接口　11—下部水平路径　12—至废色粉瓶

图 5-3-75　废色粉收集的路线图

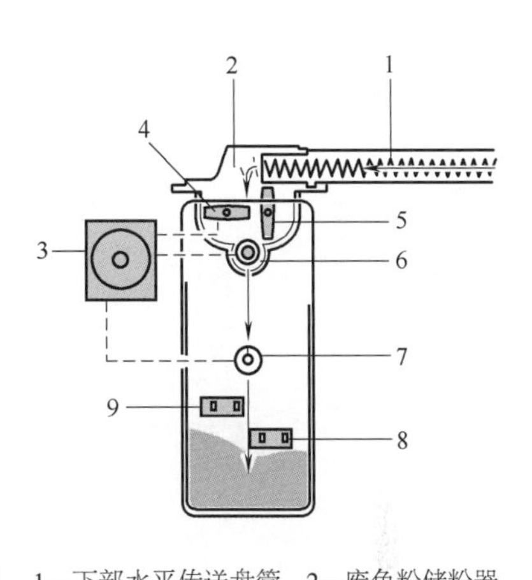

1—下部水平传送盘管　2—废色粉储粉器　3—废色粉瓶电机　4，5—搅拌器　6—储粉器螺旋钻　7—色粉瓶螺旋钻　8—色粉瓶接近满传感器　9—色粉瓶已满传感器

图 5-3-76　废色粉瓶结构

如果色粉瓶螺旋钻和储粉器螺旋钻自由运行，废色粉瓶电机触发器通过废色粉瓶传感器中的间隙继续旋转。如果搅拌器或螺旋钻上的扭矩因障碍物而增加，则废色粉瓶传感器检测到搅拌器转动变慢或停止。此时机器将发出废色粉瓶电机错误告警。

将废色粉瓶放置在机器中时，色粉瓶放置传感器检测何时正确放置废色粉瓶。色粉瓶门开关（推动开关）检测色粉瓶门何时关闭。当色粉瓶离开机器时，色粉瓶上方的废色粉储存器可继续接收并容纳废色粉。拆除瓶子时，装有弹簧的定位块自动密封储粉器与瓶子之间的色粉端口。为了确保瓶子内部的废色粉堆顶部保持平整，盘管前后移动并缓慢铺撒色粉。废色粉瓶接近满传感器检测废色粉瓶何时几乎变满。如果该传感器检测致动器超过 2s，则检测到接近满。出现接近满报警之后，发出废色粉瓶已满报警之前，机器最多可继续打印约 20k 打印件（A4 横送，8.75%覆盖率，80%彩色）。废色粉瓶已满传感器检测废色粉瓶何时已满。如果此传感器检测到触发器超过 2 秒钟，则检测到瓶子已满。

（8）储罐和冷却剂

如果必须更换，则须更换整个组件。冷却液不作为维修部件提供。处理储罐和冷却液时，必须遵守当地法规。切勿将储罐直接倒入当地排水系统、河道、池塘或湖泊中。应联系专业的工业废料处理机构，请他们处理储罐。

RICOH Pro C7100X 的维护

RICOH Pro C7100X 的结构和简单维护过程请扫描二维码观看视频。

4. 故障分析案例 1

故障发生过程：前门打开观察，纸张经过双面器的过程中发生歪斜，然后报错 J091，如图 5-3-77 所示，检查纸路无任何遮挡，打印单面纸张不会卡纸。

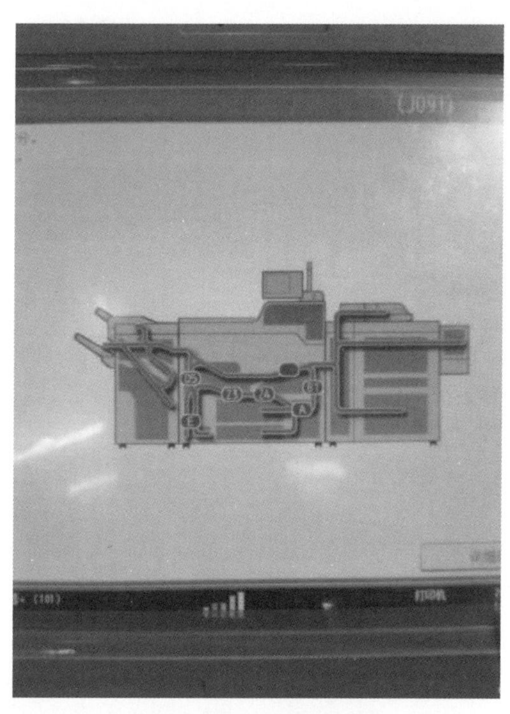

图 5-3-77 故障 J091

分析原因：纸张经过双面器有一个下降和提升第二面纸头的过程。第二面纸头提升过程中，纸张发生歪斜。

硬件检查：经过检查发现第二面纸头提升过程需要双面器提升电机协助完成。提升电机的左侧有一组辅助驱动轮，背面有弹簧和塑料固定块。其中靠近机器前门这一侧的塑料固定块没有回到原始位置，如图 5-3-78 所示，导致辅助驱动轮和提升电机驱动轮之间产生了间隙。所以纸张在第二面纸头提升过程中会歪斜。

解决方案：塑料固定块两侧有凹槽，检查是否磨损，清洁后润滑。重新安装。

总结：

（1）发生卡纸之后查看手册 J091 代码解释，如图 5-3-77 所示。

图 5-3-78 塑料固定块

（2）同时观察单面和双面打印情况。

（3）了解设备双面的工作原理，结合设备手册和机器实际状态，着重检查参与纸张双面工作的机构。

（4）拆卸维修机器按照标准流程，在没有零件的时候，尽量想办法修复设备保证可以打印，然后订件，保证用户不停机。

（5）按照步骤还原设备，打印测试，完成修理。

5. 故障分析案例 2

故障现象：打印四色印品有白色线条，如图 5-3-79 所示。

图 5-3-79　四色印品有白色线条

分析原因：

（1）第一时间怀疑了哪个颜色的显影仓导致的问题。进入了 SP 模式 2109 分别打印了四个颜色的满版色，结果发现四个颜色都还可以，如图 5-3-80 所示，在对应的地方不是特别明显的有相关问题。

图 5-3-80　四种颜色的实地

（2）接着开始排查定影，定影前急停了一张，发现在相关位置上黄色特别明显的有缺失的现象，这样的样张相当有迷惑性，大多都会判断黄色显影仓相关部件出了问题，开始排查防尘玻璃、鼓、充电等，排查一圈发现黄色并没有什么问题。原因解释：其实这是由于四色叠加，黄色在最上面一层，并且没有经过定影，眼睛对黄色较为敏感导致误判。其实四色都有缺失，只不过看起来黄色颇为明显而已。

（3）排查纸张转印辊，更换旧的纸转上去，无变化，排除纸转的问题。

（4）在 ITB 转印带上急停一张图像，拆卸 ITB 组件并拉出，转动带子至图像朝上，观察图像转印效果，四色碳粉叠加均匀，未发现明显缺失。

（5）继续往下排查，怀疑一转偏压辊的问题，因为 PM 数据显示此偏压辊使用率远超寿命，判断其部分区域电流释放不足，碳粉无法完全转印到纸张，单色不明显，一旦四色叠加就很明显。

解决方案：更换一转偏压辊， ITB 组件保养。

（1）打开机器前门，拆卸前盖板，拿掉 ITB 清洁组件，拆卸螺丝，向前拉出，左右两边滑道有弹力片，按住可再拉出一截。

（2）拆掉左右两边的固定铁板，以及传感器支架，下方的导纸板以及保护盖板，如图 5-3-81 所示。卸掉张力辊，皮带松开，皮带背面亮片要清洁干净，注意不要划伤或折损转印带。

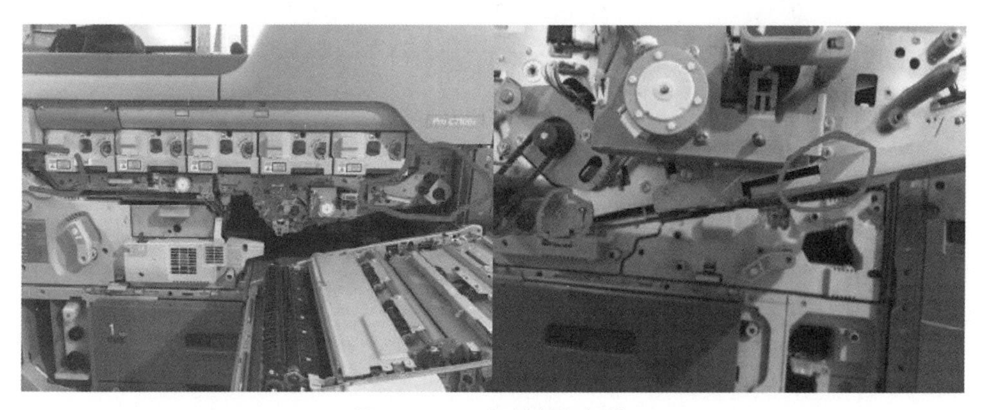

图 5-3-81 拆掉转印部件

（3）拆掉转印带之后，清洁传感器、导纸板塑料片、转印带速度反馈传感器，前端和后端传感器都用吹气球清洁，驱动辊的轴承除锈上油，如图 5-3-82 所示。

（4）更换一转偏压辊，更换时候注意不要手触摸辊表面，后面的金属压片也要清洁干净。

（5）原路装回转印部件，注意调整皮带刻度位置，两边尽可能地居中，如图 5-3-83 所示。张力辊装回后，一般皮带表面会有起伏和不平整，可顺时针手动缓慢转送传输辊一点位置，尽量使皮带表面平整。

（6） ITB 装回后，可开机按照以下步骤进行相关调整。

① 2920-1 纠偏（二转拆掉，一转刮板回收不接触，开着两扇门执行，关门开始运转）；

② 2912 检测转印带表面是否平整（二转装上，刮板到位，预热完毕） 01 执行，02 看数值；

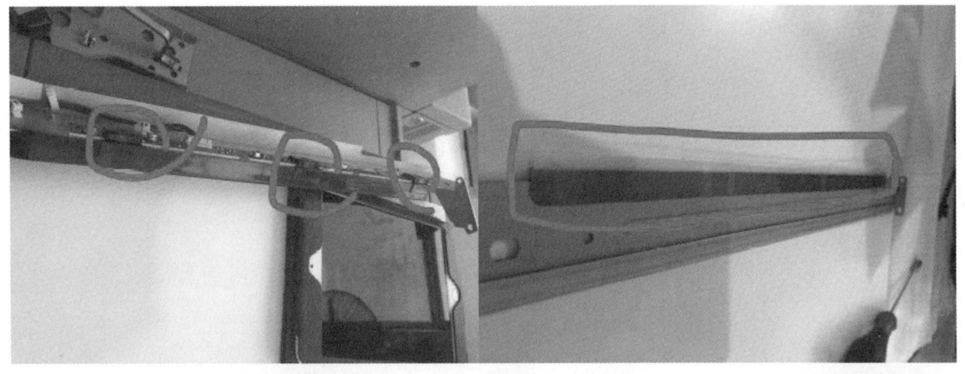

图 5-3-82　清洁工作

图 5-3-83　调整皮带

③ 2914 检测转印带速度（条件同上，01 执行，04 看数值，应该在 1.6 万左右）；

④ 关机重启；

⑤ 预热完成做 2111-D（四色套准矫正）；

⑥ 关机重启；

⑦ 预热完成 3011-2（过程控制）。

维修心得：遇到不好判断或者有迷惑性的图像问题，可通过急停等方法来缩小判断区域，从而抽丝剥茧逐步找到问题的所在。

学号：________________　姓名：________________

任务实施： 1. 简述彩色墨粉静电照相数字印刷机的类型、特点和适用场合。使用不同类型的彩色墨粉静电照相数字印刷机，动手完成日常维护工作，解决印刷过程中出现的问题。

____

____

____

____

2. 画出 KMC8000 印刷引擎的机构示意图，并标注走纸路线。

3. 画出 RICOH Pro C7100X 印刷引擎的机构示意图，并标注走纸路线。

总结提升： ____

____

自评互评：

序号	评价内容	自我评价	小组互评	真心话
1	学习态度			
2	分析问题能力			
3	解决问题能力			
4	创新能力			

任务四　液态墨粉静电照相数字印刷机结构与维护

任务发布：查找哪些静电照相数字印刷机使用液态墨粉？液态墨粉的特性和优点？

知识储备：掌握液态墨粉静电照相数字印刷机的特点，了解液态墨粉静电照相数字印刷机的结构组成，液态墨粉的使用和回收路径与固态墨粉有什么不同，了解双面叼纸牙的作用，卡纸处理方法，印品质量分析。

一、液态墨粉静电照相数字印刷机的成像原理

现有的大部分黑白或彩色静电照相数字印刷机都使用固体色粉，目前采用液态墨粉的只有惠普公司，它使用惠普公司的专利——液体电子油墨技术（ElectroInk），并与高速电子成像技术结合，可以印刷各种优质的彩色印刷品，它的印刷质量可与胶印和凹印相媲美。HP Indigo 印刷机的多样性，还要归功于介质的宽泛性（包括 3000 多种认证基质）和特殊的效果。借助于 HP Indigo 的各种专业应用功能，可以制作高品质的画册、照片、出版物、标签、折叠纸盒、收缩膜套、软包装等。

HP ElectroInk 电子油墨是一种独特的液体油墨，将数字印刷的优势与液体油墨的品质结合在一起。它是一种悬浮在液体中的带电色素基微粒，与其他数字印刷技术类似，以电子方式控制打印微粒的位置，实现数字打印。 HP ElectroInk 微粒尺寸非常小，只有 1～2μm，提供给客户使用时为浓缩形式，并采用“无污染”的罐式包装装入打印机。在设备内部，它在墨槽中与图像油充分混合稀释，形成用于打印的图像油与油墨颗粒的混合液。

电子油墨成像技术同样经过了静电照相数字印刷技术的六个工艺步骤。首先给成像板均匀充电，然后激光头根据 RIP 后该颜色的点阵格式用激光束经过反光镜在成像板上放电（成像板该点电位变为零），该色的电子油墨就会在电场力的作用下附着在成像板的成像区域形成图像层。该图像层利用成像滚筒和橡皮布滚筒的电位差转移到橡皮布上。电子油墨在橡皮布上加温后部分熔解，通过压力转移到承印物上，然后固化并附着在承印物上。 其他颜色的成像过程一样，而且在同一组滚筒上实现色彩转换技术。电子油墨技术的微小尺寸使图像分辨率高、光泽均匀、边缘清晰，而且图层很薄，与纸面紧密结合，因此可以产生完美效果。

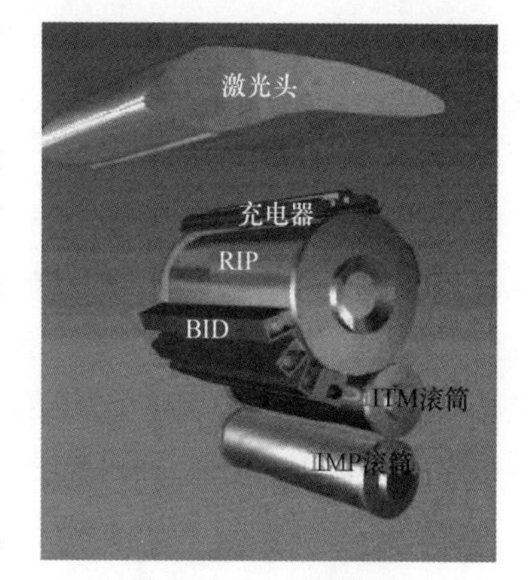

图 5-4-1　成像部件

电子油墨的光电成像原理包含了三个主要阶段：图像生成，图像显影，图像转印。参与成像的基本部件如图 5-4-1 所示。光电成像原理概括来说就是：光对带电区域进行放电，形成电子潜影，带负电的墨吸附到成像

区形成影像。

电子油墨是一种充电的特殊的悬浮性油墨。这种悬浮性油墨由三部分组成：电子油墨、图像油、图像动力液。电子油墨是由微小的带颜色的被充电的墨颗粒组成的。在电场力的作用下，油墨被吸附到绝缘体上的放电区域，真正的图像在放电区域形成。图像油是一种高度绝缘的液体，电子油墨颗粒悬浮在液体中。图像油作为油墨颗粒的液体载体，是油墨颗粒移动的介质。图像动力液是由使油墨颗粒带电的分子组成。

在图像生成阶段，由充电器、PIP 和激光头共同参与生成图像潜影。PIP 是一种光导材料，它在黑暗中是绝缘的，在光照下变成了导体。PIP 有两层，当光照射到 PIP 表面时，电子从一层移到另一层，经过放电的点形成了电子潜影。首先用充电器给 PIP 表面充电，扫描二维码观看动画。

充电器—金线

充电器由三个单元组成，充电单元是底部开口并且接地的金属管道，在内部有拉伸的金线。给金线加了六千伏的电压，金线周围的空气将被电离。在电场力作用下，电离的空气负离子被吸附到 PIP 表面。在充电器的底部有一对栅网，它带有-900V 的电压。栅网决定了充到 PIP 表面电荷的量和均匀性。然后在 PIP 的表面充上了-900V 的电荷。在背景区域的电荷，没有被激光放电。用激光头在 PIP 表面生成图像。激光头用多束激光给 PIP 表面上的特定的点放电。放电区域的电位在-50V 左右，生成电子潜影。

第二阶段电子潜影被显影。激光头在 PIP 表面形成电子潜影后，用电子油墨进行显影。BID（Binary Ink Development）位于靠近 PIP 的地方，它周期性的和 PIP 接触。当 BID 和 PIP 滚筒接触的时候，以同样的速度运转。根据电子潜影，利用在 BID 和 PIP 之间的电位差的不同，电子油墨在 PIP 上形成图像。电子油墨总是移向高电位处。当 BID 充了-500V 时，电子油墨离开低电位的 BID 转移到高电位的 PIP 上的电子潜影处，形成真正的影像。

第三阶段图像转移，分为两个阶段。第一次转印，图像从 PIP 转移到橡皮布；第二次转印，图像从橡皮布转移到承印物上。以下部件参与了第一次转印：PIP 滚筒和 PIP，PTE 灯，ITM 滚筒和橡皮布，清洁站。为了取得很好的放电效果，PTE 单元由一套 LED 灯组成，PTE 单元用来给残余在 PIP 表面上的电荷进行放电。橡皮布包在 ITM 滚筒上，它由三部分组成：①橡皮层，它给橡皮布增加弹性。②导电层。它给橡皮布加电压。③释放层。第一次转印时，释放层接受从 PIP 形成的图像；第二次转印时，把它转印到承印物上。图像的第一次转印是通过电场力和机械压力。机械力使 PIP 和橡皮布在一起，并以相同的速度运转。在橡皮布上加了高电压来造成电场力。在 PIP 上形成的图像带有负电，因此被吸引到带有正电的 PIP 表面上。当 PIP 和橡皮布接触时，会产生一个机械压力。橡皮布带有正电并被加热到 100 度左右，达到了形成墨膜的温度。这么高的温度导致油墨的颗粒融合在一起形成明胶状。在这种状态下，图像比较粘并且比较容易转印。在第二次转印阶段，形成的图像从橡皮布转移到承印物上。压印滚筒接触上 ITM 滚筒，生成一定的压力后，图像转移到承印物上。橡皮布有释放性，因此热黏性的油墨被转移到承印物上。图像从 PIP 表面转移到橡皮布表面之后，在下一次充电器给它充电之前，PIP 必须被冷却和清洁。清洁站对 PIP 有清洁和冷却的作用。用干净、凉的图像油作用到 PIP 上，图像油和残余的液体会被清洁站内部的刮板清除掉。整个光电成像过程就完成了。

二、液态墨粉静电照相数字印刷机的结构

液态墨粉静电照相数字印刷机由以下几部分组成：进纸台、墨柜、打印引擎、机柜、出纸堆栈，如图 5-4-2 所示。印刷机最多可连接 4 个收纸装置。该机打印速度非常快，可以达到每小时 16000 张单色 A4，相当于每分钟 266 张单色 A4。四色印刷可以达到每小时 4000 张 A4。打印分辨率默认为 800dpi，最高可达 1200dpi。最大图像尺寸为 317mm × 450mm，承印物尺寸可达 330mm × 482mm，可以接受 80 ~ 350g 的涂布纸或者 60 ~ 320g 的非涂布纸。OCE 6160 由于纸张加热温度太高，不能使用涂布纸的。本机型最多可以支持 7 种颜色，有两种组合的选择，一是 CMYK（青、品、黄、黑）四种原色加 3 种专色，二是用 IndiChrome 的 6 种原色加 1 种专色。

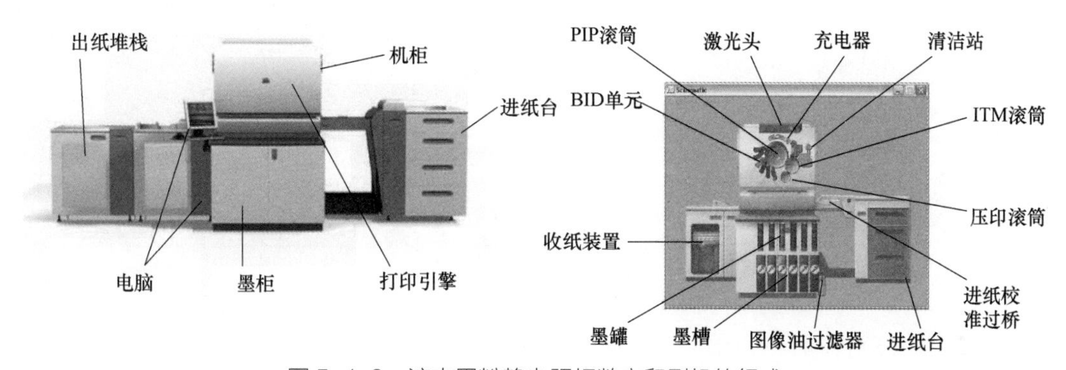

图 5-4-2　液态墨粉静电照相数字印刷机的组成

图 5-4-3 是印刷引擎内部结构的放大图，主要包括：充电器、激光头、BID 单元、成像滚筒（PIP）、橡皮布滚筒（ITM）、压印滚筒（IMP）。充电装置一共有 3 个充电器组，1 个为主 2 个为辅，给成像滚筒（PIP）充电。激光头包括 6 面多棱镜，能产生 12 束激光，主要用于曝光成像。BID 是显影装置，墨槽中混合均匀的图像油带着油墨经过 BID 完成供墨过程。PIP 上的图像转移到橡皮布滚筒，纸张通过橡皮布滚筒和压印滚筒间隙实现二次转印。多余的油墨和图像油通过清洁装置刮下来，然后被分离后进入各自的废料箱。

墨柜里有墨罐和墨槽，如图 5-4-4 所示。墨罐里面装着液体油墨，当传感器检测到墨量不足的时候，就会把油墨从墨罐挤压到墨槽中和图像油进行充分混合，为上墨做好准备。

图 5-4-5 中，进纸器的作用是将单张纸从纸盒分离出来，送至打印引擎。单张纸进纸单元有四个进纸盒，可以在打印过程中放入纸张，进纸器自动选择可用的纸盒。进纸的基本原理是：用吹风装置把纸堆上部的纸张吹松，真空吸嘴将第一张纸与下面的纸张分离，并用进纸头向前输送，直到接触到皮带，真空皮带拖动纸张至进纸辊，然后传送至垂直过桥。过桥皮带有一定角度，使纸张与进纸器过桥向导接触， 其主要目的是校正歪斜的纸张，使其

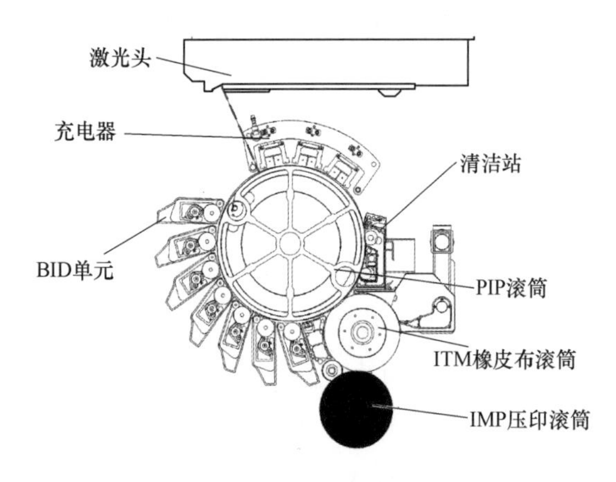

图 5-4-3 液态墨粉静电照相数字印刷机印刷引擎

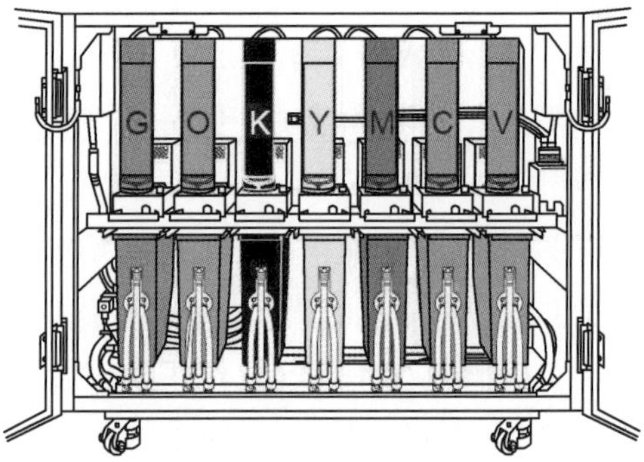

图 5-4-4 墨罐和墨槽

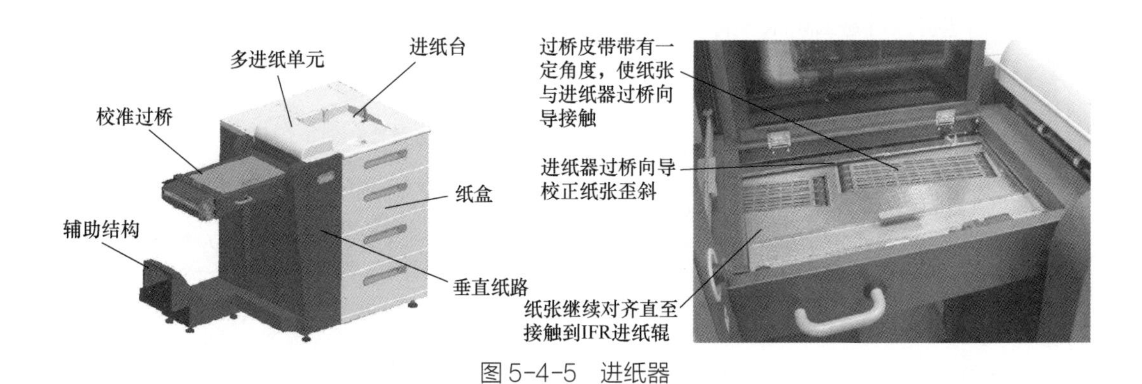

图 5-4-5 进纸器

对齐。纸张继续对齐直至接触到 IFR 进纸辊。

印刷引擎中的内部纸路包括：进纸辊（IFR），压印滚筒，双面纸盘，双面印刷单元，出纸传送带，如图 5-4-6 所示。从进纸器过桥接收到纸张，传递纸张通过印刷系统并将之送至出纸堆栈。进纸辊（IFR）根据指定时间，将纸张从进纸器校正过桥传送至压印滚筒的叼纸牙。压印滚筒（IMP）将介质与橡皮布相挤压，以使油墨转移至介质上（1 ~ 7 次旋转）。叼纸牙在打印过程中将介质紧紧抓到，以确保颜色套印准确。双面印刷单元从压印滚筒接收到介质，并根据要求传输到双面传送带或出纸传送带，双面传送带和叼纸牙在双面打印模式中，双面纸盘从双面印刷单元接收到介质，并将未打印面返回至压印滚筒。

收纸装置如图 5-4-7 所示。打印完的纸张从印刷单元传送至收纸装置，内置密度仪（ILD）安装在出纸盘上。收纸过桥皮带将纸推向侧规，使得纸张对齐，也可以通过移位产生收纸错位。收纸装置上方有看样台，在印刷过程中，如果需要了解印刷质量，按下样张按钮，可以多打印一张从看样台输出，而不会影响正常印刷。收纸装置具有垂直堆叠和交错堆叠的功能。

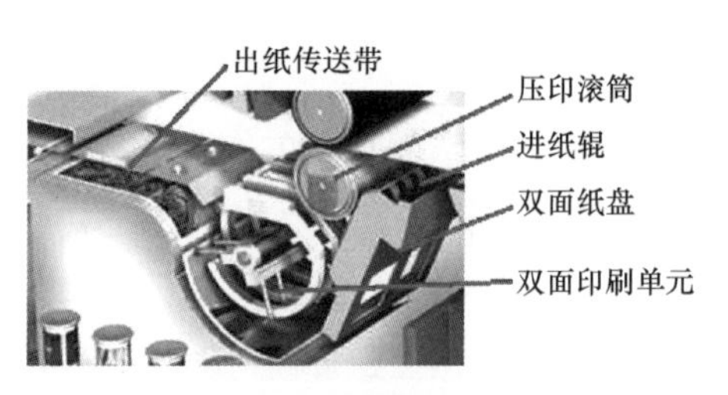

图 5-4-6 印刷引擎内部纸路

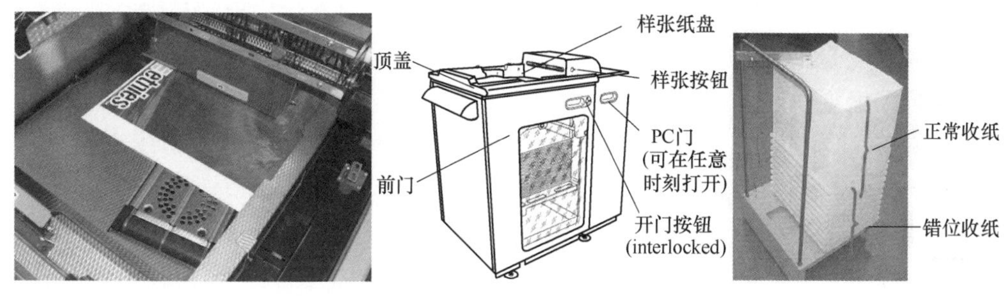

图 5-4-7　收纸装置

扫描二维码观看单张纸完成单面四色印刷的动画过程：纸张在进纸机构的带动下从纸盒通过垂直纸路进入过桥，对齐，然后进入印刷引擎，开始印刷。PIP 滚筒的周长是橡皮布滚筒和压印滚筒的 2 倍，所以在四色印刷过程中，PIP 滚筒转了 2 圈，橡皮布滚筒和压印滚筒转了 4 圈，纸张 4 次走过印刷间隙，所以 HP Indigo 5500 是卫星排列多次通过系统。完成 4 色印刷后，纸张通过出纸传送带进入出纸堆栈。扫描二维码观看单张纸完成双面四色印刷的动画过程：进纸和出纸过程都一样，第一张纸的正面完成四色印刷后，由双面印刷的传送带上的吸嘴吸住在一旁等候，第二张纸的正面完成四色印刷后，两张纸交换位置，开始印刷第一张纸的反面，反面四色印刷完成，第一张纸进入出纸传送带的同时，印刷第二张纸的反面四色，印刷完成后，由出纸传送带送出。

进纸+单面印刷

双面印刷

三、液态墨粉静电照相数字印刷机的维护案例

对 HP Indigo 5500 维护开始前的注意事项有：

（1）确认系统处于断电状态；

（2）橡皮布和 ITM 滚筒最高可达 160℃，接触时要戴隔热手套；

（3）激光束是不可见的，避免被激光束直射；

（4）接触图像油、油墨和酒精时使用橡胶手套和防护眼镜；

（5）了解电源开关和急停按钮的位置；

（6）执行任何步骤前，请将吸水纸放到承印物上以防潮湿；

（7）要避免油墨被酒精（IPA）或水污染；

（8）使用 IPA 时，必须等待 2 ~ 3min 使它完全挥发后，然后继续操作；

（9） PIP 对光线非常敏感，打开进纸门时必须确保操作区的光线暗淡；

（10）废品、清洁物品和耗材要找专业回收机构。

维护工作需要使用的工具有：酒精、橡胶手套、隔热手套、无尘布、护目镜。

维护的基本任务有：①更换墨罐、排空墨槽、清洁墨泵；②更换 BID；③更换并清洁橡皮布；④更换 PIP 底垫并清洁 PIP 鼓；⑤更换压印纸、清洁叼纸牙；⑥清洁清洁站的刮刀；

⑦清洁充电器单元；⑧清洁 PTE（预转印擦除）灯罩；⑨处理废水废油；⑩清除卡纸，清洁纸路；⑪润滑机械系统。

1. 更换墨罐、排空墨槽、清洁墨泵

当墨罐变空时，必须换上新墨罐，如图 5-4-8 所示。当需要更改墨槽颜色，或者印刷机长期不用需要停机时，又或者怀疑有油墨溢出或被酒精污染时，需要排空墨槽。清洁墨泵属于定期维护任务，四种原色每月一次，如果使用 HP IndiChrome 专色，则需要每周一次。

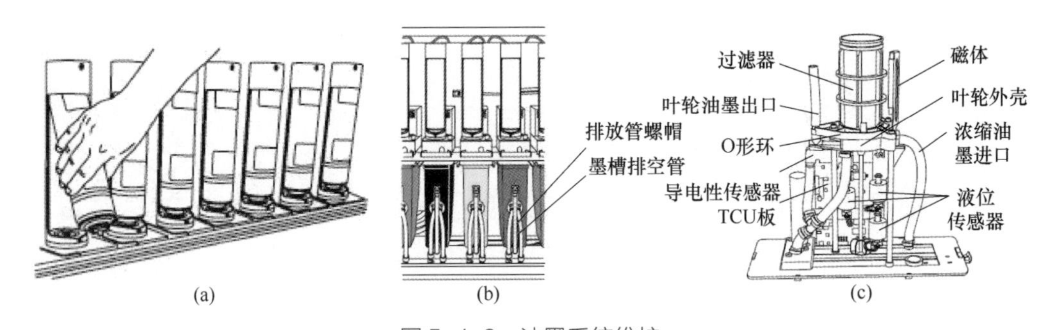

图 5-4-8 油墨系统维护

（a）更换墨罐 （b）排空墨槽 （c）清洁墨泵

更换墨罐的步骤：①打开墨柜门；②将空墨罐向上抬起然后拉出；③摇匀新罐，除去罐上的金属箔；④使用条形码读取器读取罐上的条形码，系统自动更新信息；⑤将新罐的喷嘴朝下装进底座固定器中，直到罐固定为止。

排空墨槽的步骤：①对于要排空的每个槽，确保有用过的图像油容器来装排出的油墨，每个槽装有 3.8 升油墨；②将印刷机置于待机模式，然后按 Emergency Stop （紧急停机）按钮；③向下拉 BID 管连接器的手柄将其打开，这样可防止油滴下；④使用软管连接墨槽，将里面的液体排到废液罐中；⑤排出油墨后，将软管放回墨槽并拧紧螺帽，并关闭 BID 管连接器；⑥按照当地的废物处理要求，对油墨进行处理，未污染的排出油墨可以储存在密封容器中供以后使用；⑦在准备长时间（超过四天）关机时，卸下墨槽，在 BID 清洗池或清洁站中清洗墨槽和墨泵。

清洁墨泵的步骤：①转为待机，然后按下 Emergency Stop （紧急停机）按钮；②断开两个水管连接；③从墨柜中拆下墨槽；④从墨槽中拆下墨泵；⑤将墨泵放入清洗池或塑料衬里的托盘中；⑥用图像油清洁过滤器、磁体以及泵的其他区域：使用尼龙刷清洁油墨出口的内部；使用清洁图像油清除废墨；使用密度传感器清洁纸清洁密度传感器槽；用图像油和尼龙刷清洁传感器；⑦将墨泵重新安装进墨槽中，将墨槽重新安装到印刷机中；⑧推动手柄将泵和水管连接并连接两个水管；⑨松开 Emergency Stop （紧急停止）按钮。

2. 更换 BID

印刷机在图像生成过程中使用二进制图像显影技术，也叫 BID。印刷机在 BID 内部生成油墨，然后将油墨转印到 PIP 上的图像区。多余的油墨流回 BID 中，然后流到墨槽，扫描二维码观看 BID 的原理。虽然所有单元

bid 的原理

结构均相同，但是每个 BID 参与生成不同的分色。在发生图像质量恶化或者需要改变油墨颜色时更换 BID，如图 5-4-9 所示。

（1）拆卸 BID　①转为待机；②打开 BID 单元窗口，干燥 BID 单元选项卡，选择要拆卸的 BID，然后干燥 BID；③按紧急停机按钮打开印刷引擎前门；④向下拉 BID 管连接器手柄，向下推 BID 插销松开 BID，使用 BID 手柄拉出 BID 单元；⑤从 BID 上卸下 BID 配件，将它放到工作台或 BID 座上，用干燥的无尘布清洁 BID 配件。

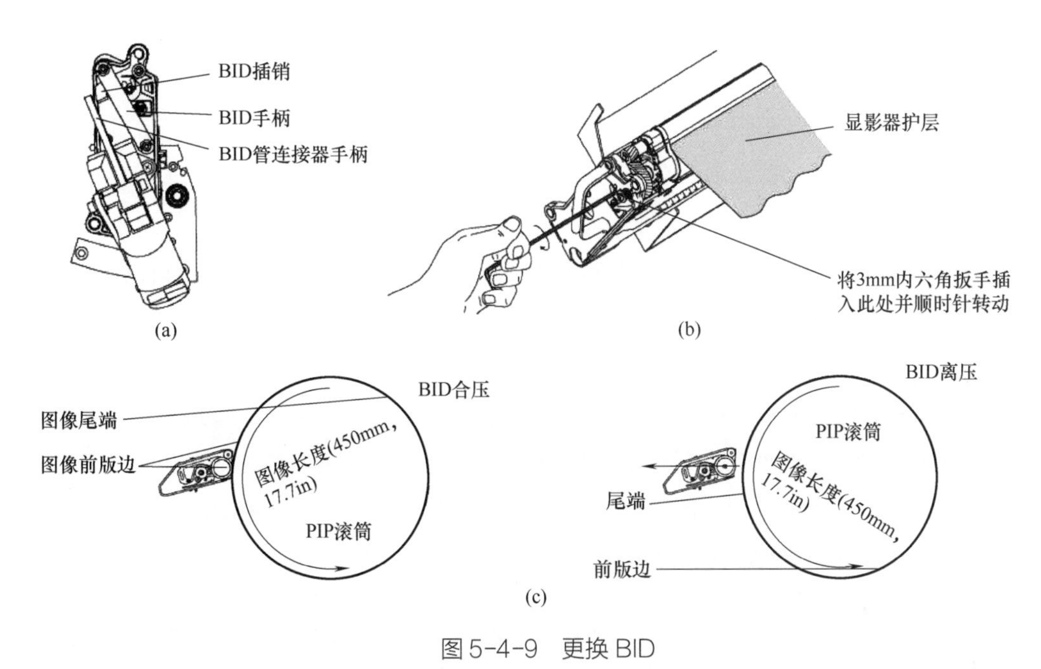

图 5-4-9　更换 BID

（a）拆卸 BID　（b）安装新的 BID　（c）调整 BID 的合压和离压的角度

（2）安装新的 BID　①从包装中取出新的 BID 单元，将它放在 BID 座上；②从 BID 顶部除去保护纸；③使用沾湿显像油的无尘布清洁显影辊，不断转动显影器，直到其表面洁净为止；④使用两枚螺栓将 BID 配件装回 BID 单元；⑤将 BID 插入印刷机中；⑥向上拉 BID 管连接器手柄以便将 BID 的液体连接管固定在 BID 上；⑦关闭前门并松开紧急停机按钮；⑧打开 BID 单元窗口，然后选择更换 BID 单元选项卡；⑨选择相应的 BID 单元，然后单击更换；⑩将印刷机置为就绪模式。在印刷机上安装了七种颜色之后，卸下或安装 BID 6 需要用特别的手柄，可以查阅相关维护手册。

（3）调整 BID 的合压和离压的角度　在印刷期间，BID 压住 PIP，然后离压。 BID 与 PIP 必须充分合压才能覆盖最大的图像长度（450mm）。应分别调整每个 BID 单元，因为 BID 和 PIP 滚筒之间的角度随不同的单元而不同。①在控制面板上，单击调整，然后单击 BID 合压。校正 BID 合压/离压窗口打开。如果前版边不均匀，选择合压-检查前版边。如果尾端不均匀，选择离压-检查尾端。如果前版边和尾端都不均匀，则选择两个复选框；②按照向导中的说明继续操作；③再印刷两份 BID 合压测试作业时，评估第一份作业；

④在分析窗口中，在相应的字段中输入色柱的较高值；⑤单击印刷并按照向导说明继续；⑥在印刷 BID 压合校正验证时，评估第一份。色柱长度相同（450mm，17.7in）表示全部 BID 单元合压校正正确。

3. 更换并清洁橡皮布

印刷机橡皮布将油墨从 PIP 转印到承印物。每旋转一周后，PIP 和橡皮布将彻底清洁并准备下一个分色。只要发现残墨或纸屑，务必清除残墨和所有的承印物碎片。在发生如下情况时更换橡皮布：比如损坏或者印刷输出结果上部分图像缺失。要更换橡皮布必须先拆下旧的橡皮布再安装新的橡皮布，然后执行第一次转印压力校正，并执行分色位置流程。在更换橡皮布时要佩戴护目镜和防护手套。先检查压印纸的情况。ITM 滚筒非常热，如果触摸会导致烫伤。在触摸橡皮布之前必须让滚筒冷却。在旋转滚筒时务必使用缓动安全方法，在缓动时切勿将手放在滚筒上。

取下旧橡皮布的步骤如图 5-4-10 所示。①转为待机；②在控制面板中，选择耗材、橡皮布；③单击冷却 ITM 并遵循向导说明，确保在继续之前橡皮布温度为 60℃或更低；④打开橡皮布区，旋转 ITM 滚筒以便可以看到橡皮布的前版边；⑤在贴近金属夹外沿的上方用小刀切断橡皮布；⑥使用尖嘴钳，从滚筒上剥开橡皮布；⑦使用尖嘴钳提起并卸下金属夹；⑧用钳夹住橡皮布边缘，按下缓动按钮使印刷机缓慢前转，继续剥离橡皮布；⑨使用旧的橡皮布，从 ITM 滚筒上将粘着的残留物清除掉；⑩使用无尘布醮湿图像油清洁整个 ITM 滚筒的表面。缓动印刷机检查滚筒的各个部分。

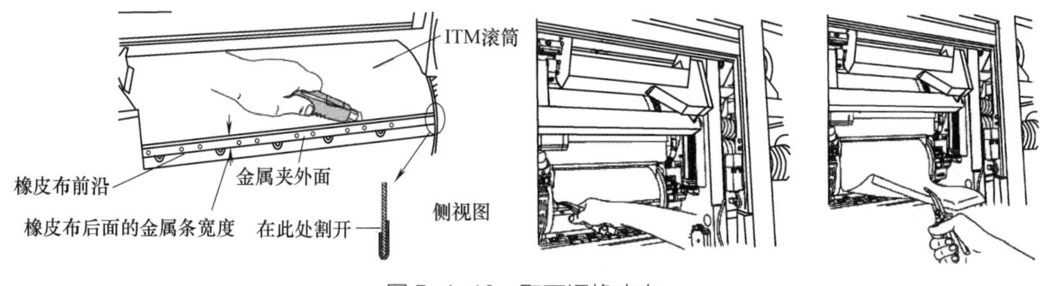

图 5-4-10 取下旧橡皮布

安装新橡皮布如图 5-4-11 所示。安装之前确保 ITM 滚筒是清洁并且干燥的。安装新橡皮布的步骤：①打开橡皮布窗口，更换橡皮布选项卡；②单击压印滚筒合压以合压压印滚筒；③旋转 ITM 滚筒以便可看到橡皮布的前沿；④撕开新橡皮布黏性的塑料膜，将金属夹脚插入 ITM 滚筒的槽中，向滚筒面按压橡皮布的前边，使它与滚筒面平齐；⑤使用缓动按钮使印压机前转，将橡皮布粘到 ITM 滚筒上。保持橡皮布的后沿展开，并确保橡皮布下面没有气泡。向前滚动 ITM 滚筒检查橡皮布没有左右偏斜。比较前沿和后沿的四角，确保前沿和后沿与金属夹平行。⑥根据需要更换压印纸；⑦盖上 ITM 罩，降下过桥，关闭上进纸滑窗；⑧使用条码读取器，读取贴在橡皮布上标签的条码。橡皮布窗口、更换橡皮布选项卡打开，自动显示新橡皮布的序列号；⑨选择更换的原因，然后单击更换；⑩单击压印滚筒合压。更换橡皮布之后，执行第一次转印压力校正和校色步骤。

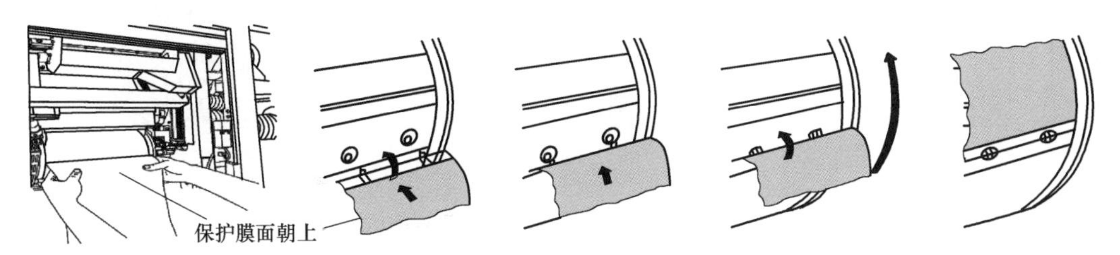

图 5-4-11 安装新橡皮布

必要时可以清洁橡皮布，分为自动和手动清洁。自动清洁橡皮布：①在控制面板上，单击维护，然后单击印刷清洁页，印刷清洁页向导打开；②依照向导中的说明操作，如果印刷清洁页向导没有除去全部残余物，则多印刷 30 份。如果在运行印刷清洁页向导之后橡皮布仍不干净，则手动清洁橡皮布。佩戴护目镜和防护手套，手动清洁橡皮布：①将无尘布折叠四次；②使用折叠的无尘布轻轻擦拭橡皮布，如果一面已变脏，请换用布的另一面擦拭；③如果橡皮布仍然有污迹，可用图像油沾湿无尘布然后擦拭橡皮布，直到清除残墨和其他污迹为止。继续擦拭，直到无尘布上不再有残墨为止。

4. 更换 PIP 底垫并清洁 PIP 鼓

光敏成像板（PIP）是一张用光敏材料制成的金属箔。在受到光线照射时，该材料变为导体，吸引电子油墨。图像由激光写到 PIP 上，PIP 鼓旋转一圈后擦除。 PIP 价格昂贵，要尽量延长 PIP 的寿命，并且避免光线直射。在损坏或老化的情况下需要更换 PIP。 PIP 损坏时要同时更换 PIP 底垫并清洁 PIP 鼓。更换 PIP 的步骤如下：

① 扫描二维码观看卸下旧的 PIP 和 PIP 底垫，如图 5-4-12 所示。卸下旧的 PIP：使印刷机处于待机状态，等待 ITM 鼓冷却到室温。在印刷机入口处，卸下 ITM 罩并抬起 PIP 护盖，抬起充电器桥。按一下紧急停机按钮，打开印刷引擎前门并拆下清洁站刮刀。按下缓动按钮转动印刷机，直到 PIP 末端进入视线为止。解除 PIP 插销锁定并从槽中取下 PIP 前端。将它从 PIP 滚筒上拿开。使用缓动安全方法旋转鼓并撕掉 PIP。取下旧 PIP 底垫：卸下气刀电气连接器、气刀管以及气刀。按上面的金属板，打开印刷机下进纸门和下双面传送带。更换压印纸。从 PIP 滚筒上将 PIP 底垫的边缘拉开。将 PIP 底垫的边缘连接到塑料 PIP 容器。请另一个人逆时针方向旋转手轮，自己在容器四周绕 PIP 底垫，将 PIP 底垫完全卸下。

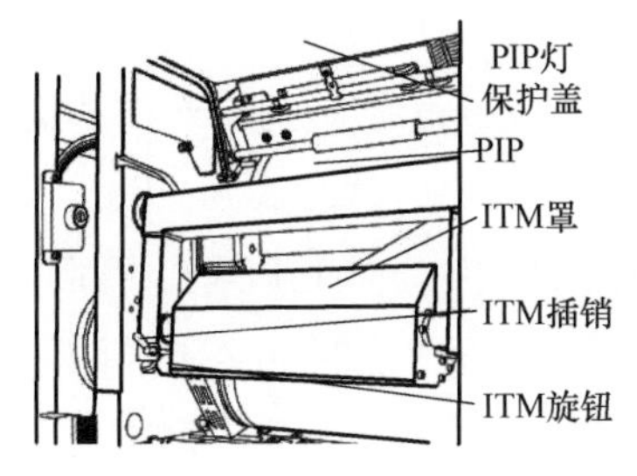

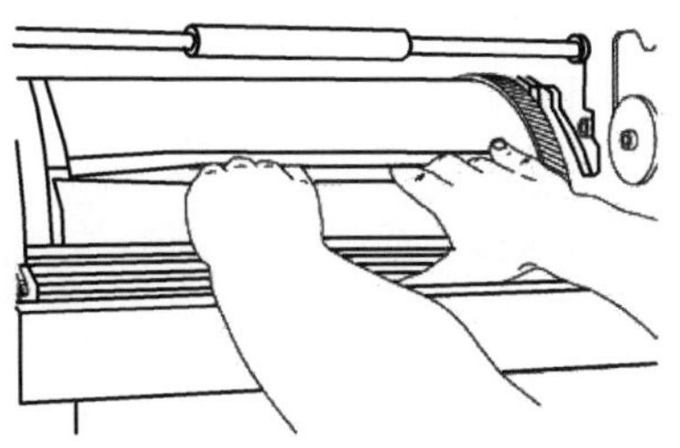
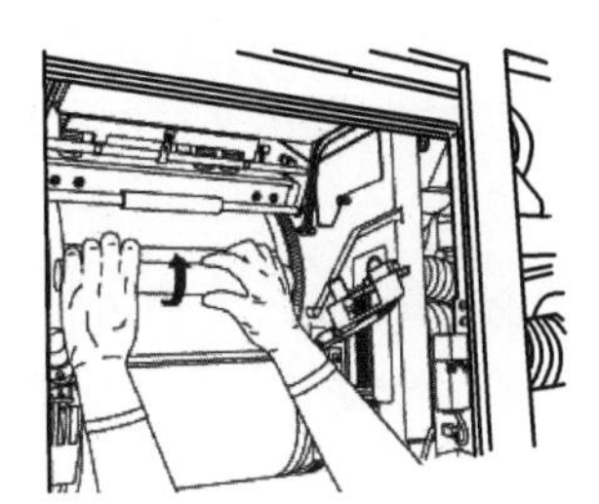

图 5-4-12 卸下旧的 PIP 和 PIP 底垫

移除旧的 PIP 及底垫

清洁 PIP 滚筒

安装新底垫及 PIP

② 扫描二维码观看清洁 PIP 滚筒。使用遮光胶纸遮盖 PIP 支架槽，将一张纸放进鼓托盘来吸收残留的胶水。逆时针缓慢旋转手轮，使用清洁的图像油完全润湿 PIP 滚筒并用刮刀从鼓表面刮掉胶水。用图像油保持滚筒湿润。确保没有残留的胶水滴入印刷机中。注意不要损坏 PIP 滚筒表面。使用无尘抹布蘸湿酒精彻底清洁 PIP 滚筒。向前缓动印刷机，同时拿住湿的无尘布压住滚筒。触摸感觉滚筒是否完全平滑且没有胶水残留在滚筒上。从 PIP 固定器槽除去遮光胶纸并用无尘布擦拭槽区。用纸擦干 PIP 固定槽。确保滚筒表面或 PIP 固定槽内没有残留图像油或胶水。

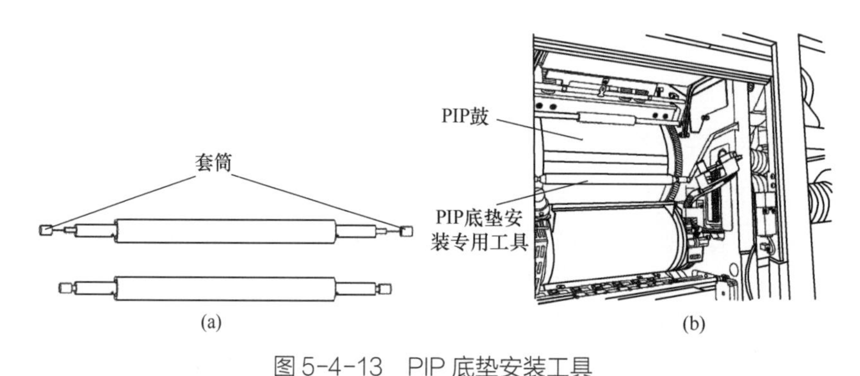

图 5-4-13 PIP 底垫安装工具

（a）PIP 底垫安装专用工具 （b）安装 PIP 底垫安装专用工具

③ 扫描二维码观看安装新的 PIP 底垫和新的 PIP。除去新 PIP 底垫安装专用工具的包装。除去 PIP 底垫安装专用工具两端的铜套，并用无尘布醮 IPA 清洁该专用工具。装回铜套并使用侧壁上的槽将专用工具和铜套一起安装到清洁站位置，如图 5-4-13 所示。将专用工具稳固地推入到位，直到其锁定。将 PIP 底垫安装在 PIP 滚筒上，如图 5-4-14 所示。用安装带固定新的 PIP 底垫，使保护膜朝向自己，将安装带插入 PIP 固定器槽中，一直插至金属固定带。锁定 PIP 插销。让另一个人顺时针旋转手轮，直到底垫完全卷住滚筒为止。底垫应该在专用工具与 PIP 滚筒间经过。逆时针旋转手轮并解开 PIP 底垫，直到露出专用工具的 PIP 槽为止。从底垫上剥离透明膜的边缘。直接剥离保护膜，从专用工具顶边开始剥离一直到距底端约 10cm 时为止。拿住 PIP 底垫保持展开状态并拉直。让另一个人顺时针缓慢地旋转手轮，将 PIP 底垫铺到整个鼓表面。剥开固定 PIP 底垫安装带的胶带，然后从 PIP 固定槽中取出该安装带。打开 PIP 锁销。用力按下固定槽周围 PIP 底垫的边缘。从 PIP 底垫中间向外朝边缘按下。转动手轮并用力按下 PIP 底垫的侧边。确保底垫表面平坦且完全与鼓面粘合。肉眼检查鼓面上的 PIP 底垫有无导致 PIP 底垫鼓起的气泡或其他微粒。拆下专用工具。确保安装了新的压印纸。然后安装新的 PIP，如图 5-4-14 所示，轻轻地将 PIP 从包装中拉

出，用无尘抹布擦干净 PIP 盒。将前端拉出大约 2.5cm，取下不干胶标签。将 PIP 前端固定到滚筒上：将 PIP 的前端完全插入槽中，调整固定装置内的 PIP，使 PIP 的两条黑色标线与固定装置的边缘平行。将 PIP 置于鼓肩的中间。确保线条平行且居中，以便末端在鼓上也可保持平行且居中。让 PIP 顶住鼓，同时锁上 PIP 插销。将 PIP 从滚筒上移开。使用挤压瓶，将图像油喷到 PIP 底垫的全部可见部分。按下缓动按钮正转 PIP 鼓，直至看到 PIP 底垫新的干燥部分为止。向前推 PIP 滚筒，继续用图像油冲洗所有干燥部分，直到整个鼓已经被彻底清洗且能够看到 PIP 的固定装置。将 PIP 末端放到前端上，用手触摸一下检查是否接触。缓动 PIP 鼓，轻轻拉动白色的 PIP 保护纸的标签将其取下。放下充电器桥，关闭 PIP 灯护盖，装回清洁站，并装回 ITM 罩。放下过桥，关闭印刷引擎前门，关闭上进纸滑窗，松开紧急停止按钮。更新系统。

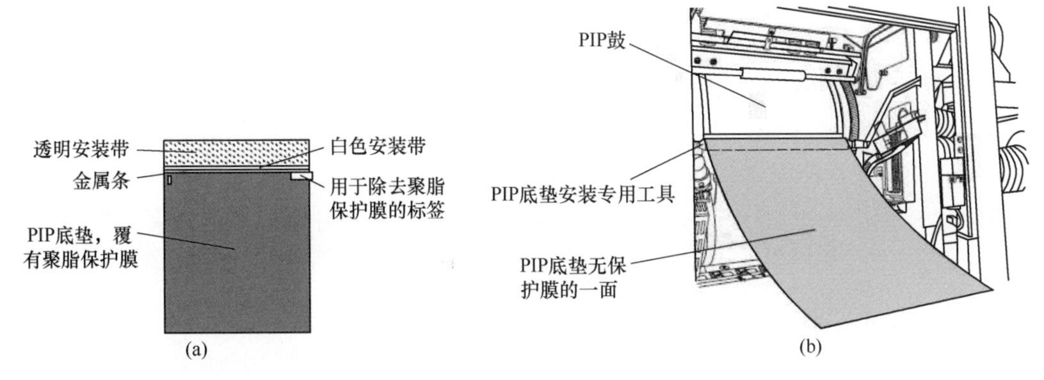

图 5-4-14 安装 PIP 底垫

（a）PIP 底垫 （b）安装 PIP 底垫

5. 更换压印纸、清洁叼纸牙

在印刷过程中，压印滚筒对橡皮布滚筒上的承印物施加压力以进行转印，然后将印张传送到出纸盘。压印纸防止滚筒被油墨污染它的前端固定在压印鼓的固定器上，而尾端则没有固定。压印纸在印刷压力线处承垫承印物。在压印纸变脏后或偏离位置时、压印纸中的叼纸牙窗口变脏时或者更换橡皮布时都需要更换压印纸。佩戴护目镜和防护手套，更换压印纸的步骤如图 5-4-15 所示：①按一下紧急停机按钮，然后便可接近压印鼓：打开上进纸滑窗，抬起桥，打开下进纸门，按住上面的金属板降低双面传送带，打开印刷引擎的前门；②转动手轮直到看见叼纸牙，并能触摸到鼓上的四个螺丝；③拧松压印纸固定器正面的四个螺丝，然后逆时针旋转手轮并拉出旧的压印纸；④使用浸有 IPA 的无尘布清洁压印鼓；⑤在尾端折叠新的压印纸；⑥将新的压印纸贴到螺丝上，以确保左侧的椭圆形切割器指示器固定到位，向下拉动压印纸，直到螺丝位于压印纸切割器的顶部；⑦逆时针旋转手轮使压印纸包裹手轮；⑧将压印纸的折叠的尾端插入前端下面，以便它能紧贴在鼓的周围；⑨拧紧四枚螺丝；⑩抬起并将双面传送带锁定到位，然后关闭印刷机下进纸门；⑪放下并锁定桥，关闭所有门并松开紧急停机按钮。

每周都需要清洁压印鼓的叼纸牙，清洁叼纸牙的步骤：①转为待机；②在控制面板上，

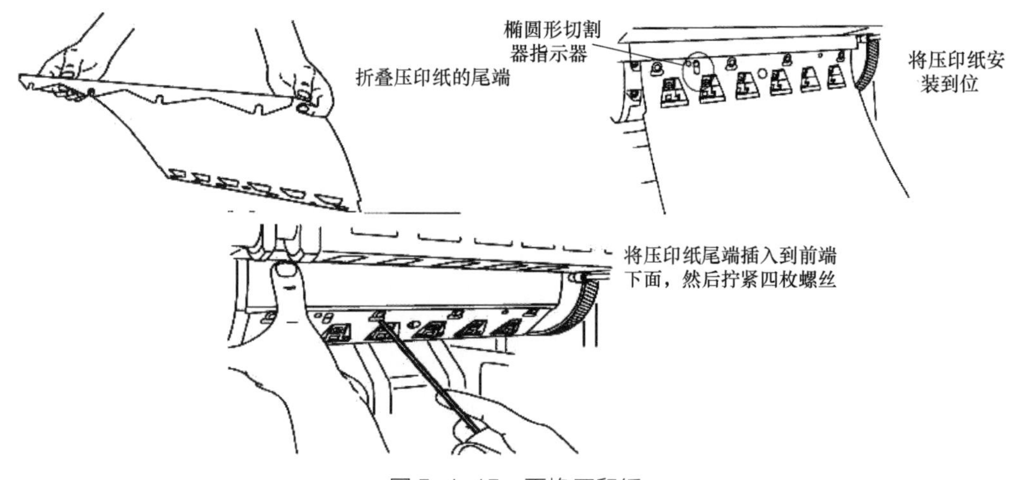

图 5-4-15 更换压印纸

单击维护，然后单击叼纸牙清洁；③关闭电源使能开关；④打开印刷机前门、下进纸门和上进纸滑窗；⑤抬起桥并放下双面传送带；⑥逆时针旋转手轮直到看到压印鼓的叼纸牙为止；⑦使用浸有 IPA 的无尘布清洁叼纸牙表面；⑧抬起双面传送带并将其锁定到位；⑨关闭印刷机下进纸门、放下并锁定桥并关闭所有门；⑩打开电源使能开关并松开紧急停机按钮。

6. 清洁清洁站的刮刀

印刷机清洁站位于前门的后面，PIP 鼓的旁边。第一次转印后，清洁站将对 PIP 进行冷却和清洁。使用图像油湿润 PIP 以进行冷却，然后使用柔性刮刀清除残墨。每天工作结束时清洁清洁站刮刀（图 5-4-16）。当印张从上到下都出现刮痕时，应旋转或更换清洁站刮刀。如果清洁站刮刀损坏，则更换它。每一百万次压印之后要更换清洁站海绵辊。清洁清洁站刮刀的步骤：①转为待机，然后按紧急停机按钮；②打开前门并拆卸清洁站刮刀支架；③使用浸有图像油的无尘布清洁刮刀，如果海绵辊脏了，可以同时更换新的海绵辊；④装回清洁站刮刀支架；⑤关闭所有门并松开紧急停机按钮。

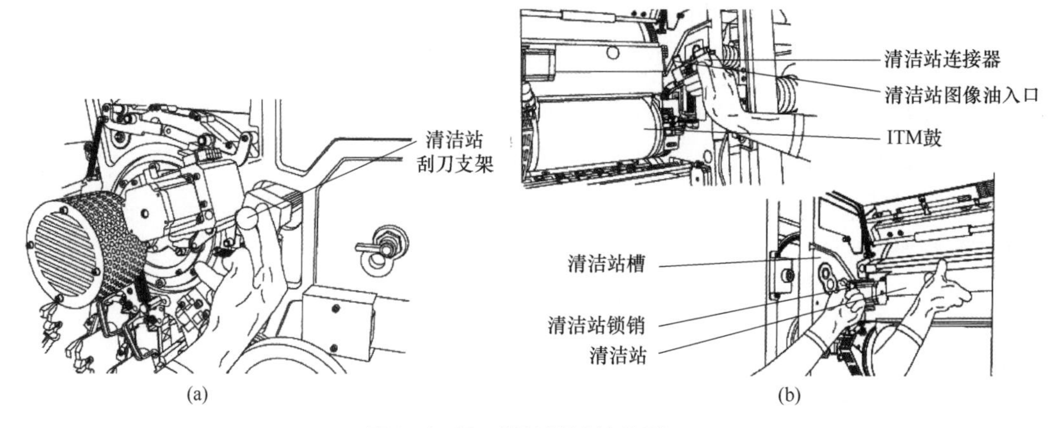

图 5-4-16 清洁清洁站的刮刀

（a）拆卸清洁站刮刀支架 （b）拆卸清洁站

7. 清洁充电器单元

图 5-4-17 中的充电器可以为PIP 充电。为确保 PIP 能够均匀充电，系统配备了三个充电器单元。这些单元分别标记有字母 L、M 和 R（表示左、中和右）。这三个单元可以互换，维护方法也相同。充电器单元装在充电器桥中，并在印刷过程中使它们与 PIP 滚筒接合。更换充电器栅网时需更换充电器金线。更换充电器栅网时，如果充电器调节器磨损，也要更换。每月维护清洁一次充电器。

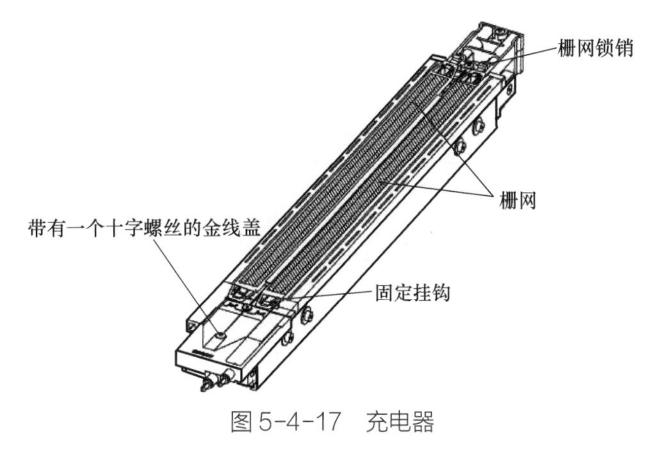

图 5-4-17　充电器

当印数达到 4500 ~ 6000 后，充电器金线会自动前进以露出新丝。金线用完以后需要更换，如图 5-4-18 所示。步骤是：①按下充电器锁销，然后拉出充电器单元，从印刷机取下充电器单元，将该单元置于工作台上；②从栅网锁销中拆下栅网，并将其滑出；③使用十字螺丝刀取下金线盖；④取下钢金线和塑料金线，在充电器的另一端，从惰轮上取下金线；⑤安装新的钢金线；⑥将金线放在充电器的另一端的惰轮上；⑦将此线穿入空的塑料金线轴孔，然后通过第二个孔返回，打结固定，将线在金线上绕几圈，确保将其固定；⑧安装塑料金线并剪掉多余的线丝；⑨用螺丝刀按调节器测试它的弹性，按住后，调节器应该上弹；⑩用手转动塑料传动齿轮拉紧金线并确保能够自由运动，装有弹簧的惰轮缩回；⑪使用十字螺丝重新连接金线盖；⑫根据需要，更换新的栅网。如重新使用旧的栅网，将它们翻面，以便原来朝外的一面现在朝里。并使用无尘布醮 IPA 来清洁栅网；⑬将充电器装回到印刷机，并将其锁定到位。

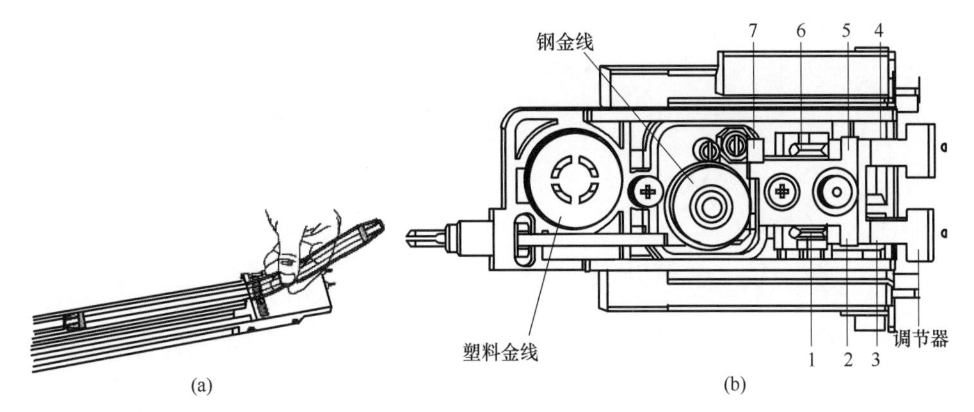

1—滑轮　2，5—导板　3—塑料调节器　4—调节器　6，7—滑轮

图 5-4-18　更换充电器金线

（a）滑出栅网　（b）充电器金线线路

更换充电器栅网时，如果看到充电器调节器磨损，也可以同时更换。更换充电器调节器步骤是：①按下充电器锁销，然后拉出充电器单元，将该单元置于工作台上；②拆下栅网，

务必使它的方向与在充电器中的一样；③从惰轮拆下金线盖、金线和线丝；④拧松固定调节器夹的十字螺丝，取下调节器；⑤取走旧的调节器；⑥在旧调节器的位置上安装新调节器；⑦将调节器夹置于调节器上面，然后用十字螺丝固定；⑧装回充电器金线；⑨用手旋转塑料主动齿轮，确保可以自动活动，使用十字螺丝重新装上金线盖；⑩装回栅网，栅网原来朝下的一面现在应朝上；⑪将充电器装回到印刷机，并将其锁定到位，听到咔嗒声时，说明充电器单元已经锁定。

清洁充电器的步骤是：①将印刷机置于待机，然后按紧急停机按钮；②从印刷机上拆下充电器，然后把它拆开；③使用棉签蘸 IPA 清洁该单元和栅网；清洁图 5-4-18 中 4、5、6、7 的部件时需要特别注意；④使用无尘布蘸 IPA 来清洁充电器和栅网的大部分；⑤重新装上充电器单元；⑥将充电器装回到印刷机，并将其锁定到位，听到咔嗒声时，说明充电器单元已经锁定。

8. 清洁 PTE（预转印擦除）灯罩

PTE 灯能使 PIP 放电，从而为下一次分色记录新图像。PTE 灯由一列 LED 组成（安装在风刀顶部，PIP 鼓下），如图 5-4-19 所示。PTE 灯上盖有塑料板，可防止墨滴和纸张灰尘污染。PTE 灯罩上的墨滴会妨碍 PIP 的完全放电，这将导致在印刷方向上出现亮条或暗条。每周清洁一次 PTE 灯罩，或平时用放大镜检查发现 PTE 灯罩变脏时也必须进行清洁。如果灯罩变脏，网点呈泼溅形状，通常网点应呈圆形。清洁 PTE 灯罩时清洁 PTE 传感器。

清洁 PTE 灯罩的步骤：①按紧急停机按钮并打开前门；②拆下 PTE 保护盖，使用浸有图像油的无尘布清洁；③使用 IPA 清洁 PTE 传感器；④将保护盖装回原位；⑤关闭前门并松开紧急停机按钮。

9. 处理废水废油

要排放冷却器废液，如图 5-4-20 所示：①打开印刷机后部的下检修门；②从印刷机卸下废液瓶，使用不同的外部处理箱排出废水和废油；③将废液瓶放回正确的位置，废水瓶在左侧，废油瓶在右侧，从印刷机后面看时，瓶口必须朝左，确保瓶标签与柜上的标签相符。不要盖上瓶口，当下检修门关闭时，它们将直接接收印刷机的废液；④关闭下检修门。

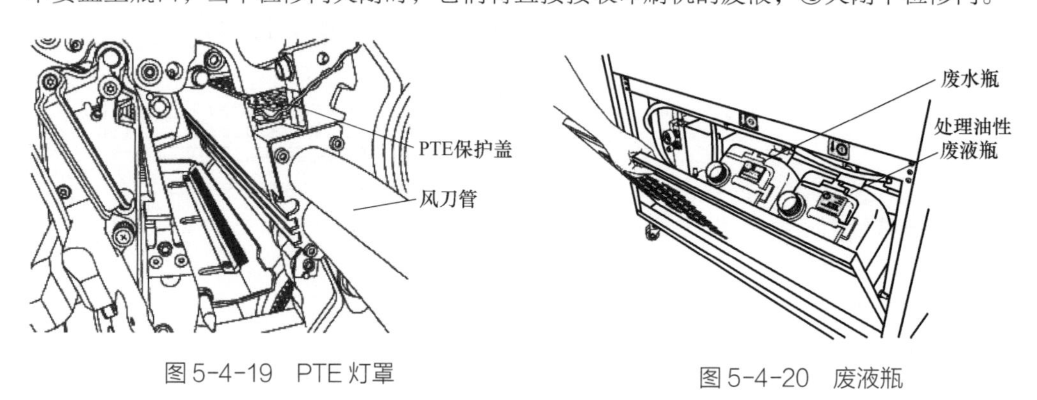

图 5-4-19 PTE 灯罩　　图 5-4-20 废液瓶

10. 清除卡纸，清洁纸路

卡纸可能出现在纸路的任何一个位置，如图 5-4-21 所示：①进纸台的垂直纸路、进纸

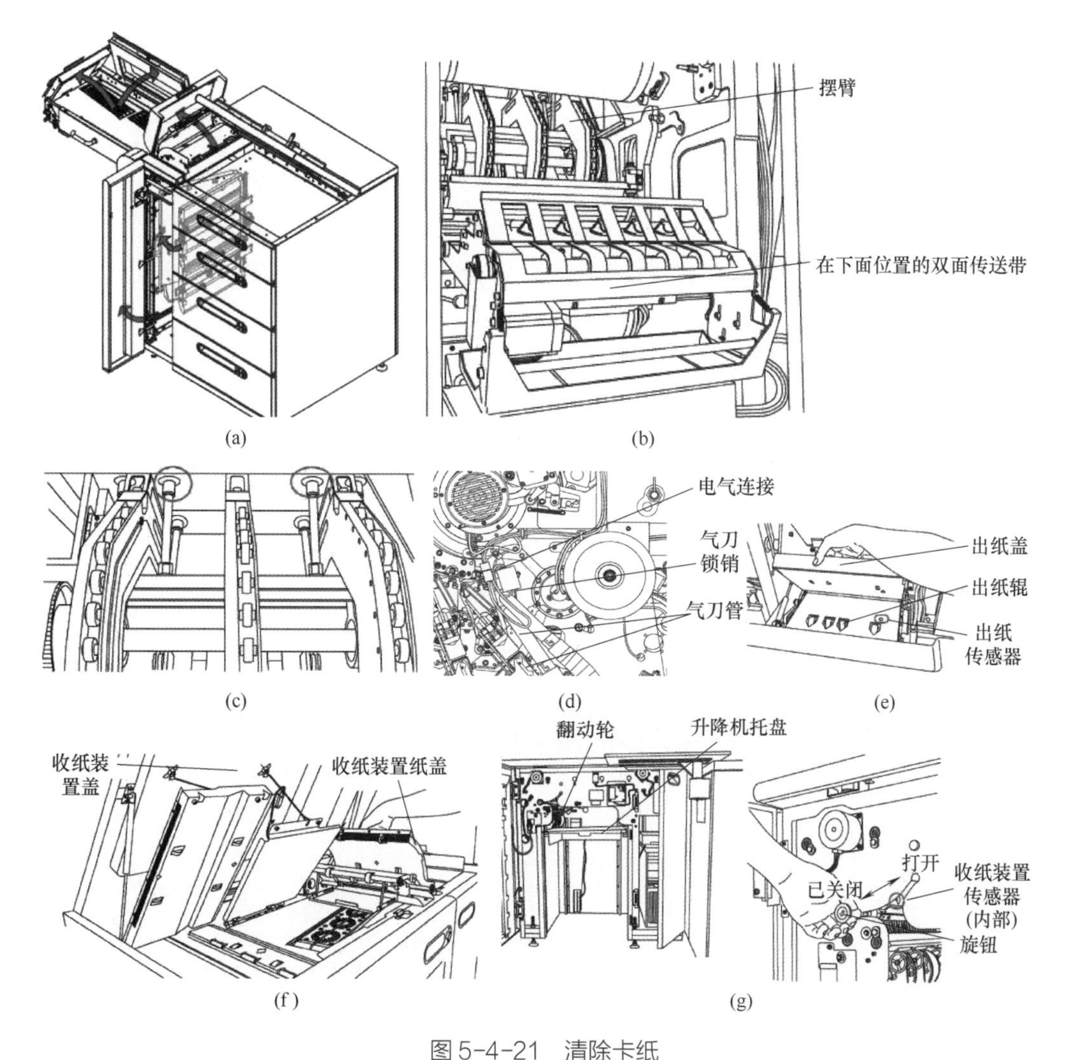

图 5-4-21　清除卡纸

（a）进纸台　（b）双面传送带　（c）摆臂吸嘴　（d）风刀　（e）出纸传送带

（f）收纸装置顶部　（g）收纸装置翻动轮

头、过桥；②摆臂；③清洁站；④风刀；⑤出纸传送带；⑥收纸装置。

进纸台上出现卡纸时，打开相应的柜门，松开模块上的插销，小心地取出承印物，慢慢拉出纸张的边缘。

清除摆臂上的卡纸：打开印刷机下进纸门并放下双面传送带，除去双向传送带或摆臂中的卡纸，清洁并检查摆臂吸嘴，如有必要则更换。可以用手旋转吸嘴固定器以便打开，抬起双面传送带，关闭印刷机下进纸门。

当提示出现卡纸，但是在出纸传送带、摆臂、双面传送带中或橡皮布上找不到纸张时，可能在 PIP 滚筒与清洁站之间。要取出清洁站中的卡纸：①按下紧急停机按钮；②取下 ITM 罩；③拆下清洁站；④取出卡在清洁站与 PIP 滚筒之间的纸张；⑤装回清洁站、 ITM 罩和清洁站刀；⑥关闭所有柜门并松开紧急停机按钮。

在发生卡纸时如果纸张被撕裂就要找出所有的碎纸，拼成完整的一张纸，如果不全，就要检查风刀和PIP之间有没有纸张：①按紧急停机按钮打开前门；②取下风刀：断开风刀连接器和气管，断开电气连接器，按下风刀锁销，然后拉出设备；③打开PIP并取下任何松动的碎纸；④按上述相反步骤装回气刀；⑤关闭所有柜门并松开紧急停机按钮。

出纸传送带出现卡纸时，打开印刷机出纸滑窗并抬起出口盖，小心地取出卡住的纸。

清除收纸装置上的卡纸：①抬起收纸装置顶盖和收纸装置纸盖；②小心地取出卡住的纸；③打开收纸装置的左前门检查翻动轮处是否有卡纸，拉出然后转动旋钮至打开的位置来检查是否有碎纸。

每周清洁一次纸路中的进纸路、印刷引擎、出纸路。

清洁进纸路：①转为待机，然后按紧急停机按钮；②打开每个进纸台纸匣并取出纸张；③清洁纸匣底部，然后重新装入承印物；④清洁垂直纸路，彻底清洁全部传感器和辊子，然后关闭垂直模块及其检修门；⑤打开进纸台多张拾取盖，清洁垂直模块的顶部，包括辊子；⑥清洁托盘和辊子，然后关闭盖；⑦打开过桥盖并清洁过桥，包括皮带、纸辊以及传感器；⑧关上过桥盖。

清洁印刷引擎纸路，如图5-4-22所示：①转为待机，然后按紧急停机按钮；②打开上进纸滑窗，抬起ITM罩，并抬起过桥至维护位置；③清洁进纸结合线辊子和进纸辊子；④使用棉签蘸IPA清洁传感器；⑤打开印刷机下进纸门，降下双面传送带；⑥使用棉签蘸IPA清洁双面传送带、摆臂原位传感器和其他摆臂传感器；⑦检查摆臂和摆臂吸嘴；⑧抬起双面传送带并关上所有柜门。

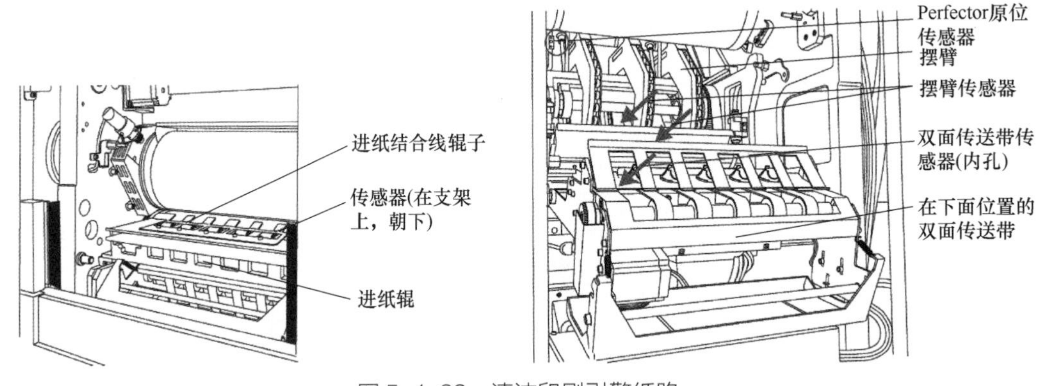

图5-4-22　清洁印刷引擎纸路

11. 润滑机械系统

润滑机系统如图5-4-23所示，对印刷机进行润滑之前，要关闭系统并锁定主电源开关。如果印刷机没有配备可锁定的隔离开关，则将插头拔掉并进行标记。不要过多使用润滑剂。许多润滑点都受弹簧轴承的保护。要润滑这些点，必须对轴承施加压力，然后使用润滑油。要获得最佳效果，可使用长嘴油壶。

12. 打印产品质量问题分析

在一些例子中，问题仅以问题样张表现出来，不同的打印引擎组件造成不同的打印质量问题。首先要了解设备的工作原理。图像的各分色打印在不同的PIP滚筒面并转印至

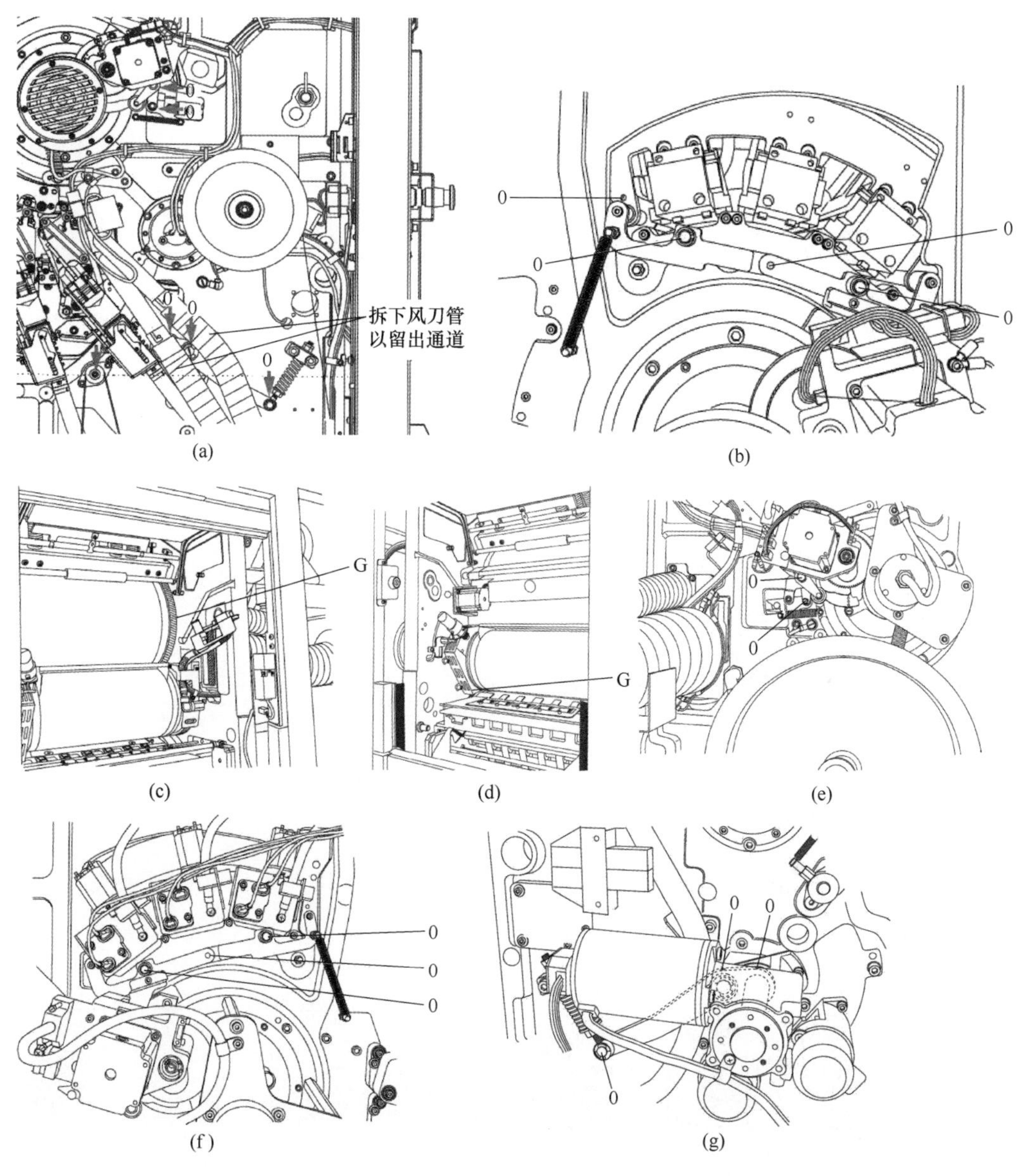

图 5-4-23　润滑机械系统

（a）前部 6 个点　（b）前部充电器 4 个点　（c）PIP 鼓齿轮　（d）压印鼓齿轮

（e）后部主电机 2 个点　（f）后部充电器桥 3 个点　（g）后部压印合压机构 3 个点

ITM 滚筒上，PIP 滚筒旋转一周相当于 ITM 滚筒旋转两周，如图 5-4-24 所示，因此青/黄在 PIP 的一边，而品/黑在另一边，ITM 滚筒则是各色在同一区域，由此可以分辨出问题的来源。

第一种：只有在青/黄或品/黄出现问题，如图 5-4-25 所示，则问题可能是与 PIP 或相关的子流程或子系统造成。

第二种：部分油墨覆盖问题，如图 5-4-26 所示，无论何种颜色/色序，可能是由 BID 合压/离压系统造成。

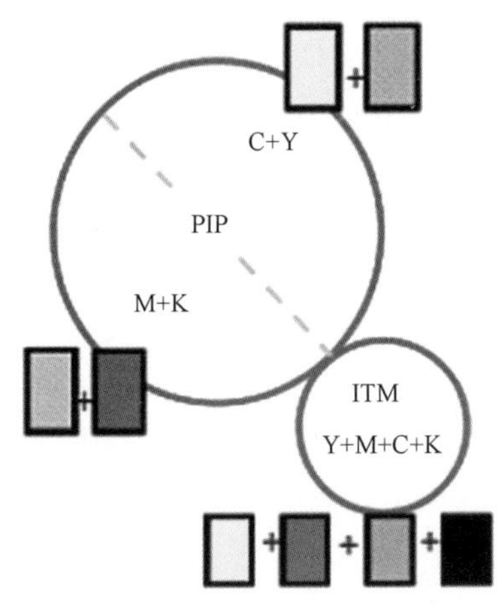

图 5-4-24 PIP 和 ITM 滚筒

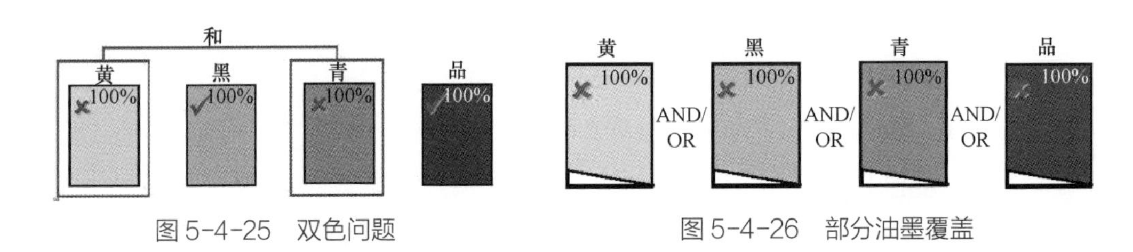

图 5-4-25 双色问题

图 5-4-26 部分油墨覆盖

第三种：在印品上所有的四色都出现固定的条纹或油墨覆盖问题，如图 5-4-27 所示，可能与橡皮布相关。

第四种：只有一个颜色发生问题，如图 5-4-28 所示，可能是由 BID 或相关子系统造成。

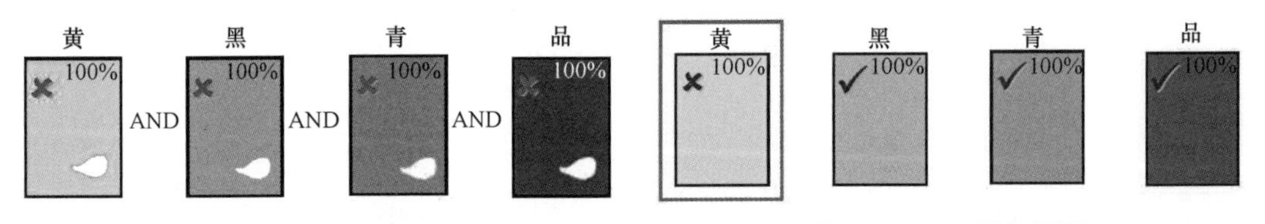

图 5-4-27 所有四色都有问题

图 5-4-28 单色问题

在辨别出问题原因后，就应该可以解决。一些打印质量的相关问题可由操作员来解决，另外的问题需要与客户支持中心联系，由客户工程来解决。维护工作请扫描二维码观看视频。

惠普 Indigo 5500 的维护

学号：________________ 姓名：________________

任务实施： 1. 描述液态墨粉静电照相数字印刷机的特点、适用场合，动手完成日常维护工作，解决印刷过程中出现的问题。

____

____

____

____

2. 画出 HP Indigo5500 印刷引擎的机构示意图，并标注走纸路线。

总结提升： ____

____

自评互评：

序号	评价内容	自我评价	小组互评	真心话
1	学习态度			
2	分析问题能力			
3	解决问题能力			
4	创新能力			

任务五　分析比较三类静电照相数字印刷机各自的特点、应用场合

任务发布： 分析比较三类静电照相数字印刷机各自的特点、应用场合。收集不同印刷企业因设备维护不当造成损失的案例。从印刷引擎的结构形式、双面印刷的方法、印刷速度、幅面大小、印刷色序、纸张要求、维护方法、后道工序等方面进行比较。

学号：________________　姓名：________________

任务实施： 列表分析比较不同类型静电照相数字印刷机的指标、性能、特点、适用场合。

机型	结构特点	指标	适用场合

总结提升： ____

____

自评互评：

序号	评价内容	自我评价	小组互评	真心话
1	学习态度			
2	分析问题能力			
3	解决问题能力			
4	创新能力			

喷墨数字印刷设备结构与维护

问题引入：下面图片的背景是一张宣传海报，这么大幅面的印刷品怎么才能打印出呢？而且需求很少，最多两张，一张备用。这就是大幅面喷墨数字印刷设备的特长！调研一下，哪些场合需要喷墨数字印刷机，主要完成的工作任务是什么？

教学目标：了解喷墨头的工作原理，掌握喷墨数字印刷机的基本结构，了解喷墨数字印刷设备的种类，掌握喷墨数字印刷设备的维护和简单故障的诊断排除方法，并能按计划进行维护工作。

知识目标：掌握喷墨数字印刷的基本原理，了解喷墨数字印刷设备的常见类型，熟悉喷墨数字印刷设备的基本结构，掌握喷墨数字印刷设备的维护和简单故障的诊断排除方法。

能力目标：能够运用故障诊断和分析的方法来分析各种喷墨数字印刷设备的故障，并根据操作规程有计划地进行维护工作。根据实际设备使用环境和工作任务补充故障类型，制定适合不同工作场合的维护计划。

任务一　喷墨数字印刷的基本原理

任务发布：查找市面上有哪些类型的喷墨数字印刷机的品牌特别是国产喷墨数字印刷机及其市场占有率。

知识储备：喷墨数字印刷的基本原理。

根据 GB/T 9851.8-201X，喷墨成像的定义是：在计算机控制下，使液体墨水形成墨滴并喷射到承印物上，形成可视图文的过程。采用喷墨成像技术的喷墨印刷已成为当前两大主流数字印刷技术之一。

喷墨印刷是通过控制细微墨滴的沉积，在承印物上产生需要的颜色和密度，最终形成印刷品的一种复制技术。它是一种非接触式的无版成像复制技术。大多数喷墨印刷系统采用直接转移墨水的方法，但也有采用间接转移的，例如相变喷墨系统。将墨水以一定的速度从微细的喷嘴喷射到承印物上，一般喷嘴的直径在 30 ~ 50μm，最后通过油墨与承印物的相互作用实现油墨影像的再现。喷墨技术能够顺利应用，对墨水有基本的要求：一是墨水中的溶剂或水能够快速渗透进入承印物，并保证足够的干燥速度；二是墨水中的呈色剂能够尽可能固着在承印物的表面，以保证足够高的印刷密度和分辨力。所以墨水必须与承印物相匹配。

喷墨印刷的技术和系统结构特点决定了，需要复制的图文内容将以最短的路径转移到承印材料表面，且系统功能部件也最少，当成像系统的喷嘴宽度与页面宽度相等时，甚至不需要移动部件。现有的各种控制技术足以确保墨滴喷射的稳定性，墨滴尺寸和形状的均匀性良好。只要纸张特性与墨水成分匹配合理，就可以转换成尺寸和均匀性良好的记录点，很容易实现调频加网技术。

喷墨印刷具备以下优势：

（1）墨水直接喷射　无需任何转印压力，有足够初始动能即可，非撞击印刷，无噪声。

（2）质量控制方便　静电照相数字印刷需要形成静电潜像中间步骤的质量控制，喷墨印刷只需集中力量于墨滴生成和喷射。

（3）工作流程简单　与其他数字印刷技术相同，但更简单和直接。

（4）输出质量高　如果使用专用喷墨打印纸，打印质量可与摄影照片媲美。

（5）色域大　可以用多于四色墨水印刷，增加打印头即可。

（6）可以实现曲面印刷　除丝网印刷外的传统印刷，以及其他数字印刷都无法在弯曲表面上印刷，而喷墨印刷可以。

（7）承印材料厚度无限制　只要有转印间隙，就会限制承印材料厚度，喷墨印刷只需增加喷嘴端面与承印材料距离即可。

（8）承印材料结构　加热和加压往往是承印材料结构性限制的主要原因，喷墨印刷不存在加热和加压。

喷墨印刷技术现状：

（1）墨滴尺寸　高质量彩色图像复制要求的动态范围，对于阶调复制效果、中性灰平衡、图像颗粒度、色域范围、细节和清晰度的精确控制，都要求提高喷墨打印头的记录分辨率。通过改善喷墨打印头传动机构精度的方法能提高寻址能力，对改善线条和文本等页面对象的边缘质量有帮助，但高质量彩色图像复制根本问题在于减小喷射动作形成的记录点尺寸，由于墨滴喷射与记录点尺寸间存在因果关系，因而减小记录点尺寸意味着减小墨滴尺寸。喷墨印刷领域通常以体积或墨滴尺寸大小为衡量指标，一般用皮升或纳克作为墨滴衡量指标（$1pL=10^{-12}L$；$1ng=10^{-9}g$）。随着喷墨设备精度的提高，墨滴尺寸从 1997 年的 32pL 减少到 2002 年的 $2\sim6\times10^{-12}L$（$2\times10^{-12}L$ 已接近喷墨印刷实践的极限）。另一方面，墨滴的减小要求喷墨速度要加快。

（2）打印头结构　绝大多数小型喷墨印刷设备采用往复式结构，打印头套件从设备本体独立出来，由拖板带动打印头套件，每次扫描行程覆盖页面部分区域。小型喷墨设备的打印头套件是墨水容器和其他部件集成在一起，比如家用的桌面级喷墨打印机。墨盒上面自带喷嘴，一般精度较低。大规格的往复式喷墨或宽幅喷墨印刷系统每次扫描行程覆盖的印张宽度范围比小型设备大，墨水消耗大，所以将墨水容器从打印头套件中独立出来，成为喷墨印刷设备的固定部分，而喷嘴固定在主机上。墨盒以软管与打印头套件连接，组成连续供墨系统。商业级喷墨印刷设备采用全宽结构，打印头覆盖页面宽度，无须来回扫描，比如大型户外广告用的喷墨印刷设备，当然价格也非常昂贵。

（3）喷墨质量　影响喷墨印刷质量的主要因素是印刷设备的空间分辨率，但考虑到往复式喷墨印刷设备经常采用多次通过打印模式，因此最能反映设备精度的指标应该是单位距离内排列的喷嘴密度 NPI（nozzles per inch 每英寸喷嘴数）。纸张的吸收性或吸水性成为影响图像质量的另一关键因素。多重墨滴喷射也有助于改善印刷质量，例如惠普到 1999 年底时已能喷射 5×10^{-12}L 的极小体积墨滴，每个记录点可以用多达 29 个墨滴堆积起来，细微层次表现能力得以极大提高。

（4）提高喷墨速度　措施一是往复式结构打印头从扫描行程加空程打印改成“蛇”形扫描轨迹打印，该工作方式与图像的二维数据结构一致，无须像点阵打印机那样重新组织图像数据，这种方案对大面积推广和应用喷墨印刷技术的作用不可低估。措施二是开发全宽喷墨打印头。柯达万印以 2.5m/s 的速度输出 A3 宽度的卷筒纸，相当于每分钟输出 1000 份 A4 页面纸张。如今，全宽喷墨打印头已不局限于连续喷墨，惠普于 2008 年发布的 HP T300 卷筒纸热喷墨数字印刷机的输出速度达到 122m/min，为改善墨水干燥条件而采用了非平行走纸机构。

喷墨印刷技术按照喷墨方式可以分为连续喷墨和按需喷墨，如图 6-1-1 所示。连续喷墨又可以分为 Sweet 喷墨和 Hertz 喷墨。Sweet 喷墨按照墨滴是否偏转又可以分为不偏转喷射和偏转喷射。偏转喷射还可以分为二值偏转和多值偏转。按需喷墨可以分为热喷墨、压电喷墨和静电喷墨。热喷墨可以分为顶喷式和侧喷式。压电喷墨可以分为直接喷墨和间接喷墨。直接喷墨又包括挤压喷墨、推压喷墨、弯曲喷墨和剪切喷墨。常见的生产型喷墨数字印刷机都是属于按需喷墨中的压电喷墨方式。

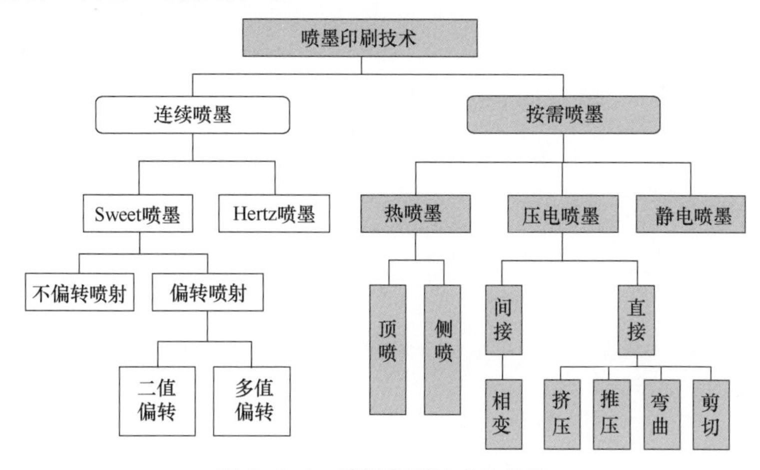

图 6-1-1　喷墨印刷技术的分类

连续喷墨印刷原理是：印刷过程中，其喷嘴连续不断地喷射出墨滴，采用一定的技术方法将连续喷射的墨滴进行“分流”，对应图文部分的墨滴直接喷射到承印物上，形成图像，对应非图文部分的墨滴则被偏转喷射方向，喷射到回收槽中转移回收。这种方式适用于高速印刷。按需喷墨印刷也称间歇式喷墨印刷或随机喷墨印刷，它是根据图文信号喷墨，即墨滴只有在需要打印时才喷出。间歇式喷墨比连续式喷墨的空间分辨率高，但速度更慢。

喷墨印刷单元成像结构有两种：往复式和页宽式。往复式喷墨打印机的特点是：打印头独立于设备本体，墨水容器与喷嘴阵列装配在一起，墨水用完后可随时更换。应用场合是家庭和办公室台式打印机，大规格喷墨打印机。往复式结构的经济意义是减少打印头数量，降低设备生产成本。而且无需墨滴偏转机构、打印墨滴的拦截与回收系统，结构简单。

页面宽度喷墨头的适用场合是连续喷墨印刷系统；它的特点是墨滴形成频率很高，但需要控制墨滴参与和不参与记录的状态，需要附加不参与墨滴回收装置，结构复杂。典型案例是柯达万印，输出速度达每小时 1 万印，每个喷嘴均可以喷射出连续墨水射流，每一墨滴由偏转电极独立控制；喷嘴是两个电子喷头组合，其中之一是蚀刻在金属板上的单列小孔。

喷墨印刷技术在目前的应用场景：

（1）消费市场　多色墨水喷射，复制更艳丽和生动的颜色。

（2）商业印刷　宽幅高速普通纸印刷。

（3）微量分析　某些试验材料配置成的液体数量往往很少，控制难度很大，利用喷墨头可准确地喷射进各种容器并分析。

（4）焊接　熔化焊接材料注入喷墨打印头，可以准确地定位到印刷线路板上，从而实现对每一个焊接点熔焊材料的精确控制。

（5）数字制造　液晶显示器生产、微电子器件电子喷溅、晶体管喷涂、扫描光学纳米平版印刷、多层柔性电路制造、环氧基水凝胶化学传感器印刷、活性矩阵底板喷墨柔性电泳显示器制造、电子包装喷墨沉积互连电路和超分子纳米邮戳印刷等。

学号：________________　姓名：________________

任务实施：列出你所知道的喷墨印刷技术的类型及其对应的机型。

____

____

____

____

总结提升：____

____

自评互评：

序号	评价内容	自我评价	小组互评	真心话
1	学习态度			
2	分析问题能力			
3	解决问题能力			
4	创新能力			

任务二　喷墨数字印刷机的系统结构

任务发布：查找市面上有哪些类型的喷墨数字印刷机？特别是国产喷墨数字印刷机及其市场占有率。

知识储备：喷墨数字印刷机的系统结构。

相对于静电照相数字印刷机的复杂结构，喷墨数字印刷机的结构就相对简单得多。图6-2-1是一款常见的家用喷墨打印机，它主要由进纸托盘、墨盒（连带打印头）、打印头驱动机构、出纸托盘组成。这类打印机主要使用热气泡式喷墨技术，墨盒和喷头大多数都是做成一体的。热气泡式喷墨打印的原理是：将墨水置入一个毛细管中，主板将用户需要打印的图文信息转换成电流信号，发送给喷头控制器。喷头控制器控制加热元件工作，加热装置迅速将墨水加热到沸点产生气泡，气泡膨胀体积增大迫使喷头内部墨水喷射到打印纸上形成墨点。其优点是一体化的喷头墨盒更换时很方便，基本无需维护喷头。缺点是：在使用过程中墨水被加热，由于温度变化墨水会发生化学变化。而且墨水是通过气泡积压喷射出来，喷射的方向和体积不易控制，打印质量一般。因为墨盒和喷嘴一体化，导致墨盒价格较高。

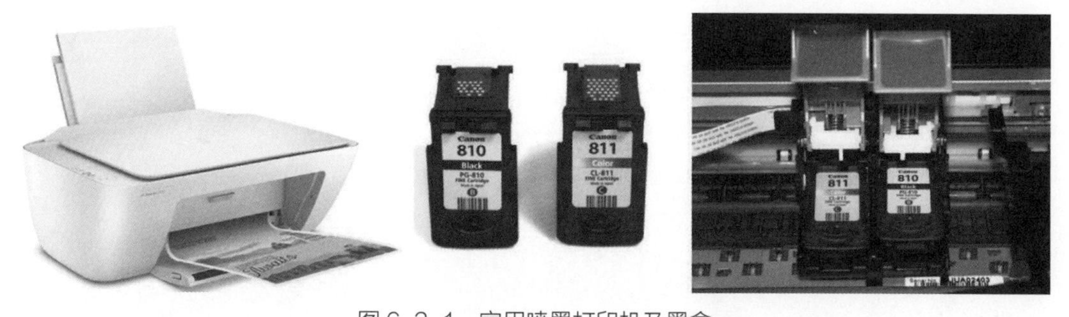

图6-2-1　家用喷墨打印机及墨盒

生产型的喷墨数字印刷机一般都是压电式喷墨方式，墨盒与喷头都是独立的，喷头固定在打印机的字车上，墨盒中的墨水通过管道连接进入喷头。压电喷墨的工作原理是：采用微电压的变化来精准控制墨水的喷射方向和体积。喷嘴是由很多微小的压电陶瓷控制的，当印刷机接收到印刷命令时，会把图文信息转换成电流信号传送到喷嘴的控制器，电流控制压电陶瓷产生动作，控制墨滴的大小和方向并喷出墨水，在承印物上形成图文。其优点是：墨水无需加热，压电喷头对墨滴的控制能力强，打印质量高；喷头与墨盒分离，墨水用完，只需更换墨盒，喷头可以继续使用。缺点是喷头和墨盒之间用管路连接，如果印刷机长期不用或者使用了劣质杂牌墨水，喷头和管道容易堵塞，喷头需要经常清理和维护，喷头成本很高。

喷墨数字印刷机的主要部件是字车组件，包括字车电机、传动皮带、导轨、位置传感器、光栅传感器等，字车的作用是带动喷头来回运动并按控制系统要求喷出墨水。

字车的驱动电机有两种，一种是步进电机，由控制器发出脉冲信号来控制电机的转动，从而控制喷头的位置。另一种是带光电编码器的直流电动机，和光栅传感器配合，精确定位喷墨的位置。当控制器发出信号驱动电机转动带动喷头移动，光电编码器记录电机转动的圈数，光栅传感器测量喷头的实际位置，两者构成闭环系统，能精确控制喷头位置，所以此种方式定位精度更高。在维护过程中，不能触碰光栅表面，手上的灰尘或油污会导致传感器无法读取数据，从而造成故障。可以用无尘布或者棉签蘸酒精清洁光栅表面，不能用其他腐蚀性液体清洁，否则会导致光栅损坏。

输纸组件主要是输送纸张进入打印机，打印完成后再将纸张送出打印机。家用喷墨打印机通常用单张纸打印，所以包括搓纸轮、分页器、纸张检测传感器等。生产性喷墨打印机通常使用卷筒纸，也可以使用单张纸。

学号：________________　姓名：________________

任务实施： 1. 喷墨数字印刷机的主要包括哪些部分？

____

2. 各部分的功能是什么？

____

____

____

____

总结提升： ____

____

自评互评：

序号	评价内容	自我评价	小组互评	真心话
1	学习态度			
2	分析问题能力			
3	解决问题能力			
4	创新能力			

任务三　精细图文喷墨数字印刷机结构与维护

任务发布：调研目前市场上有哪些种类的精细图文喷墨数字印刷机，它们的结构有什么不同？每种机型适合什么样的应用场合？

知识储备：了解精细图文喷墨数字印刷机的结构特点，掌握印刷引擎的工作原理，熟悉设备纸路，熟悉日常维护步骤，卡纸处理方法，并分析印品质量的影响因素。

一、精细图文喷墨数字印刷机的系统结构

以 Epson7908 精细图文喷墨数字印刷机为例，介绍市面上最常见的喷墨数字印刷机结构。图 6-3-1 是该喷墨印刷机的正面，图 6-3-2 是该喷墨印刷机的反面。

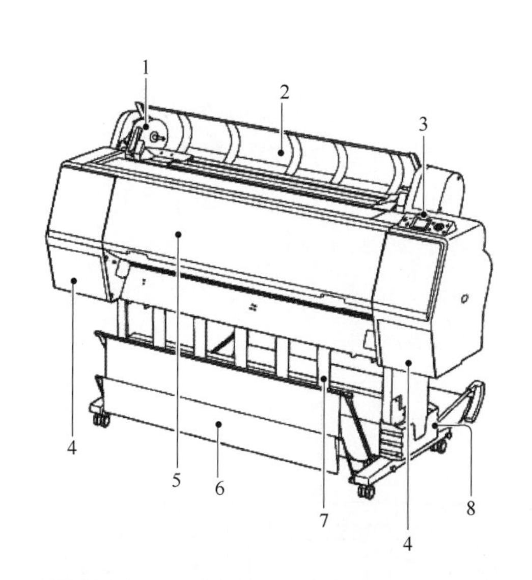

1—适配件支架　2—卷纸盖　3—操作面板　4—墨盒舱盖（在两边）　5—前盖　6—纸篮　7—导纸器　8—手册箱

图 6-3-1　精细图文喷墨印刷机的正面

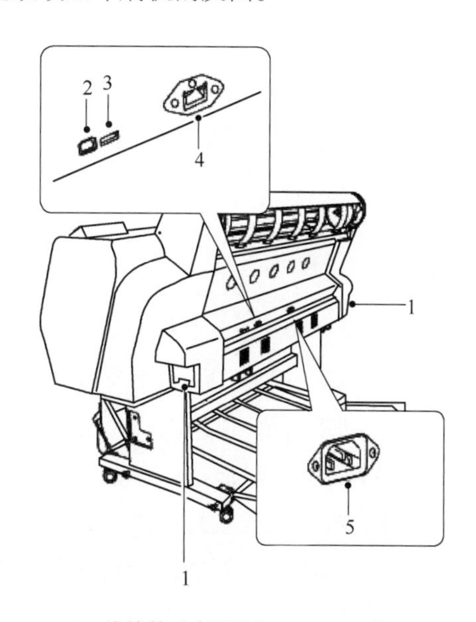

1—维护箱（在两边）　2—USB 接口　3—选件接口　4—网络接口　5—交流电源

图 6-3-2　精细图文喷墨印刷机的反面

图 6-3-1 指出了印刷机的主要部分包括：①适配件支架，当设置卷纸时固定卷纸。②卷纸盖，当放置和取出卷纸时，需要打开卷纸盖。③操作面板，由按钮、指示灯和液晶显示屏（LCD）组成。④墨盒舱盖，当安装墨盒时打开墨盒舱盖。⑤前盖，当取出夹纸时需要打开前盖。⑥纸篮，接收退出的打印纸。⑦导纸器，来引导打印纸进纸或退纸。⑧手册箱。图 6-3-2 是印刷机的背面，包括①维护箱，维护箱用于收集废墨水。 Epson7908 仅在右边有一个维护箱。②USB 接口，通过此接口使用 USB 电缆来连接计算机和打印机。③选件接口，通过此接口使用电缆连接打印机和选件。④网络接口，通过此接口使用电缆连接打印机

和选件。⑤交流电源入口，插入电源线。

操作面板上有按钮、指示灯和信息。面板上一共有 10 个按钮，如图 6-3-3 所示。

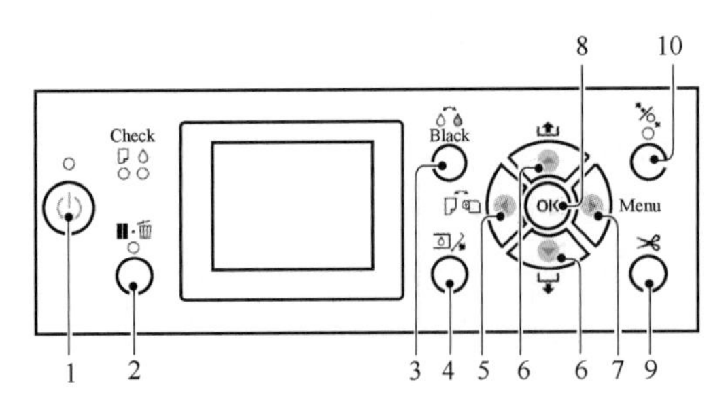

1—电源按钮 2—暂停/复位按钮 3—转换黑色墨水按钮 4—墨盒舱盖打开按钮 5—打印纸来源按钮 6—进纸按钮 7—菜单按钮 8—确定按钮 9—切纸按钮 10—打印纸保护按钮

图 6-3-3 面板按钮

（1）电源按钮 打开或关闭打印机。

（2）暂停/复位按钮 当在就绪状态下按下此按钮，打印机进入暂停状态。要取消暂停，在液晶显示屏上选择暂停取消。当选择任务取消时，其作用为重置按钮。打印机停止打印且清除打印机中的打印数据。在清除数据后，可能需要一段时间才可返回到就绪状态。当在菜单模式中按下此按钮，打印机返回到就绪状态。

（3）转换黑色墨水按钮 切换到黑色墨水类型。

（4）墨盒舱盖打开按钮 轻轻地打开选择的墨盒舱盖，根据显示器上的指示选择左边或右边。

（5）打印纸来源按钮 选择打印纸来源和卷纸切纸方式。按下此按钮可更改图标。

（6）进纸按钮 按向上或者向下箭头，可以向前进纸或向后退出卷纸。按向下按钮一次可向前进纸 3m。如果想正向快速进纸，按着向下按钮 3s。按下向上按钮一次可退纸 20cm。

（7）菜单按钮 当在准备就绪状态按下此按钮进入菜单模式。

（8）确定按钮 在菜单模式中，设定选择项目中的参数。

（9）切纸按钮 使用内置切纸器剪切卷纸。

（10）打印纸保护按钮 此按钮可锁定和松开压纸杆。当设置打印纸时，按下此按钮首先松开压纸杆。然后设置打印纸。再次按下此按钮打印机开始进纸并转至就绪状态。

精细图文喷墨印刷机指示灯，如图 6-3-4 所示。

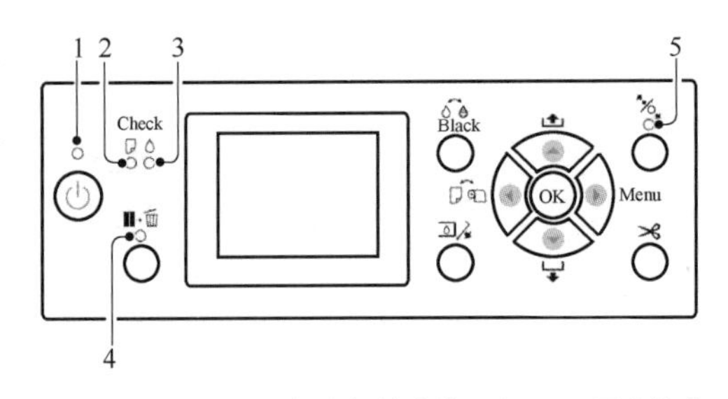

1—电源指示灯 2—打印纸检查指示灯 3—墨水检查指示灯 4—暂停指示灯 5—打印纸检查指示灯

图 6-3-4 指示灯

（1）电源指示灯 ①亮：打印机电源已打开；②闪烁：打印机正在接收数据或正在关闭；③灭：打印机已经关机。

（2）打印纸检查指示灯 ①亮：在打印纸来源中未装入打印纸或者打印纸设置不正确；②闪烁：出现夹纸或者打印纸没有笔直装入；③灭：打印机准备打印数据。

（3）墨水检查指示灯 ①亮：安装的墨盒已到使用寿命或者没有安装墨盒或者安装了错误的墨盒；②闪烁：一个墨盒已到使用寿命；③灭：打印机准备打印数据。

（4）暂停指示灯 ①亮：打印机处于菜单模式和暂停模式或者打印机发生错误；②灭：打印机准备打印数据。

（5）打印纸检查指示灯 ①亮：压纸杆松开；②灭：打印机准备打印数据。

显示屏上内容有：

（1）信息 显示打印机状态，操作和错误信息。

（2）打印纸来源图标 显示打印纸来源和卷纸切纸设置。通过按下液晶显示屏上的向左按钮可选择右表中打印纸来源图标。当从打印机驱动程序打印时，在打印机驱动程序中进行的设置会覆盖在打印机操作面板上进行的设置。

（3）打印头间距图标 显示打印头间距设置。

（4）页号 当选择页号（1～10）作为自定义打印纸时，选择的页号会出现。

（5）卷纸页边距图标 显示打印纸边距图标并带有您在卷纸页边距中选择的边距。

（6）卷纸计数器图标 显示卷纸剩余量。

（7）墨盒状态图标 显示每个墨盒中的墨量。 Epson 7908 的墨盒一共有九个，除了黄色，青色有两种：青色和淡青色，洋红色有鲜洋红色和淡鲜洋红色。黑色有四种：粗面黑色、照片黑色、淡黑色和淡淡黑色。 EPSON 的颜料墨水具有较强的耐光性及抗氧化性可减少褪色影响，此功能开启了打印照片的使用范围，长的打印纸可用于展示、店面横幅、海报及其他容易产生褪色的常规项目。可以在不同光源的环境中减少色差：先前，带有亮色的彩色用于实现精细色调。但是通过在不同光源环境中要使色差减小至最小，使用淡淡黑墨水替换。此颜色即使在不同的光源下也能保持稳定，以保证总是高质量打印。打印黑白照片时：使用三种浓度的黑色墨水作为主墨水来调整浅色调。可以打印精细的黑白色调。同样，仅使用打印机驱动程序的功能，可将彩色照片数据打印成具有丰富色调的单色照片。因为在打印后，彩色墨水很快就能固定，所以打印输出可以用于预印刷和彩色打样目的。照片黑和粗面黑都安装在此打印机上。照片黑墨水可用于所有的介质类型且输出专业效果的打印质量。当在粗面纸和美术纸上打印时，粗面黑墨水有效地增加黑色光学密度。根据使用的打印纸类型可在操作面板上切换黑色墨水。

（8）维护箱图标 最右边的图标显示维护箱的可用量。

（9）选件使用图标 显示选件，自动收纸器和分光光度计是否安装且可以使用。

（10）黑色墨水图标 显示选择的黑色墨水。

精细图文喷墨数字印刷机系统主要由以下部分组成：字车系统、进纸系统、打印头、供墨系统、清洁系统、电源系统、其他部件（自动收纸器、分光光度计）。打印头、供墨系统和清洁系统构成了墨路系统。

字车系统如图 6-3-5 所示，字车系统的主要作用是控制打印头的来回打印动作，包括驱动字车运动的电机 5；1 是电机 5 的编码器，用于精确控制字车的位置； 2 是传感器，检测字车的初始位置；3 是字车锁，印刷机处于通电状态但是不在执行打印任务时，把字车锁在初始位置；4 是字车皮带，它是同步齿形带，用来把电机的驱动力传送出来，使字车快速准确的移动。字车的运动过程如下：首先，打印机接到打印命令，字车锁 3 把字车从初始位

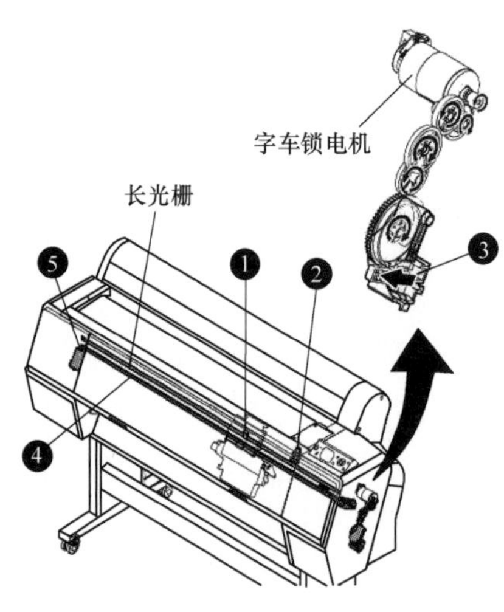

1—电机 5 的编码器 2—传感器
3—字车锁 4—字车皮带 5—电机

图6-3-5 字车系统

置释放，电机 5 开始旋转，带动字车皮带 4 转动，从而驱动字车到指定位置打印，该电机转动的角度可以由编码器 1 检测到，送到控制系统和驱动角度做比较，实现闭环控制，确保定位准确。

进纸系统如图 6-3-6 所示，14 是驱动进纸辊转动的电机；1 是电机 14 的编码器，用于反馈进纸状况；3 是驱动压纸辊的电机；4 是电机 3 编码器；2 是传感器，用于检测压纸辊的位置是处于压紧状态还是分开状态；5 是检测纸张是否存在的传感器；6 是检测纸张厚度的传感器；7 是控制纸张松紧度的电机；8 是电机 7 的编码器；9 是检测纸张宽度的传感器；13 是驱动裁纸刀的电机；12 是电机 13 的编码器；10 是检测裁纸刀初始位置的传感器；11 是吸风装置，吸住打印纸，保证打印时纸张稳定的吸附在底板上。进纸系统工作过程如下：打印机接到打印命令，电机 14 开始旋转带动纸张进入打印机，传感器 5 检测到纸张进入初始位置时，传感器 6 检测纸张厚度是否正常，传感器 9 检测纸张宽度， 判断纸张宽度是否符合打印要求。纸张继续下移，压纸辊电机驱动一起参与进纸，此时吸风装置开始吸风，吸住打印纸保证纸张到打印头的间隙恒定，电机 7 控制纸张的松紧度，然后开始打印。打印完成后，如果系统设定为自动裁纸，则电机 13 转动，带动裁纸刀到纸张初始位置，完成裁纸。

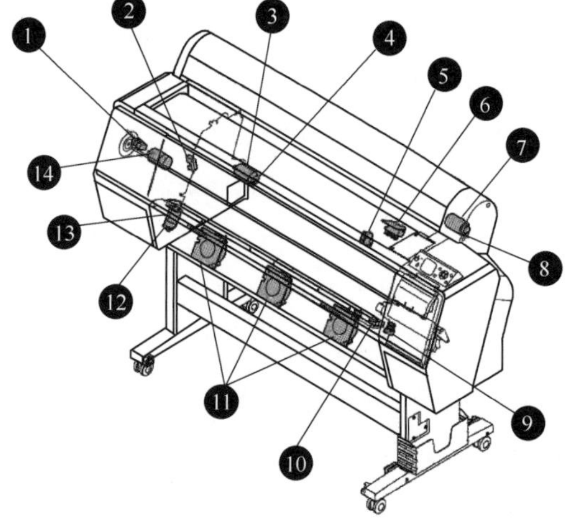

1—电机 14 的编码器 2，5，6，9，10—传感器
3—压纸辊电机 4—电机 3 的编码器 7—电机
8—电机 7 的编码器 11—吸风装置
12—电机 13 的编码器 13，14—电机

图6-3-6 进纸系统

图 6-3-7 是喷墨头的结构示意图，喷嘴排成阵列，相邻喷嘴间的距离决定了喷墨打印机的打印分辨率。比如，相邻喷嘴间距为 141 μm 时，打印分辨率为 180dpi，而相邻喷嘴间距减小为 71 μm 时，打印分辨率提高到 360dpi。

图 6-3-8 是清洁系统。每一次墨水喷出后，回到初始位置，用刮片刮走打印头上残余的墨水。2 是清洁打印头的刮片，6 是刮片和废墨盒驱动电机，首先传感器 1 检测到打印头回到初始位置，传感器 5 检测刮片是否到位，电机 6 开始转动，电机 6 的编码器 4 控制转动角度，刮走打印头上残余的墨水，放入废墨盒 3 中，电机 9 转动，把废墨盒 3 中的废墨吸到

后面的废墨管道，进入废墨瓶中。

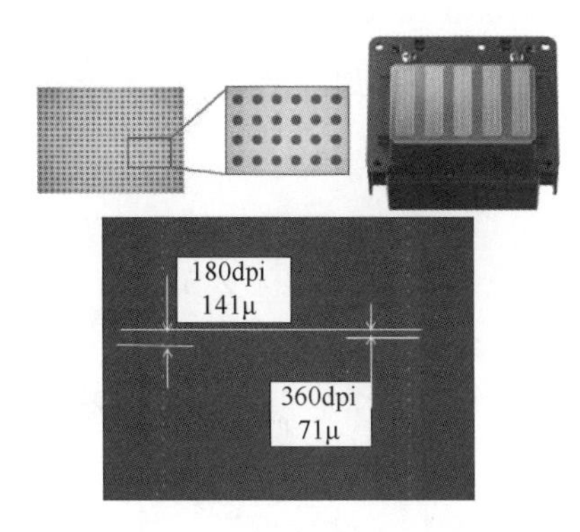

图6-3-7　喷墨头结构

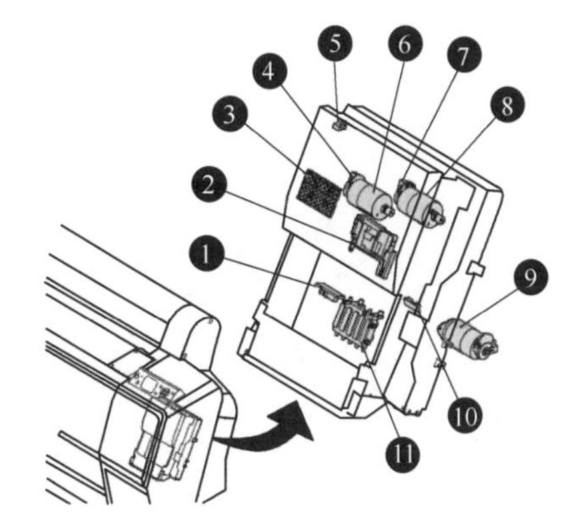

1，5，10—传感器　2—清洁刮片　3—废墨盒
4—电机6的编码器　6，8，9—电机
7—电机8的编码器　11—密封盖

图6-3-8　清洁系统

图6-3-9是供墨系统。5是左右两侧的墨盒，带有芯片，系统检测不过的话就不能使用。打印时，根据控制系统指令，电机3旋转，选择所需要使用的墨水类型，传感器4检测选择的墨水是否正确，传感器1检测墨水标志是否正确。

输墨结构如图6-3-10所示。送墨时，压力泵电机2旋转，驱动产生压力，提供把墨水挤出的压力，3是压力泵电机的编码盘，记录压力泵电机转过的角度，压力传感器1检测墨路中的压力是否达到要求的值，然后才把正确的墨水按照指定的量送到打印头。

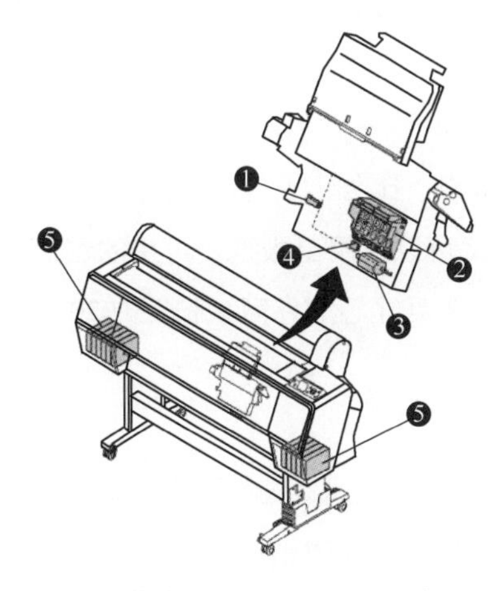

1，4—传感器　2—打印头　3—电机
5—墨盒

图6-3-9　供墨系统

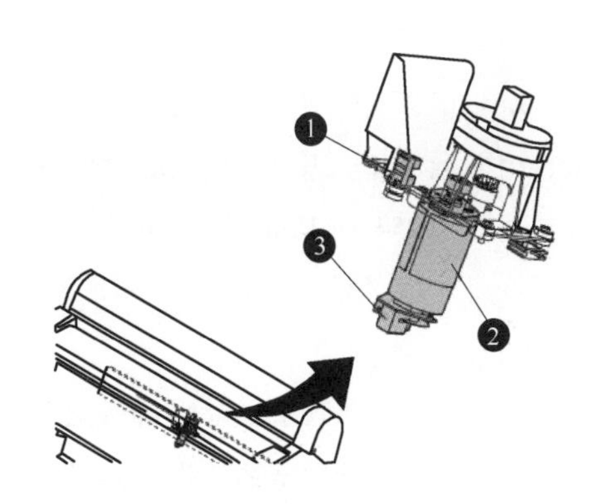

1—压力传感器　2—压力泵电机
3—电机2的编码器

图6-3-10　输墨结构

电源系统如图6-3-11所示。主要是为各功能部件提供电源。1和8是给墨盒管道提供电源，2、3、6是给打印头和清洁系统提供电源，4是提供打印机需要的直流电源，5是主控板电源，连接电脑、传输数据、控制打印机继续部分运动，存储各种计数数据、生成其他

部件需要使用的电压。7 是辅助部分所需要的电源。

还有一些选配件，比如自动收纸器，如图 6-3-12 所示。1 是电源，2 是收纸器的主控板，4 是自动收纸电机，传感器 5 检测到纸张松弛后，马上驱动电机 4 转动收纸，转动的角度由编码器 3 来控制，6 是控制面板。

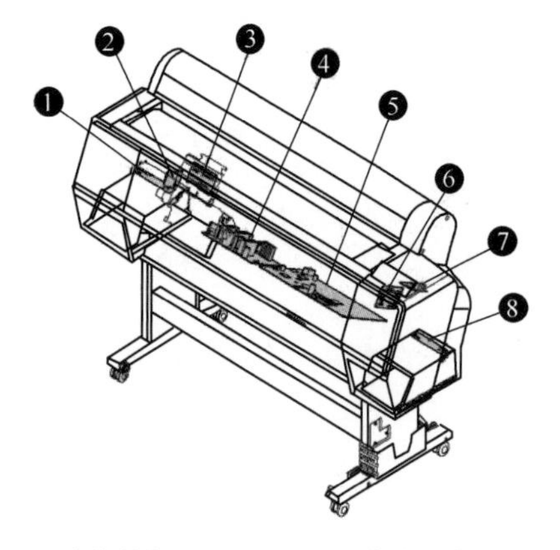

1，8—墨盒管道电源 2，3，6—打印头和清洁系统电源
4—直流电源 5—主控板电源 7—辅助部分电源

图 6-3-11 电源系统

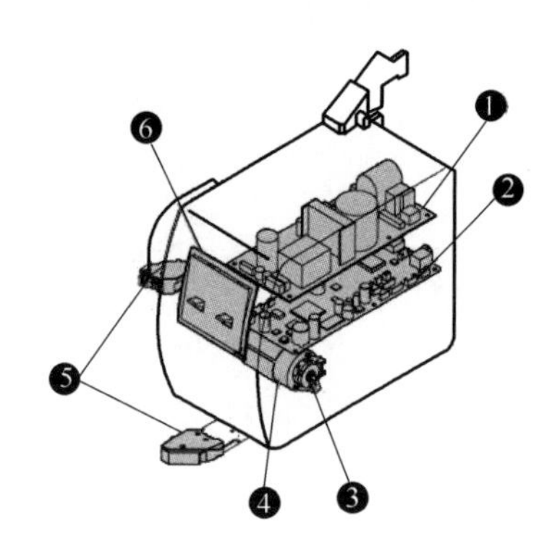

1—电源 2—主控板 3—电机 4 的编码器
4—电机 5—传感器 6—控制面板

图 6-3-12 自动收纸器

二、精细图文喷墨数字印刷机的维护工作

下面以 Epson 7908 为例，介绍精细图文喷墨数字印刷机的维护工作，主要包括以下几个方面的内容：

1. 打印纸规格

Epson 7908 喷墨印刷机可以在多种类型的承印物上印刷，比如照片纸、校样纸、美术纸、粗面纸、普通纸等。Epson 7908 既可以使用卷筒纸，又可以使用单张纸。可用的卷筒纸尺寸宽度为 254 ~ 610mm， 2 英寸芯的卷筒纸长度为 45m。3 英寸芯的卷筒纸长度为 202m。单张纸尺寸是宽度：210 ~ 610mm，长度：297 ~ 914mm。

2. 更换墨盒

在打印时，当在液晶显示屏上提示墨量低，尽快使用一个新的墨盒进行更换。即使是仅有一个墨盒已到使用寿命，也不能继续打印。不要触碰供墨口或其周围区域。墨盒可能泄漏，不要碰触墨盒侧面的绿色 IC 芯片，不然可能会导致不能正常运行和打印。不要从打印机中取出安装的墨盒。否则打印头喷嘴变干，将不能打印。不使用打印机时，每个墨舱中都保留有墨盒。

确保在更换墨盒时打印机电源打开。如果在更换墨盒时关闭打印机，墨盒中的墨量可能不能被正确检测，且在墨盒检查指示灯亮之前不能打印。取出墨盒时供墨口的周围可能有墨水，小心不要触碰供墨口周围的任何墨水。为确保获得高质量的打印输出和保护打印头，当打印机指示更换墨盒时，在墨盒中还留有作为维护用的一定量墨水。

更换墨盒的步骤如图 6-3-13 所示：

（1）按下打开墨盒舱盖按钮（当正在打印和清洗时，该按钮不能用）。

（2）选择安装有目标墨盒的墨盒舱盖，然后按下 OK 按钮。墨盒舱盖解锁并稍微地打开一点。

（3）用手将墨盒舱盖完全打开。

（4）用力向里推动一下要更换的墨盒，墨盒会稍微地退出一点。

（5）小心地将墨盒从打印机中直线拉出。

（6）从包装袋中取出一个新墨盒，在前后 5cm 的范围内水平摇晃墨盒 15 次。

（7）拿着墨盒，让有箭头的一面朝上，并且箭头指向打印机后部，然后尽可能深地插入插槽中直到将其锁定到位。让墨盒标签上的颜色与墨盒舱盖后部的颜色完全匹配。关闭墨盒舱盖。

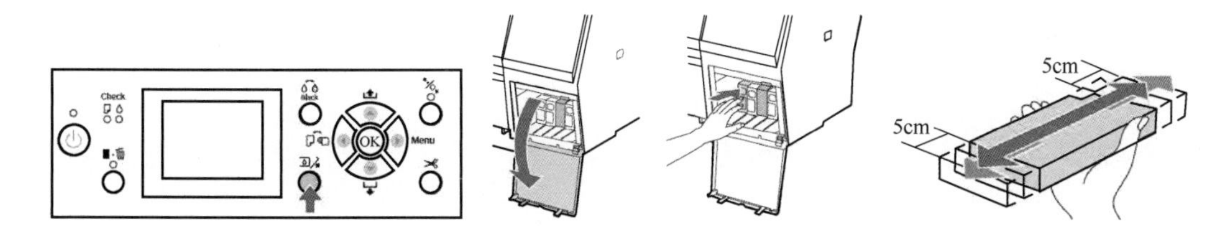

图 6-3-13　更换墨盒

3. 更换维护箱

维护箱吸收清洗打印头时排出的墨水。对于 Epson 7908，只有 1 个维护箱，位于右边。当液晶显示屏指示更换维护箱时，需要更换维护箱，步骤是：

（1）关闭打印机。

（2）从包装袋中取出新维护箱。

（3）将手放置在维护箱的扣手处，然后轻轻地将其直线拉出。

（4）将使用过的维护箱放置在用于替换用的维护箱的塑料袋中，并正确的进行处理。

（5）将新的维护箱尽可能深的插入到位。

4. 更换或清洁切纸器

当切纸器切纸不整齐时，更换切纸器，步骤是：

（1）确保打印机已打开。如果已装入打印纸，请从打印机中取出。

（2）按向右按钮进入菜单模式。

（3）使用向上/向下按钮选择维护，然后按向右按钮。

（4）按向上/向下按钮，选择切纸器更换，然后按向右按钮。

（5）按 OK 按钮，切纸器支架移到更换位置。

（6）如果选件分光光度计装置已安装到打印机，从打印机上将其取下，然后关闭打印机。

（7）要取下切纸器盖，使用小钮将其打开，然后出可取下。

（8）用螺丝刀逆时针转动固定切纸器的螺丝。小心不要损坏切纸器的刀片。将其摔落或在硬物上碰撞可能会摔坏刀片。

（9）小心地从打印机中取出旧的切纸器。

（10）从包装袋中取出一个新的切纸器，将切纸器安装到切纸器支架，将固定切纸器的螺丝插入到切纸器支架的孔中。

（11）用螺丝刀顺时针转动螺丝来固定切纸器。

（12）将切纸器盖的下缘与切纸器对齐，然后稳定地按着盖直到将其锁定到位。

（13）如果安装分光光度计，安装好后打开打印机电源。切纸器支架移至初始位置。

（14）按 OK 按钮。

（15）确保切纸器盖已安装，然后按 OK 按钮。

如果切纸器只是脏了，不用更换，则在前面第 9 步取下切纸器后，用纯净水将清洁棉签沾湿，清洁裁刀表面。如果切刀表面有类似胶状物等污垢，清水无法进行清洁时，用酒精或其他溶剂进行清洁，清洁后请用清水进行擦拭，防止溶剂对切刀表面腐蚀造成损坏。注意避免伤手。下面左图是裁刀表面清洁前，右图是清洁后。

5. CR 光栅清洁

（1）将打印机前盖打开。

（2）用无纺布对尘土进行清洁。

（3）如果光栅表面有墨滴或其他污物，用纯净水将清洁棉签沾湿进行擦拭。

（4）如光栅出现折损就要进行更换。

6. 压纸轮及走纸通道清洁

（1）将打印机前盖打开。

（2）用无纺布蘸清水擦拭压纸轮表面。如用清水无法清洁掉污渍，请用酒精进行清洁，清洁干净后用清水擦拭干净。

（3）用无纺布清洁走纸通道上的纸粉。如走纸通道上有墨渍，请用软布蘸清水擦拭干净，在用干布擦净水渍，如图 6-3-14 所示。

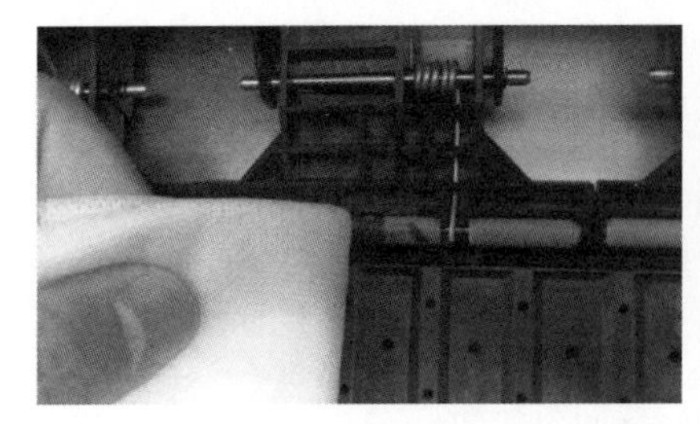
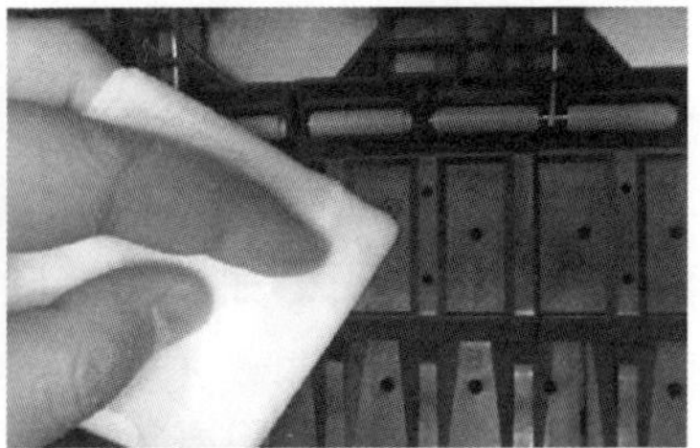

图 6-3-14　压纸轮及走纸通道清洁

7. 字车导轨润滑及安装吸油垫

如果字车在移动时会发出刺耳的异响声音，但是打印效果不受影响。关机情况下手动移动字车也会发出同样的声音。这种现象主要是因为长时间打印后，空气中的灰尘附着在导杆上与润滑油混合成油泥阻碍字车移动。出现这种情况时需要对字车导轨进行清洁润滑。

清洁润滑的步骤是：

（1）将打印机左右护盖和上盖取下并且打开前盖。

（2）将上下两根导轨进行清洁。可以使用少量酒精对轨道清洁，效果更好。

（3）在打印机最左最右两侧导轨上进行润滑。使用少量的 G-84 点在导轨上，用手动拉动字车抹匀的方式进行润滑。当字车的寿命到达一定时间后，导轨上的润滑油会出现沉积，油脂会从导轨支撑上滴到介质上，影响打印品质。将新吸油垫两侧的卡子，卡在导轨支撑架上。

8. 清洁刮片、废墨槽和泵槽

在清洁刮片和废墨盒之前必须先打开印刷机控制面板部分，才能看见刮片和废墨盒。通过控制面板电源开关，关闭打印机电源，并确认。电源 LED 灯和 LCD 面板关闭，然后拔掉电源线，如图 6-3-15 所示。

图 6-3-16 中，移出右侧墨盒，打开右墨舱盖，从墨仓中移出所有墨盒。移出右侧维护箱，当拔出维护箱的同时，用手作为支撑防止它倾斜漏墨。

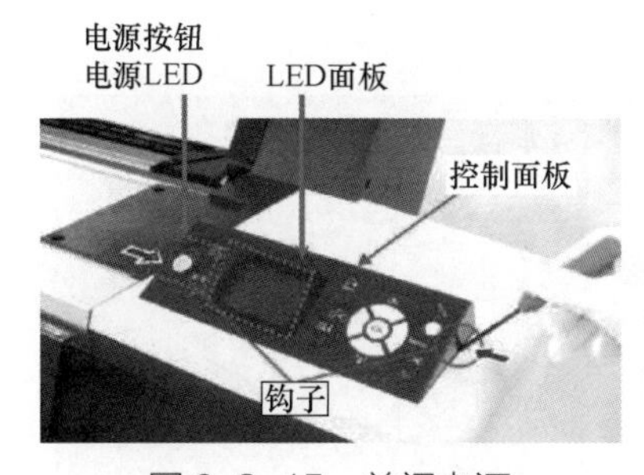

图6-3-15　关闭电源

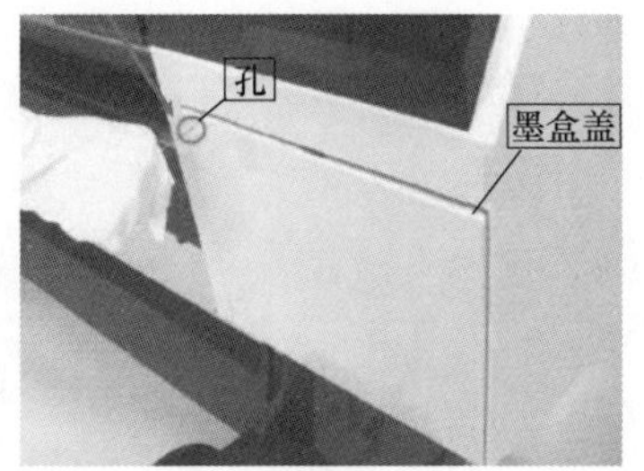

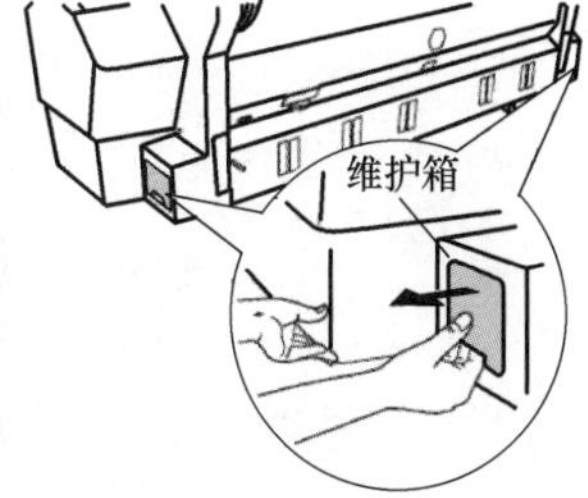

图6-3-16　移出右侧墨盒和右侧维护箱

拆除其他部件，如图 6-3-17 所示。拆除控制面板：释放面板左右两侧的二个钩状的卡子，图 6-3-15 中的箭头处。①轻轻抬起操作面板，并拔出操作面板的扁平线缆；②拆除右侧墨舱盖组件：取下墨舱盖；③取出二颗墨舱盖轴螺钉，取下墨盖支撑。在右侧外盖下边铺一块保护布，因为拆除右侧外盖后，墨水可能会从清洁单元漏出；④拧下顶部支撑板 3 颗固定螺钉；⑤去除右侧盖后部 5 颗螺钉；⑥去除右侧盖前部和顶部 4 颗螺钉。组装时，确保右侧盖和打印机主体之间没有空隙，然后拧上螺钉。三种螺钉不要弄混。到此，为了清洁刮片、废墨槽和泵的所有准备工作做完。

如图 6-3-18 所示，清洁刮片、废墨槽的步骤是：①旋转马达齿轮释放字车锁。②纯净水将清洁棉棒沾湿。不要将纯净水滴到打印机内部。不要用棉签接触以下描述中未提及的任何其他部件。③下拉黑色塑料，将废墨槽和刮片露出。④使用清洁棒来清洁打印头刮片的左上和右上方边缘。重复操作直到清洗干净。⑤使用清洁棒来清洁废墨槽，注意不要向里推棉棒，要向外拉避免损坏废墨槽。

清洁泵槽的步骤，如图 6-3-19 所示：①首先用针管等类似工具，将清水注入每一列槽里，清洗槽里多余的废墨。 同时用干布垫在槽的下面，防止注水时废墨溢出污染打印机内

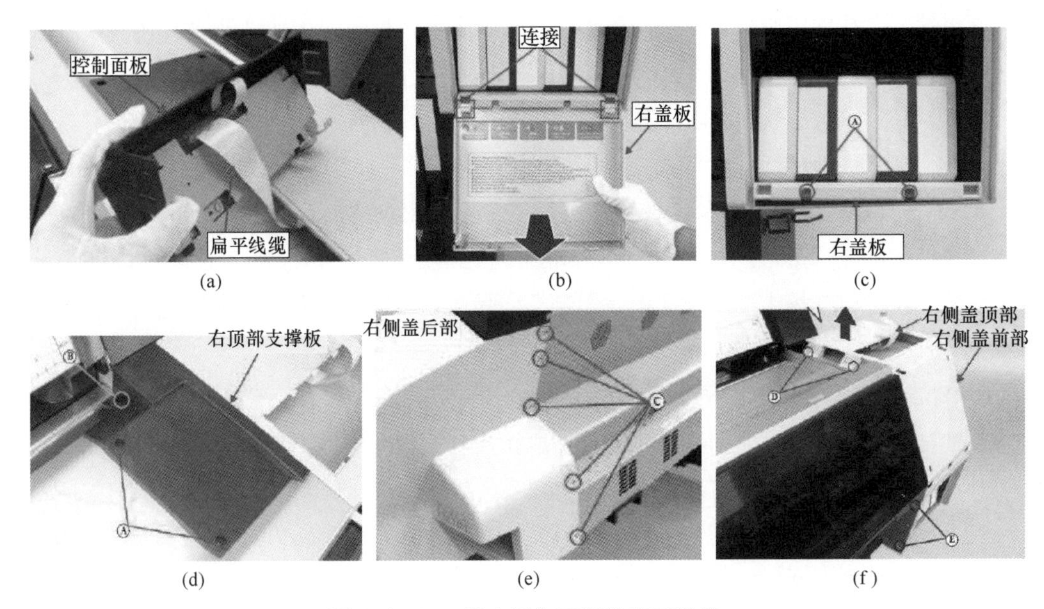

图 6-3-17 拔出操作面板的扁平线缆

（a）拆除控制面板 （b）拆除右墨舱盖 （c）取下墨盖支撑 （d）拆下 3 个螺钉 （e）拆 5 个螺钉 （f）拆 4 个螺钉

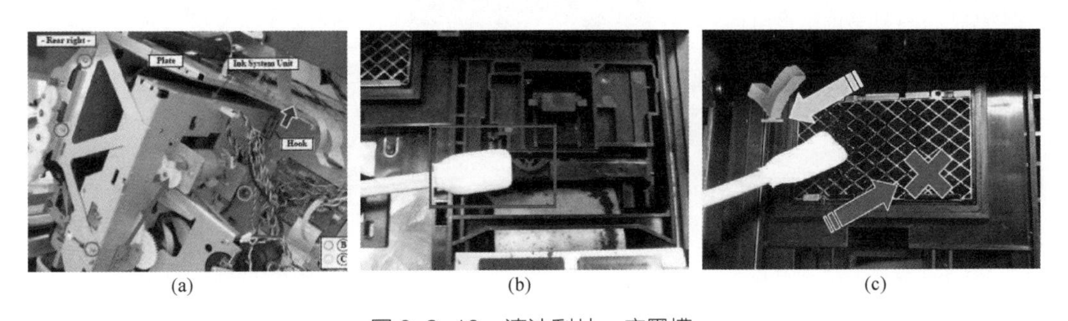

图 6-3-18 清洁刮片、废墨槽

（a）旋转马达齿轮释放字车锁 （b）清洁打印头刮片 （c）清洁废墨槽

部。②将泵槽黑色橡胶四周上的污渍清理干净，将棉签蘸水后去擦，不要擦当中的海绵，一般左侧第一组较脏，要仔细清洁。③将棉签蘸水后擦拭槽与槽之间的表面。完成清洁后，按照拆卸时的相反顺序组装。

图 6-3-19 清洁泵槽

9. 故障分析与处理

故障的类型有很多种。喷墨数字印刷机比静电照相数字印刷机结构简单一些。主要的故障有：液晶显示屏上显示的信息，包括状态信息或错误信息。根据维护手册可以解决多种常见的打印机问题。除了维护手册的问题，比较常见的是打印质量问题和卡纸。其他比如噪声问题，一般是打印机的字车导轨需要进行润滑。

如果白线条出现在打印的数据上或如果发现打印质量下降，可能需要调整打印头。为了让打印头在保持好的状态以保证较佳的打印质量，可执行自动清洗或者手动清洗功能。也可以使用使印机驱动程序或者操作面板检查打印头喷嘴，根据打印样张分析问题。

如图6-3-20所示好的样例中，没有墨点丢失，所以喷嘴没有堵塞。不好的样例中，有墨点丢失，所以喷嘴堵塞，执行打印头清洗程序。在执行清洗打印头几次后，如果喷嘴仍然堵塞，执行强力清洗。

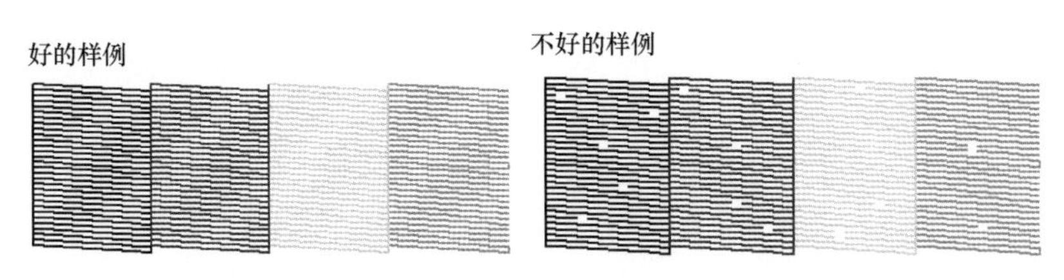

图6-3-20　打印样张分析喷嘴是否堵塞

下面是一些常见的问题。

（1）打印输出的表面磨损或污损　检查打印纸是否太厚或太薄？检查打印纸规格，是否能用于此打印机。当使用厚纸时，打印头可能摩擦打印输出的表面。此时可以设置打印头间距为宽和最宽。

（2）在打印输出的背部有污染　如果打印图像比打印纸宽大，纸张尺寸检查为关，仍然会打印超出打印纸宽度的图像，这将导致打印机内部发生污染。为了使用打印机的内部保持清洁，在菜单模式中设置纸张尺寸检查为开。

（3）喷墨量过多　确保打印机的打印纸设置与正使用的打印纸匹配。喷墨量是受介质类型控制。如果使用照片纸设置在普通纸上打印，根据打印纸类型将喷出较多的墨水。在打印机驱动程序的打印纸配置对话框中设置了降低墨水密度。对于此打印纸，打印机可能喷出过多的墨水。

（4）不能进纸或退纸　装入的打印纸是否位于右边？单张纸是否垂直地装入？打印纸是否折皱或折叠？打印纸是否潮湿？打印纸是否不平或旧了？打印纸是否太厚或太薄？打印纸是否夹在打印机中？

（5）夹纸　如果卷纸被夹，打开卷纸盖，在打印纸插槽处剪切打印纸。确保暂停指示灯不闪烁，然后按箭头所指按钮松开压纸杆。绕起卷纸。如果打印纸夹在打印机内部，打开前盖。小心取出夹纸。确保不要触摸打印机内部的压辊，吸墨垫以及墨水管。合上前盖，关闭打印机，然后再打开。如果还是无法解决的问题，按照维修标准化要求进行相关信息细致的收集，和维护工程师交流。

学号：________________　姓名：________________

任务实施： 简述精细图文喷墨数字印刷机的常见的维护步骤，常见故障以及解决方法。

____

____

____

____

____

____

____

____

总结提升： ________________________________

____

自评互评：

序号	评价内容	自我评价	小组互评	真心话
1	学习态度			
2	分析问题能力			
3	解决问题能力			
4	创新能力			

任务四　UV 喷墨数字印刷机结构与维护

任务发布：调研目前市场上有哪些品牌的 UV 喷墨数字印刷机，它们的结构有什么不同？每种机型适合什么样的应用场合？

知识储备：了解 UV 喷墨数字印刷机的结构特点，掌握其工作原理，熟悉设备纸路，熟悉日常维护步骤，卡纸处理方法，并分析印品质量的影响因素。

一、UV 喷墨数字印刷机的系统结构

本节以 MIMAKI UJF-3042 为例，介绍 UV 喷墨数字印刷机的系统结构。

MIMAKI UJF-3042 是一款 UV 固化喷墨打印机，它所用的墨水是 UV 墨水，在 LED 灯的照射下可以迅速固化。打印分辨率最高达 1440×1200dpi，最大打印尺寸是 300mm×420mm，打印速度可达每小时 $2m^2$。承印物的最大高度可达 50mm，墨盒容量为 220mL/600mL，最多 8 个墨盒，可以是 CMYK+白色或透明光油。

MIMAKI UJF-3042UV 喷墨印刷机的特点：

（1）可以在多种不同介质上印刷，如塑料，亚克力，金属，木制品，皮革，玻璃，水晶，瓷器等；

（2）印刷效果好，配备白色墨水，轻松对应透明及非白色底材打印，能在非涂层介质上打印出出色的效果，保存时间长且耐刮擦；

（3）采用 UV LED 冷光源技术，LED 灯能耗更低，使用寿命长达 10000h；

（4） UV 墨水几乎不产生挥发物，符合环保要求；

（5）打印台高度可以自由调整，附加配件可以直接在圆柱形材质上进行 360°印刷；

（6）可以通过增加打印层数来实现 3D 立体印刷。

MIMAKI UJF-3042UV 喷墨数字印刷机主要由墨水槽、打印头小车、工作台面、操作面板、电源按钮、 Y 轴组成，如图 6-4-1 所示。墨水槽主要用于安放 UV 墨水，最多八个墨盒。打印头小车中主要是喷墨头结构，一共四组，每组 2 个喷头，对应八色墨水。工作台面用于放置打印介质。工作台面上面有吸附孔，下面有真空泵通过小孔抽真空，吸附住介质。操作面板上面是对本机进行必要的设置所需要的操作键，操作项目显示用的液晶屏。

印刷机背面是主电源开关，只有长期不用印刷机的时候，才关闭主电源。 USB 接口是连接电脑的数据线，维修用的端口是厂家工程师使用的。

操作面板上的常用按键如图 6-4-2 所示， 显示液晶屏显示本机的状态以及各设定项目、错误等。VACUUM 键是用来打开和关闭真空泵。电源指示灯是在本机电源打开时点亮。TEST 键用于开机时的测试打印。DATACLEAR 键是将电脑传输到本机的数据进行清

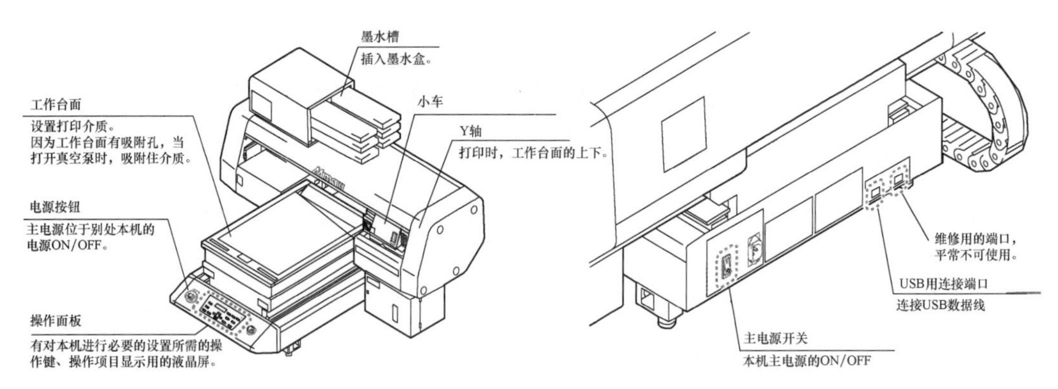

图 6-4-1 MIMAKI UJF-3042 的组成

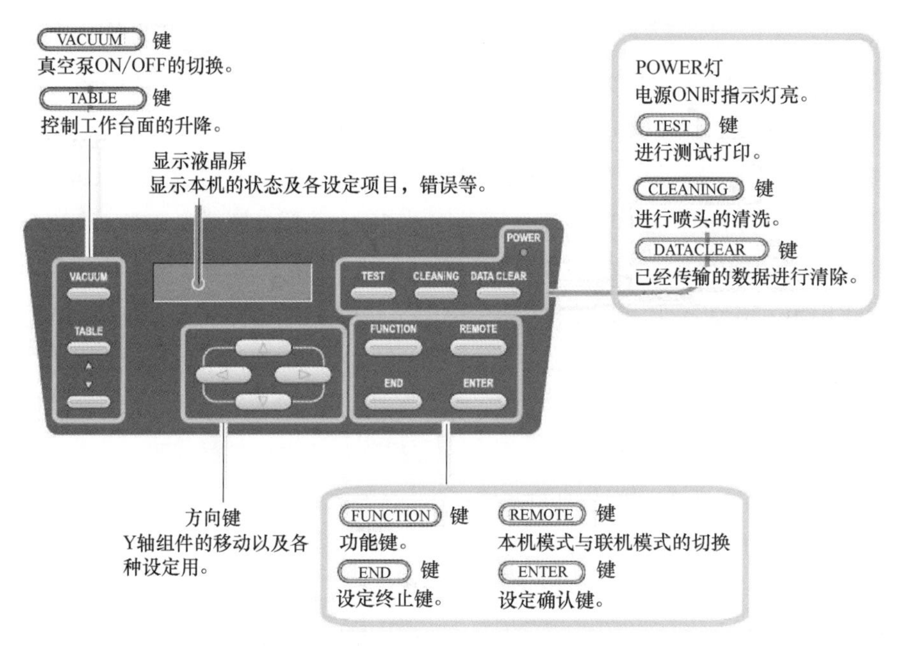

图 6-4-2 MIMAKI UJF-3042 的控制面板

除。方向键是用于 Y 轴的移动和各种设定时移动光标。FUNCTION 键是各种功能键。END 键是终止键。REMOTE 键是本机模式和联机模式的切换键。ENTER 键是设定确认键。

MIMAKI UJF-3042UV 喷墨数字印刷机是通过对射式光电传感器来防止喷头碰撞到介质的，如图 6-4-3 所示。该感应器是为防止喷头破损而设置的。用于检测工作台面上有无突起等妨碍喷头移动的物体，一旦检测出，将在喷头接触前停止。检测过程如下：

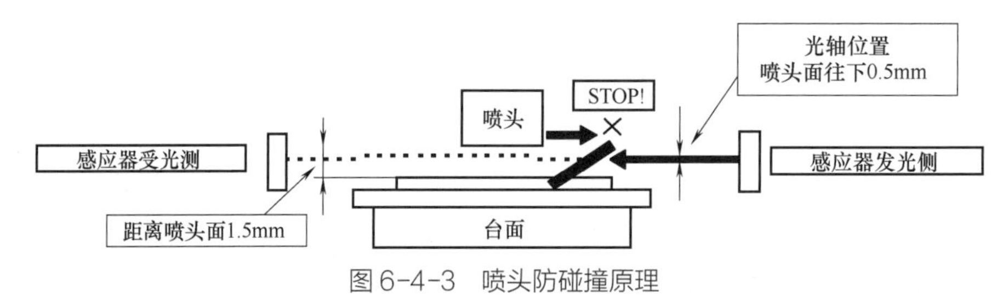

图 6-4-3 喷头防碰撞原理

（1）感应器光轴设定在喷嘴面往下 0.5mm 位置处；

（2）感应器的 LED 光（可视光）一旦被遮挡，会停止动作；

（3）在开始打印前，喷头处于收回状态下，前后移动工作台面，确认是否有障碍物。

MIMAKI UJF-3042UV 喷墨数字印刷机的工作流程如下：

（1）打开电源，如图 6-4-4 所示：按下电源按钮。当按下位于操作面板左侧的电源按钮时而指示灯没有点亮时，请确认机器背面的主电源开关是否打开。正常情况下，电源按钮打开，指示灯点亮。然后打印机进行初始动作，进入到本机模式，打开连接的电脑电源。

（2）设置介质，如图 6-4-5 所示：打开工作台面正面盖板，将介质对齐工作台面右下端的 L 型标识（打印原点）进行设置。关闭工作台面正面盖板后，按 ENTER 键，机器进行原点检测的动作，等待此过程结束。根据介质类型决定是否按下 VACUUM 键。为了防止介质的浮起，当打印薄的介质时，必须打开真空风扇。当打印介质没有全部覆盖工作台面时，用纸、薄膜或者胶带等薄片状物品覆盖剩余的打印区域。介质的外围当受热容易发生变形时，用粘着胶带进行固定。根据需要的打印高度，通过 TABLE 向上和向下键，调节工作台面的高度直到合适为止，并按 ENTER 键确认。确保工作台面高度+介质厚度在 50mm 以内。

（3）测试打印，在本机模式下，按下 TEST 键。用向上向下键选择打印方向，按 ENTER 键进行确认。SCAN 方向是介质扫描（横）方向打印。FEED 方向是介质进给（向里）方向打印，如图 6-4-6 所示。完成测试打印，Y 轴组件退回到本机模式最初的状态。确认打印结果。

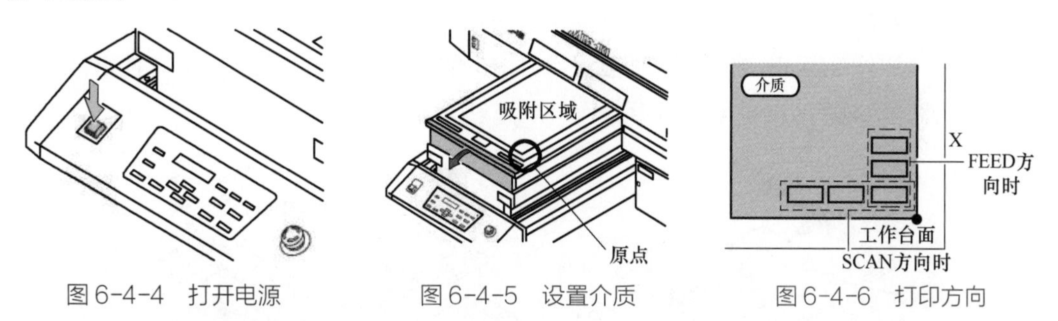

图 6-4-4　打开电源　　图 6-4-5　设置介质　　图 6-4-6　打印方向

如果测试页出现问题，则需要执行喷头清洗。根据不同问题的严重程度进行不同级别的清洗。如图 6-4-7 所示，当喷嘴堵塞即出现线缺失十多根的情况时，通过墨垫实行墨水抽引以及刮墨片进行普通清洗；通过普通清洗无法改善线条缺失的程度时采用强力清洗；当出现墨点飞散时采用轻微清洗。

（4）喷头清洗，在本机模式下，按 CLEANING 键。选择需要清洗或者不需要清洗的喷头，按 ENTER 键。按左右键进行喷头选择。按上下键进行清洗或者不清洗的选择。如果清洗全部喷头，直接选择进行清洗。不清洗的喷头用短划线表示。用上下键选择清洗方式：强力/普通/轻微，按 ENTER 键进行喷头清洗，完成后，自动回到本机模式。再次进行测试打印，确认打印效果。如果打印效果仍不理想，再次重复清洗直至 OK 为止。

（5）数据打印，设置介质， VACUUM 键按下后，吸附住介质。在本机模式下，按下 REMOTE 键。设置到联机状态之后，机器此时可以接收来自电脑的数据。设置工作台面的

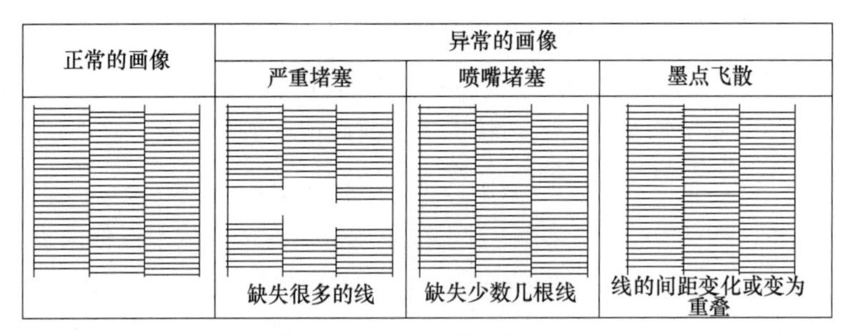

图6-4-7 喷嘴堵塞情况对比

高度。由电脑向打印机发送打印数据。开始打印，打印原点一旦设置，即使打印完成之后也不会发生改变。打印完成后，按下 VACUUM 键，关闭真空吸附，取下介质。

（6）关闭电源，关闭与机器连接的电脑电源。按下电源按钮，关闭电源。当长期不用印刷机时，按下电源按钮。确认机器关闭电源的动作正常结束。关闭机器背面的主电源。

二、UV 喷墨数字印刷机的维护工作

本节介绍 MIMAKI UJF-3042UV 喷墨数字印刷机的维护工作。主要包括：日常维护、墨盒更换、打印中防止墨水滴落、废墨瓶、刮墨片废墨瓶的处理、过滤器的更换、喷嘴的清洗、刮墨片的清洗、白墨的维护、不冻液的更换。

1. 日常维护

（1）清洁外盖表面 当外盖表面有污物时，用沾水的柔软的布或者带有中性清洁剂的布轻轻地擦拭干净，如图 6-4-8 所示。

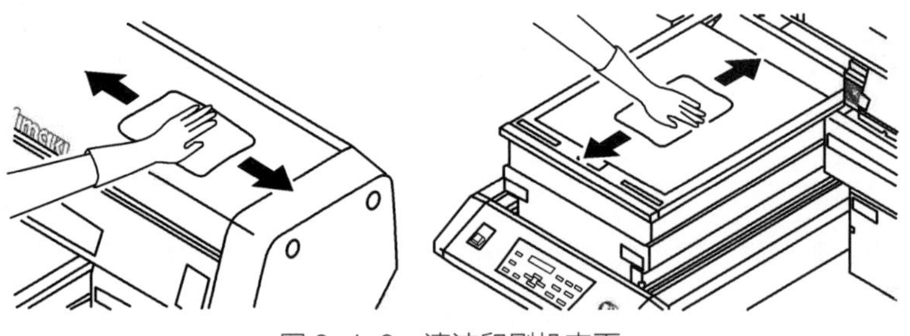

图6-4-8 清洁印刷机表面

（2）清洁打印台面 当取下打印完成介质时，可能会在打印台面上残留一些粘胶或者纸粉。发现有污物时，用软毛刷或者干布、纸巾等进行擦拭清洁。工作平台周围的槽，固定治具用的螺丝孔等也是特别容易污染，用特殊刷子进行清扫。当附着上墨水时，用沾有维护洗净液的纸巾进行擦拭清洗。

2. 墨盒更换

墨盒内的墨水残量很少或者用尽时，要及时更换墨盒。

（1）本机状态下，按下 FUNCTION 键。

（2）通过上/下键选择［MAINTENANCE］选项，并按 ENTER 键确认。

（3）通过上/下键选择［STATION］选项，并按 ENTER 键确认。

（4）通过上/下键选择［EXCHCARTRIDGE］选项，并按键确认，此时 Y 轴组件向手前方向移动。

（5）拔出需要交换的墨盒。

（6）设置新的墨盒，带有 IC 芯片的一面朝上，如图 6-4-9 所示。

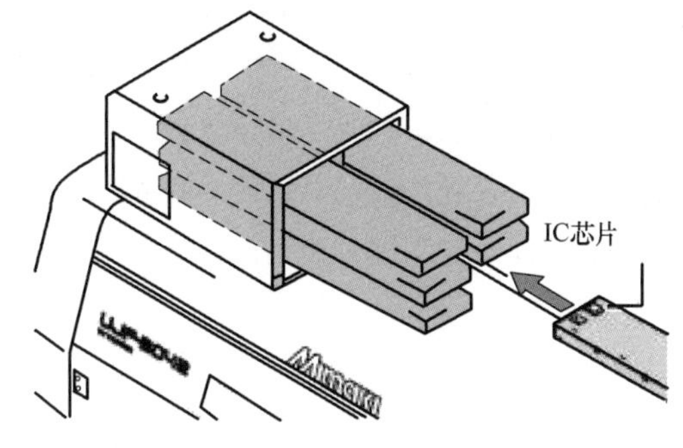

图 6-4-9　插入新墨盒

（7）完成交换后，按下 ENTER 键。Y 轴组件返回到机器后部。

（8）完成后，按 END 即可。

当更换墨水的种类时，需要对墨水设定。

（1）本机状态下，按下 FUNCTION 键。

（2）通过上/下键选择［MAINTENANCE］选项，并按 ENTER 键确认。

（3）通过上/下键选择［INK SET］选项，并按 ENTER 键确认。

（4）通过上/下键选择需要设置的墨水，并按 ENTER 键确认。

（5）将墨水盒由墨水槽中拔出，机器自动进行清洗。

（6）根据需要选择需要清洗或不清洗的喷头，按 ENTER 键确认。

（7）设置好清洗液，开始进行喷头清洗。根据需要清洗的喷头，重复步骤 7、8。

（8）拔出洗净液。

（9）再次设置好洗净液。

（10）拔出洗净液。

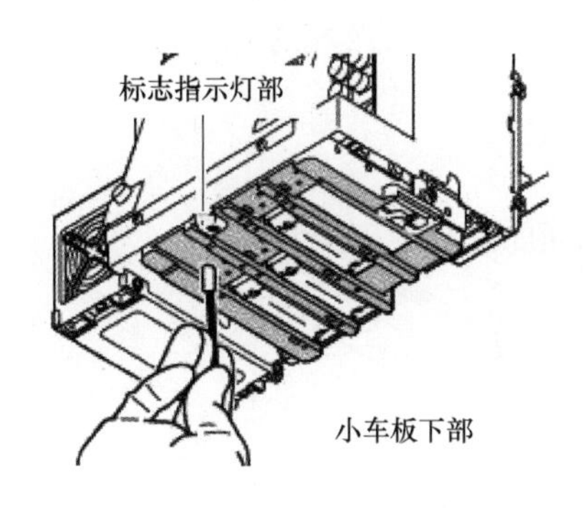

图 6-4-10　小车板下部

（11）抽取空气的管道中注入 5mL 的洗净液，进行管道清洗。当清洗完成后，按下 ENTER 键。

（12）设置好需要充填的墨盒。会自动开始进行墨水充填。

（13）抽出已经完成充填的墨水口内的空气。用注射器从墨水口抽出空气直到墨水连续流出为止。当空气全部排空后，按下 ENTER 键。

3. 打印中防止墨水滴落

在小车板的下部，如图 6-4-10 所示，打印中产生的雾状粒子会形成墨水滴落的现象，从而污染介质或者堵塞喷头，所以要经常清扫小车板下部。需要的工具有：专用清扫棒，手套，防护镜，专用维护洗净液。

（1）本机状态下，按下 FUNCTION 键。

（2）通过上/下键选择［MAINTENANCE］选项，并按 ENTER 键确认。

（3）通过上/下键选择［STATION］选项，并按 ENTER 键确认。

（4）通过上/下键选择［HEAD MENT］，并按 ENTER 键确认。

（5）打开机器正面的盖板。

（6）用清扫棒沾上清洗液，清扫喷头的侧面。不要擦拭喷头喷嘴面，可能会造成喷嘴堵塞，不要将清洗液沾到标志指示灯部。

（7）清扫完成以后，关闭工作台正面盖板，并按 ENTER 键确认。

清洗喷头等使用的墨水会排入废墨瓶以及刮墨片废墨瓶，需要定期检查废墨瓶以及刮墨片废墨瓶是否装满。当机器出现［！ WS INKTANK CHK］及［WIPER BOTTLE］警告时，注意检查废墨瓶以及刮墨片废墨瓶。

4. 废墨瓶刮墨片

处理废墨瓶中的废墨：

（1）本机状态下，按下 FUNCTION 键。

（2）通过上/下键选择［MAINTENANCE］选项，并按 ENTER 键确认。

（3）通过上/下键选择［STATION］选项，并按 ENTER 键确认。

（4）通过上/下键选择［WASH TANK］，并按 ENTER 键确认。

（5）打开废墨瓶前部的盖板，轻压盖板，会自动向面前弹开。

（6）将废墨瓶稍微往上提，取出废墨瓶，如图 6-4-11 所示。

图 6-4-11 取出废墨瓶

（7）将废墨倒入其他的带盖子的瓶子内。处理废墨时在下面垫一些纸，以免弄脏地板等。

（8）将空的废墨瓶设置好，关闭盖板。按照取出来时的逆顺序操作。关闭废墨瓶前部的盖板。

刮墨片废墨瓶的处理：

（1）前三步同处理废墨。

（2）选择［WIPER BOTTLE］，并按 ENTER 键确认。

（3）打开废墨瓶前部的盖板，轻压盖板，会自动向面前弹开。

（4）取出刮墨片废墨瓶，并倒掉里面的废墨。

（5）将刮墨片废墨瓶放回装好。

（6）后面步骤同废墨瓶的处理。

5. 过滤器的更换

为了保证机器的长久使用，需要定期更换过滤器（1 周 1 次）。所需工具：LED UV 组件过滤器，飞散雾状粒子吸附过滤器，手套，纸巾，防护镜。

（1）本机状态下，按下 FUNCTION 键。

（2）通过上/下键选择［MAINTENANCE］选项，并按 ENTER 键确认。

（3）通过上/下键选择［STATION］选项，并按 ENTER 键确认。

（4）通过上/下键选择［MENT：CHECK FILTER］，并按 ENTER 键确认。

（5）押着前盖板的两端，向上打开盖板，并向手前方向取下前盖板，如图 6-4-12

所示。

（6）押着过滤器取出（2 个地方），旋转右边的白色旋钮，并向手前抽出。再旋转左边的白色旋钮，取下过滤器的框架。

（7）更换过滤器。

（8）装好盖板，按 ENTER 键。

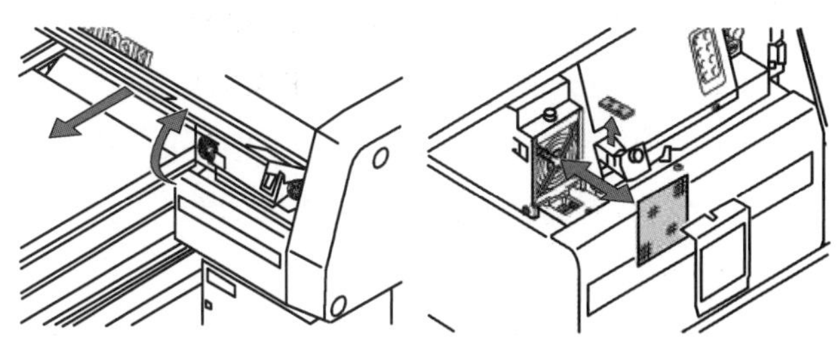

图 6-4-12　更换过滤器

6. 喷嘴的清洗

为了防止喷嘴堵塞，每日的打印工作完成后，必须进行喷嘴清洗。

（1）本机状态下，按下 FUNCTION 键。

（2）通过上/下键选择［MAINTENANCE］选项，并按 ENTER 键确认。

（3）通过上/下键选择［STATION］选项，并按 ENTER 键确认。

（4）通过上/下键选择［MENT：NOZZLE WASH］，并按 ENTER 键确认。小车移动到左侧，并且 Y 轴组件向手前移动。

（5）设定全部喷头［清洗］，并按 ENTER 键确认。

（6）取下前盖板，刮墨片移动到手前。

（7）用清扫棒沾上洗净液，对刮墨片的污垢进行擦拭。

（8）用吸管吸取洗净液，将墨垫注满为止，如图 6-4-13 所示。

图 6-4-13　喷嘴的清洗

（9）装上前盖板，并按 ENTER 键。

（10）通过上/下键来设置放置的时间，并按 ENTER 键确认。通常设定为 10min。设定值在 1 ~ 99min，到达放置时间后，自动进行。

7. 刮墨片的清洗

（1）前三步同喷嘴的清洗。

（2）通过上/下键选择［WIPER EXCHG］，并按 ENTER 键确认。小车移动到左侧，刮墨片向手前移动。

（3）取下前盖板。

（4）用清扫棒沾上洗净液，擦拭刮墨片将污垢去除，如图 6-4-14 所示。

（5）后面步骤同喷嘴的清洗。

8. 白墨的维护

白色墨水相对于其他墨水更容易沉淀。如果机器 2 周以上时间不使用时，打印机以及墨盒内部可能会发生沉淀。当墨水沉淀时，可能会造成喷头堵塞，并不能正常打印。为了防止堵塞喷头并保证白色墨水的良好状态，需进行定期维护。

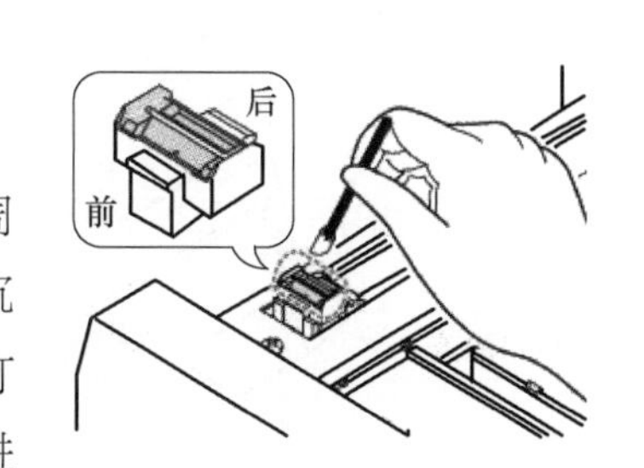

图 6-4-14　刮墨片的清洗

（1）本机状态下，按下 FUNCTION 键。

（2）通过上/下键选择［MAINTENANCE］选项，并按ENTER键确认。

（3）通过上/下键选择［WHITE MAINTE］选项，并按ENTER键确认。

（4）选择需要维护或不需要维护的喷头，并按键确认。

（5）将2个白色墨盒从墨水槽中拔出，当将2个白色墨盒拔出后，机器开始排出白色墨水的动作。

（6）将白色墨盒缓慢地上下震动10次左右。为了防止震动时漏出墨水，需用纸巾等将墨盒上面的A部以及底面的B部紧紧塞住，慢慢地上下振动，如图6-4-15所示。

（7）将2个白色墨盒插回。带有IC芯片的一面朝上设置。当设置好2个白色墨盒后，自动开始充填墨水。

（8）当白色墨水充填完成后并出现如下边的画面时，按END键结束。

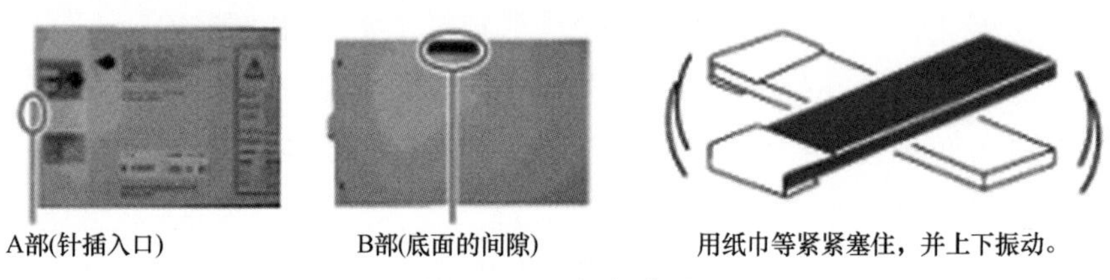

图6-4-15 摇匀白墨

9. 不冻液的更换

为了对LED UV灯进行冷却，要在冷却装置的冷却水槽中加入不冻液混合水。水和不冻液的比例按照2比1进行配置。如果不加入不冻液，仅仅只在冷却水槽中加入水的话，可能会冻结而引起UV灯组件的故障。如果不加入水，仅仅只是在冷却槽中加入不冻液的话，机器将会不能正常启动，并发生错误。

（1）取下进水口以及抽空气口的盖子。

（2）将水槽中的水全部抽出，用附带的注射器，从进水口将水槽中的混合水抽出放入带有盖子的容器处理。

（3）制作不冻液与水的混合液，在托盘等中将不冻液和水安装1比2的比例混合。用附带的注射器抽取不冻液混合水。

（4）从进水口注入混合水，注射器的容积为50mL，大概需要注入9次（450mL），如图6-4-16所示。

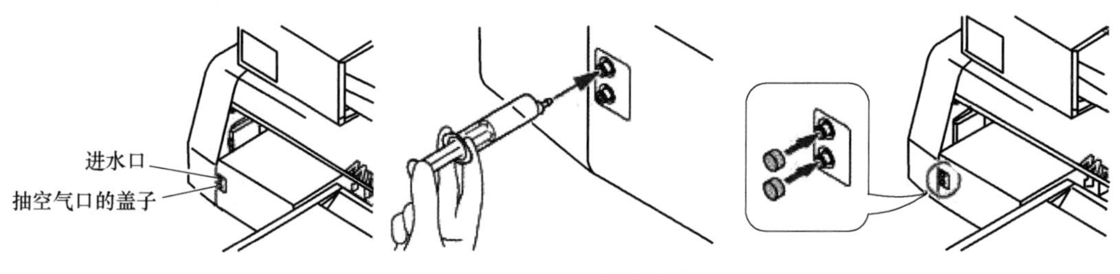

图6-4-16 更换防冻液

（5）旋紧进水口以及抽空气口的盖子。

学号：________________　姓名：________________

任务实施： 简述 UV 喷墨数字印刷机的常见的维护步骤，常见故障以及解决方法。

____

____

____

____

____

____

____

____

总结提升： ____

____

自评互评：

序号	评价内容	自我评价	小组互评	真心话
1	学习态度			
2	分析问题能力			
3	解决问题能力			
4	创新能力			

学号：＿＿＿＿＿＿＿＿　姓名：＿＿＿＿＿＿＿＿

项目七　综合实训

问题引入： 如果你是一个数字印刷机的维护人员，你去帮客户维护或维修机器，应该注意什么？

任务一　情景模拟

任务发布： 现场接到一个维护任务，请说明该如何准备？现场如何操作？

任务实施： 准备工具、相关资料、现场问题描述、问题分析、现场演示。

自评互评：

学号：________________ 姓名：________________

任务二　互相出题

任务发布： 小组 1 设置故障，小组 2 解决故障，小组 1 进行评价。

____

____

____

____

____

____

____

____

任务实施： 故障描述、解决方案、评价结果、职业素养提升。

____

____

____

____

____

____

____

____

自评互评：

参考文献

［1］ 施向东，蔡吉飞．印刷设备管理与维护［M］．北京：印刷工业出版社，2015.

［2］ 刘跃南．机械基础［M］．北京：高等教育出版社，2020.

［3］ 潘杰．现代印刷机原理与结构［M］．北京：化学工业出版社，2012.

［4］ 杨皋，唐英杰．印刷设备电路与控制［M］．北京：化学工业出版社，2015.

［5］ 沈国荣．李不言．薛克．印后工艺及设备的新发展——China Print 2013 展会观感（上）［J］．印刷杂志，2013（6）：20-23.

［6］ 张永华．电子电路与传感器实验［M］．北京：清华大学出版社，2018.

［7］ 潘云鹤．数码印刷机维修技能实训［M］．北京：清华大学出版社，2011.

［8］ 朱小文．打印机维修不是事儿［M］．北京：电子工业出版社，2020.

［9］ 刘筱霞，陈永常．数字印刷技术［M］．北京：化学工业出版社，2016.

［10］ 姚瑞玲．数字印刷技术［M］．北京：化学工业出版社，2020 年.

［11］ 郑亮，金张英．基于 CCD 的静电照相成像数字印刷品质量分析［J］．包装工程．Vol32，No. 7. 2011：112-116.

［12］ 姚海根．静电照相数字印刷机的结构变迁［J］．印刷杂志，2013（9）：48-52.

［13］ 姚海根．数字印刷［M］．北京：中国轻工业出版社，2009.

［14］ 孔玲君，刘真，姜中敏．基于 CCD 的数字印刷质量检测与分析技术［J］．包装工程．Vol31，No. 2. 2010：92-95.

［15］ 奥西办公设备（北京）有限公司．Oce VarioPrint 6000 系列维修任务［Z］．2008 年.

［16］ 中国惠普有限公司．HP Indigo 5500 用户手册［Z］．2012 年.

［17］ 柯尼卡美能达办公系统（中国）有限公司．Bizhub Press C8000 维修手册［Z］．2010 年.

［18］ 理光（中国）投资有限公司．RICOH Pro C7100X 用户手册［Z］．2014 年.

［19］ 爱普生（中国）有限公司．Epson Stylus Pro 7908/9908 大幅面彩色喷墨打印机用户指南［Z］．2013 年.

［20］ MIMAKI ENGINEERING Co.，LTD．MIMAKI UJF-3042/FX 维修手册［Z］．2011 年.